LVC 分布式仿真体系
结构及构建过程

主 编 张源原

副主编 周晓光 朱 鹏 路 欢 高 阳 周 媛

国防工业出版社

·北京·

内 容 简 介

本书是 LVC 分布式仿真系统开发的基础教程，概述了美军 LVC 仿真系统建设现状，详细介绍了当前应用最为广泛的分布式仿真体系结构及仿真环境开发与执行过程，主要包括：分布式交互仿真、高层体系结构和试验与训练使能体系结构的介绍，单体系结构开发与执行过程分析，多体系结构开发过程存在的问题以及应对方法。最后，以美军 JLVC 联邦为例，介绍了分布式仿真系统的组成及功能。

本书体系完整，内容实用，覆盖面广，可作为相关专业研究生和高年级本科生的教材，也可作为广大分布式仿真技术人员的参考书。

图书在版编目（CIP）数据

LVC 分布式仿真体系结构及构建过程 / 张源原主编
. 一北京：国防工业出版社，2022.11
ISBN 978-7-118-12678-5

Ⅰ. ①L⋯　Ⅱ. ①张⋯　Ⅲ. ①通用仿真系统—教材
Ⅳ. ①TP391.92

中国版本图书馆 CIP 数据核字（2022）第 193891 号

※

国防工业出版社出版发行
（北京市海淀区紫竹院南路 23 号　邮政编码 100048）
三河市众誉天成印务有限公司印刷
新华书店经售

＊

开本 710×1000　1/16　印张 19½　字数 346 千字
2022 年 11 月第 1 版第 1 次印刷　印数 1—2000 册　定价 98.00 元

（本书如有印装错误，我社负责调换）

国防书店：(010)88540777　　书店传真：(010)88540776
发行业务：(010)88540717　　发行传真：(010)88540762

编　委　会

前　言

为了理解并复现现实世界中复杂系统的本质，建模与仿真技术应运而生。与在实际系统中进行实验相比，在模型上进行实验（即仿真）的优势非常明显。而且，当人们面对更为复杂的专业领域，如航空航天设备制造领域，仿真技术更是高精尖装备研制必不可少的技术之一，在研制、认证和定型等整个过程中都必须全面地应用先进的模拟仿真技术，避免在定型之后发现问题，出现返工，导致经济利益和时间效益的损失。

除此之外，在军事训练领域，通过模拟训练，可以提高训练人员的运动技能、决策技能和操作技能，而这三项技能与虚拟（Virtual）、构造（Constructive）和实装（Live）模拟相互对应，且广泛应用于军事训练领域。

"万物皆可联"，在分布式仿真技术突飞猛进的基础上，催生了实装、虚拟和构造模拟系统的互联，从而形成了 LVC 分布式仿真系统，其基础和核心是仿真体系结构，它从整体上描述了仿真系统各个主要组成部分的结构以及各单元之间的物理和逻辑关系，对仿真系统的设计、实现和应用有着重要的指导意义。因此，仿真体系结构始终都是分布式仿真领域的研究热点。自 20 世纪 80 年代美军采用计算机仿真进行训练以来，针对 LVC 三类仿真资源的互联互操作需要，相继提出了 DIS、ALSP、HLA、TENA 等体系结构，但由于模型规范、通信协议、时间特性等方面存在不同，导致三类仿真模型的集成存在问题。

作者针对多体系结构仿真环境构建问题，在多年研究与实践基础上，参考国内外相关学者的研究成果编写了本书。本书全面深入地介绍了 LVC 仿真体系结构、关键技术等重要内容，在介绍了单体系结构仿真环境的开发与执行过程基础上，对多体系结构仿真环境的开发与执行过程中存在的问题及解决方案进行了分析，最后结合 JLVC 联邦及其应用，从飞行训练视角阐述了 LVC 技术引入军事训练中的优势。希望本书能为从事 LVC 分布式仿真体系研究的相关人员提供理论实践指导。

本书共 7 章：第 1 章介绍了 LVC 仿真系统概念，梳理了美军 LVC 仿真系统建设现状，总结了 LVC 仿真体系结构的发展历程及各体系结构的优势，最后对国内研究现状进行了综述。

第 2 章介绍了 DIS 体系结构及其开发过程。首先，对分布式交互仿真 DIS 的产生、发展与现状做了总体的描述。其次，介绍了 DIS 分布式系统的基础组成，简要列出了 DIS 系统涉及的关键技术与技术特点。最后，以 IEEE-1278 系列标准为基础，详细描述了 DIS 系统涉及的标准数据单元、标准通信服务与标准演练管理。

第 3 章介绍了 HLA 体系结构及其开发过程。首先，对高级体系结构 HLA 进行了简要介绍，分析了 HLA 系统的基本组成，通过与 DIS 等分布式系统的比较，总结了 HLA 的关键技术及其优缺点。随后，按照 IEEE-1516 系列标准规范，详细介绍了 HLA 联邦规则、数据模型及数据通信技术、HLA 接口规范及 RTI 服务管理功能和联邦开发与执行过程。

第 4 章介绍了 TENA 体系结构及其开发过程。首先，从 FI2010 项目的起源以及逻辑靶场的概念出发，介绍了 TENA 的由来。其次，从 TENA 的技术驱动需求和操作驱动需求、互操作性概念及其实现、可重用性和可组合性的实现角度介绍了 TENA 体系结构，并在技术驱动需求和操作驱动需求牵引下，对 TENA 的操作架构、技术架构、特定领域 TENA 软件架构、TENA 公共技术流程、应用程序架构以及 TENA 产品线架构进行了详细的分析。最后，从 TENA 管理结构及其标准化过程等角度总结了 TENA 的应用及发展。

第 5 章介绍了单体系结构仿真环境开发与执行过程。首先，总结了单体系结构仿真环境开发与执行过程的顶层流程。其次，分别就每个步骤展开分析。最后，针对本书重点介绍的三大体系结构，详细讲解了各自特有的定制规程。

第 6 章结合第 5 章的内容，在系统地总结了多体系结构仿真环境开发与执行过程中可能出现的问题基础上，结合单体系结构开发与执行过程进行详细分析，给出了相应的解决方案。

第 7 章介绍了 JLVC 联邦的概念及组成，阐述了 LVC 训练方法组合及训练需求，给出了 JLVC 联邦支持下的应用实例，详细分析了 JLVC 联邦中使用的通信链路及联合训练数据服务，然后结合"联合红旗 05"军演案例，介绍了军演中使用的网络及通信链路，并重点分析了演习中存在的多体系结构系统间的数据流，最后从飞行训练视角总结了 LVC 技术所带来的优势。

参与本书编写的作者及分工为：张源原负责全书的统筹设计，并负责第 1、4 章的编写；周晓光负责第 5、6 章的编写；朱鹏负责第 2、3 章的编写；岳付昌负责第 7 章的编写。此外，郭亚楠、贾明明、汪节、潘华、赵维、张杨和刘学君等参加了书稿排版、绘图等工作。

因水平有限，不妥之处在所难免，敬请广大读者批评指正。

张源原

2022 年 7 月 1 日

目　录

第 1 章
绪　论

21 世纪初，为了有效应对日趋紧张的国际形势，美军发布了《2020 年联合构想》，为"在和平中创建具有说服力、在战争中创建具有决定性、在任何形式的冲突中都能展现卓越的军事行动力量"提供了新的战略路线图。而随着军事行动被信息技术所改变，军事采办过程及军事训练方法也在发生变化。

首先，在采办过程中，开始大规模采用基于模拟的采办（Simulation Based Acquisition，SBA），其目标是大幅减少采办过程的时间、资源和风险，并通过采用"模型—模拟—修复—测试—迭代"的采办流程生产更高质量的产品，最终形成了一整套分布式实装—虚拟—构造（Live-Virtual-Constructive，LVC）的测试方法。SBA 主要集中在测试和评估（Test and Evaluation，T&E）领域，旨在通过联合测试来支持《2020 年联合构想》。

其次，在军事训练上，为了实现"在战斗中测试和训练的能力"以及支撑《2020 年联合构想》，在网络中心战的思想下，以模拟训练成为美军日常训练的重要组成基础上，通过建立真实实体、虚拟仿真和构造性模型之间的无缝连接，形成了一套分布式 LVC 训练方法。

实现 LVC 测试/训练方法的基础是众多已建设的模拟设备以及构建 LVC 仿真系统所使用的体系结构，在经历了模拟器建设、同类模拟器互联以及异构模拟器互联三个阶段，美军 LVC 仿真系统建设已日趋完善，并为此先后开发了网络仿真（Simulation Network，SIMNET）、分布式交互仿真（Distributed Interactive Simulation，DIS）、聚合级仿真协议（Aggregated Level Simulation Protocol，ALSP）、高层体系结构（High Level Architecture，HLA）、公共训练仪器体系结构（Common Training Instrumentation Architecture，CTIA）和试验与训练使能体系结构（Test and Training Enabling Architecture，TENA）等体系结构。

1.1　LVC 仿真系统概念

1992 年，美国提出了建模与仿真构想，并确定了仿真作为未来的主要研究目标；1995 年，在美国国防部资助下，开启了建模与仿真主计划（Modeling and Simulation Master Plan，MSMP）；1997 年，将建模与仿真技术作为军队的四大支柱性技术来发展；2000 年，美国空军开展了首次"虚拟旗"军演，通过将本地多个飞行模拟器组网，实现了空军、海军、海军陆战队多军种联合、低成本、高密度空战演习；2009 年，基于异地模拟器组网，"红旗"军演实现了美国、加拿大、澳大利亚、英国等多国多军种联合空战训练；2015 年，美军首次成功地尝试将实装"红旗"军演与"虚拟旗"军演系统相结合，实现了初步的 LVC 闭环演练，使军演区域从传统的 38000km^2 增加到了 3400000km^2；2018 年，美军在"红旗"军演中初步应用了"安全加密的 LVC 高级训练环境"（Secure LVC Advanced Training Environment，SLATE）技术演示验证项目成果，验证了四、五代机混编 LVC 演训的可行性。目前，基于 LVC 的训练方式广泛应用于各大军演中，如阿拉斯加州的"红旗"军演（2013—2020 年）和"北方利刃"演习（2015 年、2017 年、2019 年）。

在从技术发展到军事应用的近 30 年间，美军为应对各种战场环境以及作战类型开发了众多模拟器，导致"烟囱式"发展，不同类型模拟器之间无法进行互操作。而且，为了实现"像战斗一样训练"的理念，美军开始思考如何提供训练的逼真度，这一理念也延伸到模拟训练中，从而促进了"虚拟旗"军演的开展，并最终实现实装、虚拟和构造的融合，LVC 仿真系统概念也逐渐成熟。

美国国防部定义了三种类型的军事仿真：实装仿真（Live）、虚拟仿真（Virtual）和构造仿真（Constructive），如图 1.1 所示。

图 1.1　LVC 概念

在实装仿真中，真实的人操纵真实的系统。例如，在空军军事训练演习中经常使用空战机动仪器系统（Air Combat Maneuvering Instrumentation，ACMI），可以将飞机的诸如位置、速度、加速度、方向及武器状态等信息传输到分布式仿真网络中，供其他设备或人员使用，最典型的用法包括判断飞行员操纵飞机的能力、导弹的使用情况以及空战结果评判。

在虚拟仿真中，真实的人操纵虚拟的系统。该模拟属于"人在回路"（Human-In-the-Loop，HIL）模拟方法。最典型的例子是当前使用飞行训练模拟器训练飞行员驾驶能力以及执行任务能力。

在构造仿真中，虚拟的人操纵虚拟的系统。仿真过程中，真实的人会对系统提供参数等刺激信息，但不直接参与。这类仿真通常用来训练分辨率较低的、高级别的指挥决策训练。

随着技术的进步与发展，在传统模拟与仿真技术的基础上，开发了增强现实（Augmented Reality，AR）技术和增强虚境技术。增强现实技术将真实的现实世界与虚拟的构造世界"无缝"集成在一起，把原本现实世界中某一时空范围内很难体验到的信息（视觉、听觉、味觉、触觉等）通过计算机等科学技术，模拟仿真后叠加，再将虚拟的信息加载到真实世界，然后被人类感官感知，从而达到超越现实的感官体验。增强现实技术，不仅向用户呈现了真实世界的信息，而且将虚拟信息一同显示出来，两种信息之间可以相互补充、叠加。增强现实本质是属于实装仿真，已经应用于美国海军训练当中，美国海军研究办公室（Office of Naval Research，ONR）主持的一个项目，已与海军水面作战中心（Naval Surface Warfare Center，NSWC）（位于弗吉尼亚州达尔格伦）、美国陆军作战能力发展司令部以及两家公司共同开发 AR 训练环境。其中，最重要的成果之一即是完成了人工战斗增强现实系统。该系统包括一个 AR 头盔、一个背负处理器和一个模拟武器，AR 头盔用于在真实环境中显示虚拟目标，模拟武器可以提供逼真的后坐力，背负处理器与其他系统一起提供武器跟踪。

增强虚境是指利用真实世界的数据来增强或提高计算机获取的粗糙数据，从而得到的虚拟世界。增强虚境技术是在基于实时图形建模与绘制（Geometry Based Modeling and Rendering，GBMR）框架下，利用基于图像的建模与绘制（Image Based Modeling and Rendering，IBMR）方法来描述复杂对象并实现场景加速绘制，这样可以解决虚拟现实实现过程中的逼真绘制与实时显示间的矛盾。增强虚境本质是虚拟仿真。

上述这些技术手段更进一步促进了仿真与现实世界的融合，但是归根结底，可以将参与 LVC 仿真系统的对象划分为四个类型，如图 1.2 所示。

		系统	
		真实	仿真
人	真实	实装	虚拟
	仿真	虚拟	构造

图 1.2　参与 LVC 仿真系统对象分类

其中，实装对象是指真实的人、真实的系统以及增强的真实系统，虚拟对象是指模拟的人、模拟的系统以及增强的虚拟系统。由于增强现实和增强虚境技术很好地融合了真实和虚拟两个不同的域，所以在融入它们之后，可以对LVC 仿真系统概念进行连续的定义，如图 1.3 所示。

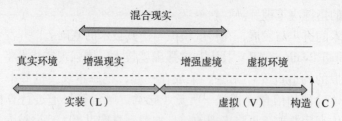

图 1.3　LVC 仿真系统概念

实装模拟是指参与仿真系统的对象只包含实装对象；

虚拟模拟是指参与仿真系统的对象不全是实装对象或者是虚拟对象；

构造模拟是指参与仿真系统的对象完全是虚拟对象。

1.2　美军 LVC 仿真系统建设现状

美国陆海空三军从 20 世纪 80 年代至今开发了众多模拟器，并用于军事训练中。随着 LVC 仿真系统概念的成熟，各军兵种也开始加强 LVC 仿真系统的构建。

LVC 仿真系统的构建直接促进了 LVC 训练方法的实现，能够有效支撑多军种、多地域、多维度的机动作战。这种将实装、虚拟和构造相结合的训练方式，能实现训练资源最大化利用；与此同时，它还能将受训人员扩大至司令部和地理上相隔甚远的机动部队。2016 年，美国海军陆战队开始着手将现有仿真系统整合到一个可互操作的 LVC 训练环境中，形成 LVC 仿真系统。而在美国陆军也有类似系统称为综合训练环境（Synthetic Training Environment，STE）。这些 LVC 仿真系统构建的基础是所有已建设的模拟训练设施。

1.2.1 美国陆军模拟训练设施建设

美国陆军最大的训练基地是位于加利福尼亚州欧文堡的国家训练中心，其配备的模拟训练设备最具代表性。该国家训练中心建于 1980 年，占地面积 2600km^2，其中训练场地 2250km^2。该地区地形复杂，气候干燥，人烟稀少，既有许多沙砾状的土丘又有低山高地。基地内设有对抗演习、实弹射击、后备役部队三个训练场地，设置 100 多个不同战术种类的目标，安装了各种类型的现代化电子、光学模拟等训练设施，为受训部队提供了一个完全接近真实战场的环境。该训练基地还分别派驻了一个坦克营和一个机步营，作为假想敌部队，按原苏军摩托化步兵团编成，由经过特殊挑选的 1000 多名官兵组成，在国家训练中心服役 4 年，这为陆续参加各种培训的部队官兵提供了一个近乎真实的对手。此外，还有 300 多名现场工作人员提供专业施训和现场管理服务。

训练的具体过程一般分为三个训练阶段：第一阶段，模拟美国本土部队增援海外战区和战略空运。受训的坦克营、机步营及旅司令部人员从其驻地空运到欧文堡基地附近的空军基地，而后通过陆路开进欧文堡，领取预存作战装备。第二阶段，进行逼真的、近似实战的合成训练。轮训部队在战术空军支援下与假想敌部队进行地面攻防作战与电子对抗演练。第三阶段，进行实弹射击。训练射击场设置的由电子计算机控制的自动隐现目标，显示敌军的各种兵力配置。训练中心配置的多种综合激光模拟交战系统装在陆军各种武器上，射出激光编码束。射击后，目标（人或车辆）上的该系统可计算是轻伤还是致命伤，以及对武器的毁伤程度，并将整个演练过程摄制成录像，成绩由计算机运算，作为鉴定的重要依据，为参训军官和部队提供极为有用的训练档案。该中心每年可施训陆军 14 个旅 42 个营。目前，已有 930 个营次在此训练过。进入 20 世纪 90 年代后，该训练中心又建立了模拟火炮和空中火力系统，研制能穿透烟雾的激光交战系统，建成了可进行模拟的模拟器网络。

美国国家训练中心实兵对抗的特点如下：

（1）实战对抗性强。训练中心作战环境逼真，接近实战，而且反方部队训练有素，经验丰富。演习过程中强调独立性，竞争意识强，实战氛围浓厚，能够大幅度提高部队的实战能力。陆军有关数据表明，训练前后作战获胜概率可提升 15 倍。

（2）设施保障演练现代化。训练过程中使用激光或电子等多种模拟手段，在进行各种对抗演习的同时，可以详细记录数据、分析数据，形成各种训练材料，向受训部队提出改进意见和建议。

（3）作战能力协同性强。与实战一样，在营旅指挥所设置火力协调组，由炮兵连长任协调组组长，空军向指挥所派联络官，以全面协调对步兵装甲兵火力支援。由于该中心与内利斯空军基地相邻，便于进行陆空协同作战演练。

美国国家训练中心内的典型模拟训练设备有：

（1）"凯蒂斯"合成训练综合评价系统。该系统1990年研制完毕，用于模拟间瞄火力、核生化武器及地雷的作战。该系统包括4个主控站、52个中继站、600台接收装置、600套声光示爆模拟装置及16台单兵佩戴的小型化接收装置。

（2）成军火力支援战术训练模拟器。该系统1997年研制完毕，用于模拟炮兵射击训练，主要在连以及排一级按照美国陆军的通用标准进行单炮兵分队训练。

（3）模拟区域武器效应（Simulated Area Weapons Effects，SAWE）。该系统模拟火炮、化学武器、地雷等大面积杀伤武器的杀伤效果，评估实兵野战对抗战术训练伤亡情况，并能通过提供逼真的声音及光模拟效果，强化受训人员的心理训练。

（4）榴弹炮射击指挥训练器。该系统主要用于M109A6"帕拉丁"自行榴弹炮的射击指挥训练，可训练多目标攻击以及密集火力发射等科目。

（5）战术交战仿真系统。该系统用于直瞄火力对抗训练，由小型武器发射器、人员伤害检测系统、指挥控制系统、城市作战建筑物组件、仿真武器五部分组成。其中小型武器发射器安装在各型步枪和机枪上。人员伤害检测系统用于对抗时的交战和裁决，并能实时上报系统位置信息。

（6）战斗车辆激光交战系统。实兵对抗时，该系统能够真实模拟战斗车辆直瞄火力交战效果，能安装在美军防地雷反伏击车、斯特赖克步战车等各型车辆上，也可以安装在桥梁、建筑物上模拟固定建筑损毁效果。系统各组件之间通过无线网络相连，战斗车辆激光交战系统可与战术交战仿真系统互联互通，满足合成编组作战需要。

（7）空中武器平台交战仿真系统。该系统可以模拟陆航飞行员使用30mm实弹、火箭弹和"地狱火"导弹对目标实施打击，机载数据模块可以把交战数据实时传输到地面控制站，记录陆航飞行员对地打击效果数据，训练人员和指挥员可根据该数据评估陆航飞行员作战能力、战后复盘总结。

（8）高级目标捕获战术交战仿真系统。该系统主要模拟反坦克武器系统的发射、跟踪、有线制导等功能。该系统属于多功能激光交战系统，可独立部署使用，也可与其他系统配合使用，满足合成部队训练需要。系统支持对1km距离内的目标进行模拟锁定和打击，不会产生实质性伤害。

（9）战斗训练中心控制系统。该系统由通信、分析和反馈三大子系统组成，可为旅及以下合成部队提供真实的训练环境。系统通过各种软硬件、工作站、通信网络设施、语音电台、数据设备为训练提供视频、语音和数据存储等服务。该系统可以支撑 10000 名人员、100000 个构建仿真实体的数据采集、报告、存储、处理和显示，满足各级参训部队态势感知、数据分析和复盘总结的需要。该系统采用了大量高级模块化、组件化技术，通用组件包括演练计划制订、演练准备、演练控制、复盘总结准备和显示等。系统还可以通过 DIS、HLA 或 TENA 协议与其他外部系统互联互通。

1.2.2 美国海军模拟训练设施建设

美国海军下设 7 个舰队，由海军和海军陆战队两个独立的军种组成，配备各型舰艇、飞机等武器装备，是美军使用武器型号最多的军种。作为美军威慑全球的主战军种，其中最重要的装备即是航空母舰与舰载机。为了训练舰载作战系统的操作使用，如"宙斯盾"作战系统、舰船自防御系统（Ship Self-De-fense System，SSDS）、战术数据链等系统，美国海军教育培训司令部设置了海军水面作战系统中心（The Center for Surface Combat Systems，CSCS），下辖 13 个分部，分别是：

（1）Norfolk 东诺福克 CSCS 分部。

（2）诺福克 CSCS 分部。

（3）沃洛普斯岛 CSCS 分部。

（4）弗吉尼亚海滩 CSCS 分部。

（5）圣迭戈西 CSCS 分部。

（6）横须贺 CSCS 分部。

（7）夏威夷珍珠港 CSCS 分部。

（8）圣迭戈 CSCS 分部。

（9）西北太平洋 CSCS 分部。

（10）大湖区 CSCS 分部。

（11）达尔格伦"宙斯盾"训练战备中心（AEGIS Training and Readiness Center，ATRC）。

（12）梅波特"宙斯盾"训练战备中心分部。

（13）圣迭戈舰队反潜训练中心。

目前，美国海军数量最多、规模最大的岸上"宙斯盾"系统建筑群部署在沃洛普斯岛分部，位于弗吉尼亚州东海岸沃洛普斯岛。同时，该部也是美国海军综合水面作战系统试验场，设有 6 套"宙斯盾"模拟系统，2 套航空母舰和两栖舰舰船自防御模拟系统，以及 3 套 Link 16 网络模拟系统（2 套用于

"宙斯盾"模拟系统，1套用于舰船自防御模拟系统），能够模拟各种面对面导弹发射和炮弹攻击，跟踪和拦截海上及空中目标，从而提供工程研发、训练、测试、舰队对抗演练方面的支持，而且都集成了TADIL-A和TADIL-J战术数据链。这些设备的使命任务涵盖了全寿命支持工程，现役装备支持工程，编队训练，作战系统研发、集成与测试，项目研究、开发和研制试验鉴定，特混编队体系对抗测试，战区导弹防御系统开发。该分部模拟设备特点如下：

（1）能够同时提供多种成套高逼真度，与实际装备状态一致的作战模拟系统。

（2）设有控制中心，能够协调各作战系统间的测试、信息交互和开发活动。

（3）全部模拟系统都具有协同作战能力（Cooperative Engagement Capability, CEC）功能，都能够作为一个独立的协同作战系统节点与其他测试系统或训练海区真实的舰艇和飞机节点进行协同交互。

（4）能够使用通信中继基站和Link 16数据链与其他地区的系统进行互操作，完成交互测试和协同作战。使用美国国防部全国范围的DEP和ABN网络，还可实现全国范围内任何地方节点的交互测试。

为了训练舰载机飞行员，2016年，美国海军在法伦海军航空站（位于内华达州）设立了一个防空打击训练设施群，2020年，又将其升级为一个综合训练设施，包含3艘"宙斯盾"巡洋舰、2架E-2D"鹰眼"和8架F-18的模拟器，通过计算机兵力生成技术，在合成战场环境中实现添加各类兵力，模拟航空母舰等水面舰艇，从而在各类环境中训练美军航母攻击群的打击能力。2016年，已经实现同时35人在线的虚拟训练，模拟航母攻击群。2020年，训练中心扩建成综合训练设施后，可实现80人，5艘巡洋舰、4架E-2D、12架F-18、8架F-35C战斗机和2架航母舰载无人侦察和打击飞机的模拟器同时组网训练。而且，内华达州内利斯空军基地的F-35A和F-22模拟器也可通过网络加入训练中。

1.2.3　美国空军模拟训练设施建设

美国空军的各个训练基地均已装配有大型模拟训练设施，其中最具有代表性的是内利斯空军基地（Nellis Air Force Base）以及科特兰空军基地（Kirtland Air Force Base），下面分别予以介绍。

内华达州克拉克县的内利斯空军基地作为空中作战司令部（Air Combat Command, ACC）的一处设施，是美国空军空中作战中心（United States Air Force Air Warfare Center）的所在地，主要作为美军及其盟军飞行机组训练场地。基地主要部分占地大约 11300 英亩（合 46km^2）。

内利斯空军基地部署了美国空军最先进的作战飞机，如上文提到的 F-22 和 F-35，同时配套大量模拟器。著名的"红旗"军演即在该基地举行，以俄罗斯、中国等空军力量为作战背景进行对抗训练。由于角色的多样性，内利斯空军基地的飞行中队数量超过其他任何空军基地。基地驻有第 57 战斗联队、第 99 空军基地联队、第 53 联队、空战中心等部门。

为了支持 F-35 等先进机型的飞行训练，由洛克希德·马丁公司主持研制了"分布式任务训练系统"（Distributed Mission Training，DMT），并于 2020 年 7 月通过了美国空军和 F-35 联合计划办公室的验收，实现了该基地的 F-35 全任务模拟器（Full Mission Simulator，FMS）与其他基地同类设备的互通互联，能够与世界各地的飞行员共享虚拟训练环境、战法战术和作战要素，形成网络化的训练平台。

在此之前，F-35 模拟器只能够支持同一基地的四台设备间的联合训练。而 DMT 可以将其他基地的飞行员联系起来，从而支持大型部队演习。迄今为止，平台兼容的飞机模拟器有 F-35、F-22、F-16、F-15 和 E-3C"望楼"预警机。全世界范围的飞行员都可以在合成虚拟环境中接受高级战术训练。

在美国空军先期工作的促进下，2020 年年底，美国海军在加州勒莫尔航空站的模拟器中加装了 DMT 系统，使海军的 F-35C 飞行员也能够与全球任何一个友军单位进行联合训练。DMT 允许训练者添加不同的敌方威胁和训练要素，使飞行员能够提前面对不断变化的敌方环境，保持部队的战备水平。

内利斯空军基地的模拟训练设施主要用于机型训练，科特兰空军基地的模拟训练设施则主要用于研究、实验与测试，而象征着 LVC 仿真系统从概念走向实践的"虚拟旗"军演的主持单位——分布式任务作战中心（Distributed Mission Operations Center，DMOC）即位于科特兰空军基地中。

分布式任务作战中心隶属于 ACC，是美国空军负责分布式虚拟作战训练演习、测试和试验的机构，目标是为空军主要作战部队提供所需的 LVC 训练能力。DMOC 采用了能集成各种飞行模拟器和数字构造兵力模型的网络体系结构和网络基础设施，为美军和盟友提供网络连接服务，用于整合各部队的训练装备、设施，模拟出作战人员能使用实际战术和程序的现实威胁情境。

DMOC 由第 505 指挥和控制联队及其隶属的第 705 战斗训练中队管理，这些部队的任务是进行战术研究、设计训练场景以及最后考核场景，评估部队的作战指挥控制能力、技战术、武器使用情况，提高作战人员的综合能力。DMOC 负责组织每年 4 次的"虚拟旗"演习，该演习是美军目前唯一的全谱系飞机的作战人员都能参与的重点演习。

2000 年，美国空军首次将分布在各地的飞行模拟器联网，开展了"虚拟旗"军演。此后美军对该演习的需求持续上升，ACC 要求继续扩大参演范围，定期于每季度中都举行演习，并在后续军演中，将海军和海军陆战队的模拟器也加入进来。这种高强度的演习一般会持续一周左右，基本上每天都处于任务饱和的状态，如美军指挥机机组人员的 C^4ISR（Command，Control，Communication，Computer，Intelligence，Surveillance，Reconnaissance，指挥、控制、通信、计算机、情报、电子监视、侦察）科目甚至会持续超过 15h。

2009 年，美国与澳大利亚、英国等国家开展了异地模拟器联合演习，总共涉及跨越大约 15 个时区的 28 个不同地点。美军的盟友大多数不会单独参加战争，所以需要这种联合训练的手段来模拟真实情况，以应对日益国际化的军事行动。

2015 年，美军首次尝试将内华达州开展的采用实装对抗的"红旗"军演与"虚拟旗"军演相结合，模拟器大多数都被安置在科特兰空军基地的 DMOC，包括一个完整的 E-8 联合指挥机的指控席位。虚拟的 E-8 给实装飞机发送虚拟地面目标信息，实装飞机也做出了响应。传统的"红旗"军演区域只有 38000km² 左右，加入了"虚拟旗"之后，虚拟的可用面积增加到了 3400000km²。

参与"虚拟旗"演习的模拟器几乎覆盖了美军和盟国航空装备的全谱系，不仅包括了 F-15、F-16、F/A-18、"台风""狂风"、CF-18、B-52、B-1B、C-17、AH-1、V-22 等主流装备，也包括了 E-3、E-8、RC-135、HH-60G 和 HC-130 等特种飞机。之后也陆续加入了 MQ-9 无人机模拟器、联合终端攻击控制器等。此外，还有模拟对手兵力的模拟器。多国联合作战的一个重要因素是了解盟友装备的能力和局限性。虽然各国可能拥有 F-18 和 E-3 等共同型号，但能力存在差异，甚至一些设备是美军独有的。

1.2.4 美国空军模拟训练组织及发展

从美国海、陆、空三军的模拟训练设施可以看出，LVC 仿真系统的发展及应用在空军的军事训练、研究试验当中体现得最为明显。这不仅得益于空军装备代表着最先进的装备技术、复杂作战概念都离不开空中作战单位，而且从"虚拟旗"演习成功开始，美国空军就针对 LVC 仿真系统建设，设立了完善的组织结构，并持续对其优化。

2017 年 9 月，美国空军发布了《空军 2035 年作战训练基础飞行计划》（Operational Training Infrastructure 2035 Flight Plan，OTI 2035），该计划描述了美国空军对实装训练和虚拟作战训练环境的愿景，确定了相关资源和使用需求的优先次序，并为实现愿景制定了路线图。美国空军 OTI 的愿景是建设一个"实装—虚拟—构造"训练环境，满足部队训练大纲需求，确保部队的战备状态。OTI 2035 确定了 13 种任务，分别是：

（1）资金战略。

（2）人力资源计划。

（3）虚拟和实装能力。

（4）数据和技术标准。

（5）采办政策。

（6）采办监督。

（7）OTI 制度化。

（8）相关威胁环境。

（9）质量指标。

（10）联合互操作性。

（11）跨国互操作性。

（12）通用体系结构。

（13）演习监督。

其中，模拟器项目办直接影响第 3、12 项任务。

2020 年，美国佛罗里达州召开了训练和模拟行业研讨会（Training & Simulation Industry Symposium，TSIS）。美国空军生命周期管理中心模拟器项目办在会议上概述了《空军模拟器规划 2035》，确定模拟器是空军战备战略的关键。《空军模拟器规划 2035》是以美国空军之前发布的《空军 2035 年作战训练基础飞行计划》为指导，在模拟器领域进行了细化梳理，具体工作如下：

1.2.4.1　优化有关建模仿真组织机构

美国空军部下属的参谋部和司令部分别设立关于建模仿真和模拟器相关部门：空军建模与仿真局（Air Force Agency for Modeling and Simulation，AFAMS）和空军生命周期管理中心（AF Life Cycle Management Center，AFLCMC）模拟器项目办，用于开展计划管理、标准规范研究、建设发展、运行维护等业务。

1. AFAMS

AFAMS 是美国空军参谋部下属的训练与战备（AF/A3T）部门管理的外勤业务局，建立于 1996 年 6 月，位于佛罗里达州中部研究园区，毗邻海军空战中心训练系统部和奥兰多海军支持机构，以及众多专注于建模、仿真和训练的国防部、联参、军种、承包商和培训机构。毗邻这些机构的目的是为空军提供项目发展和技术进步的最大杠杆和优势，增强空军培养部队的能力。

AFAMS 管理顶层项目的计划包括实装/虚拟/构造仿真、作战训练基础设施和构造仿真环境三个方面。其任务是促进集成的、真实的、高效的跨域作战训练，以实现全谱系的战斗准备任务。AFAMS 直接支持美国空军和美国国防部训练任务共有五个功能领域：①任务演练；②演习和作战训练；③军用建模仿真技术改进；④数据库和模型管理；⑤顶层要求和标准。

AFAMS 下属三个部门，每个部门管理几个关键项目。

（1）基础部。基础部领导空军 OTI 飞行计划工作线的数据管理和技术标准的制定工作，以支持作战训练系统的互操作性，致力于使 OTI 正规化，并定义必要的原则、规则和指南，以促进多个美国国防部（Department of Defense，DoD）组织、利益相关者和学科之间的共同理解。此外，基础部通过执行和实施针对作战训练系统的网络安全和信息技术风险管理框架计划，来支持空军相关官员。

（2）作战部。作战部通过满足当前和未来空军作战训练基础设施的需求，为空军作战训练体系提供支持。作战部领导空军作战训练基础设施工作线，以实现联合互操作性/跨机构性。此外，作战部评估联合部队、工业和学术界的新兴能力。作为航空、航天、网络建设环境的需求领导，作战部与总部空军和各大司令部合作，确定、优先考虑、跟踪和倡导顶层作战训练需求（例如，跨领域训练体系结构和未来构造仿真训练环境）。

（3）任务支持部。任务支持部支持 OTI 的战略和战术方法，以促进未来和当前空军企业训练的发展。作为人力资本的执行机构，任务支持部维持着部队的效率和技能，以满足空军和联合部队的长期和短期准备。此外，任务支持部领导空军 OTI 建模和仿真知识管理工作，以实现协作、可重用性和互操作性。

2. AFLCMC 模拟器项目办

AFLCMC 总部设在赖特·帕特森空军基地，是美国空军装备司令部的六大中心之一，其他 5 个是空军实验室（科学与技术）、空军测试中心（测试与评估）、空军维持中心（维护、修理、大修和供应链管理）、空军核武器中心（战略系统）以及空军安装和任务支持中心（安装支持）。空军生命周期管理中心于 2012 年 7 月 9 日成立，大约 26000 名 AFLCMC 的现役军人、文职人员和承包商员工在 9 个主要地点和数十个较小地点执行了该中心的任务。AFLCMC 负责空军武器系统从生产到报废的整个生命周期管理，改善武器系统的采办，减少开销，消除冗余并提高效率，任务是获得并支持赢得战争的能力。AFLCMC 在与外国伙伴国家空军建立安全援助关系的同时，还执行飞机和其他国防相关设备的销售。

AFLCMC 模拟器项目办是空军生命周期管理中心的下属机构。模拟器项目办公室愿景是使用类似于大型多人游戏的方式模拟整个空军作战，并从指挥分离的任务场景（烟囱式）转移到联合作战人员环境。虚实结合，提供跨多国的多种训练服务，覆盖全任务谱系，让空军在虚拟环境中开展对抗训练。

AFLCM 模拟器项目办的负责人为空军上校，两位副职分别负责项目执行和项目集成。AFLCMC/WNS 下设 8 个中层领导，分管工程、后勤、空战、空运、特种作战、作战训练基础设施、金融、合同。

AFLCMC 模拟器项目办目前在编人员 500 人以上，管理着 64 个模拟器相关项目，2300 台以上的训练设备，超过 93% 的空军库存。在 2019 财年，有 633 个合同在执行中，金额达到 3.18 亿美元，其中包括国外伙伴项目 1.7 亿美元。

1.2.4.2　优化模拟训练领域机构

为了使美国空军的 LVC 训练有一个全面的组织框架，将虚拟训练完全纳入整体训练目标中，2012 年，空军部长重组了总部空军内部虚拟训练的管理工作，指定 AFAMS 为 LVC 作战训练集成的主要执行机构，整合其虚拟培训工作，制订相关战略来调整虚拟培训计划和目标，并开发一种方法来收集关于虚拟培训的成本数据。据空军官员称，空军还在更新有关模拟器和其他训练设备的管理、采办、更新和现代化的指导。

最近，还有消息指出美国空军建模仿真组织机构正处在调整审查过程中，有两个较大变化：

（1）新设立了首席建模仿真官（Chief Modeling & Simulation Officer，CMSO）。

（2）成立了建模与仿真指导委员会。2020 年 5 月，Richard Tempalski 被任命为美国空军第一任首席建模与仿真官，领导新成立的空军首席建模与仿真办公室，该办公室将监督和更新建模与仿真监管指南，并在整个空军组织中强制执行合规性。Tempalski 从美国国防部高级研究计划局（Defense Advanced Research Projects Agency，DARPA）转职，在国防部研发、开发建模与仿真能力以及为高级分析创建系统和流程方面拥有 20 多年的经验。他将监督建模与仿真投资，以优化整个空军企业的建模与仿真投资，与 DoD、学术界、工业界、联邦机构和联盟伙伴的建模与仿真利益相关者接触，并确定对空军建模与仿真官方政策的修订。

1.2.4.3　提出模拟器规划 2035

美国空军《2035 年前空军作战训练基础设施飞行计划》已经确定了 LVC 作战训练能力的重要需求，这些需求将在未来几年内需要资金。《空军模拟器规划 2035》总体上分为三个阶段：集成现有功能、集成新功能、模拟整个美国空军作战。从 2020 年到 2024 年，集成现有功能，包括分散的可互操作/兼容设备、多种配置规格、专注于集成"烟囱式";从 2025 年到 2029 年,集成新功能,包括建立网络标准、平台模拟器集成(当前/全新)、发展中的通用环境;从 2030 年到 2035 年,模拟整个美国空军作战,从经验教训中了解未来的改进。美国空军估计,2015—2019 财年,LVC 作战训练所需资金总额约为 38 亿美元。这包括资助维持模拟器与飞机的交互,升级模拟机视景系统,安全虚拟训练网络,并雇用额外的模拟器教员。

具体包括以下 8 个方面:

(1)2035 年前,持续在项目的并行/终止/保真度/互联互通方面进行升级和重组。

(2)2029 年前,将飞行员训练水平和能力最大化至Ⅳ级。

(3)2028 年前,完成模拟器的通用体系结构要求和标准(Simulator Common Architecture Requirements and Standards,SCARS)。SCARS 是使整个产品组合更具模块化,更开放的一种措施,能在模拟器领域打下基础,使美国空军在各个方面的互用性大大提高。空军希望为其模拟器创建一个通用的开放式体系结构,该体系结构将施加更严格的网络安全标准,并使业务部门更容易使用新功能来更新模拟器。目标是建成一批可以远程接收软件更新的模拟器,就像智能手机一样。

2020 年 6 月,L3 公司已获得 9 亿美元的最高限额的合同,内容涉及模拟器的通用体系结构要求和标准。该合同规定了整个空军训练课程中模拟器通用体系结构的定义、设计、交付、部署和维护、创建安全运营中心和数据库以及执行 SCARS 管理服务。SCARS 还计划逐步开展模块化的开放系统方法,以及一套针对空军模拟器的通用标准。SCARS 的研制周期至 2030 年 6 月,为期 10 年。

(4)2027 年前,使联合仿真环境(Joint Simulation Environment,JSE)达到初始作战能力;2029 年前,使 JSE 达到完全作战能力。JSE 是一个可扩展、高保真度的非专有的建模和仿真环境,可以对第五代以上的飞机和系统进行测试,作为对外场测试的补充。目前,JSE 是使用实际的 F-35 机载软件的人在环综合环境。除了与对手进行实际战斗之外,JSE 将是唯一可用的测试环境,能解决外场测试的固有局限性,充分评估 F-35,在 JSE 中,能够设置不同的现代威胁系统(包括武器、飞机和电子战设备),并在一定实体密度的情况下对飞机进行全面和充分的测试。

(5)2028 年前,解决好网络互通性。具体来说,2025 年前,解决各分布式作战网络的通用威胁环境和多层级安全问题。2028 年将 F-22、F-35 的训练系统网络改造成能够支持综合模拟器的环境。

虚拟训练使用飞行模拟器,针对任务和活动特点设置不同的真实环境。飞行模拟器可以是独立的，也可以与分布式特派团行动网络（Distributed Mission Operations Network，DMON）相连，DMON 将地理上分离的模拟器集合在一起，以便进行训练。连接地理上分散模拟器的训练任务称为分布式任务训练。分布式任务操作利用虚拟和构造仿真元素的集成来训练空勤人员。到目前为止，空军的虚拟训练工作采用模拟器和构造仿真的集成。长期目标是将实装训练与分布式任务训练结合起来，也就是所谓的 LVC 训练能力。

（6）2035 年前，依托小微企业等机构，持续开展创新研究工作，探索改变游戏规则的新技术，以提高战斗准备能力。其涉及的技术包括游戏、虚拟/增强现实、人工智能、显示系统、云计算等。

（7）2029 年前，解决与海军/联军的互操作性，开展联合虚拟训练。

（8）2035 年前，持续开展训练系统采办计划。目前，正在基于训练系统的性能开展第三期的训练系统采办工作，主要任务包括分析、设计、开发、生产、安装、集成、测试、数据库生成和维护等工作。

1.3　LVC 仿真体系结构的发展

以上简要介绍了美军主要模拟训练设施建设情况以及美国空军模拟训练组织情况，这些模拟训练设施以及模拟训练组织分布在世界各地。为了使分布在世界各地的实装、虚拟及构造实体能够在一个统一的环境内交换信息，构建 LVC 仿真系统以及组织 LVC 训练/测试，要求各分系统具有互操作性、可重用性和可组合性三个特点。

互操作性是指 LVC 仿真系统内各分系统一起工作并共享信息的能力。可重用性是指系统脱离原来设计环境下的运行能力。可组合性是基于互操作性和可重用性的系统集合实现快速组装、初始化、测试和执行的能力。

在互操作性、可重用性和可组合性中，最重要的是互操作性。互操作性的实现首先需要确定系统所采用的体系结构。体系结构指导着如何构建系统，合理设计并使用体系结构是实现 LVC 仿真系统内部互操作性要求的最明显特征。不同的体系结构在设计之初都有针对的领域，所以，体系结构不需要实现所有功能，只需要满足目标领域内的需求即可。其次，需要实现有意义的沟通。其主要包括两个部分：一是一种公共语言。当不同的系统和机制将这些信息组合成复杂的、有意义的句子或概念时，必须保证含义相同，采用公共对象模型实现公共语言。二是一种通用的通信机制，即交换信息的方式。设计一个公共的软件基础设施，采用多种底层通信公共框架，从而实现有效的通信。最后，确定公共背景。其主要包括三个方面：一是对环境的共识，即系统在何处运作，试验场环境具有哪些特点；二是对时间的共识，现在是什么时间，时间是如何流逝的，以及任何给定的系统何时需要完成它的任务；三是对技术流程的共识，只有当系统能够理解其自身在整个工作流程上所处的位置，所扮演的角色时，系统之间才能实现互操作。

LVC 仿真历经了 30 多年的发展，先后产生了许多体系结构，如 SIMNET、DIS、ALSP、HLA、CTIA、TENA 等，相应的仿真规范、标准应运而生，解决了不同领域的 LVC 仿真系统的互操作问题。由于应用领域众多，开发出了多种体系结构，而不同体系结构间的构建过程、操作规范、模型建立等都有很大不同，导致在由不同体系结构构建的 LVC 仿真系统融合过程中存在很多问题。所以，美国联合兵力司令部于 2007 年提出了 LVC 体系结构路线图（LVC Architecture Roadmap），其目的是对下一代分布式仿真体系结构的发展做出规划，其中最重要的一条路线是确定并发展功能突出的体系结构，避免出现集成困难的问题。当前各体系结构的应用比例如图 1.4 所示，在这些体系结构中，DIS、HLA 和 TENA 脱颖而出，广泛应用于各领域。

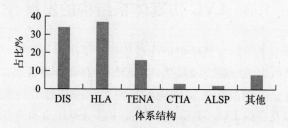

图 1.4　当前体系结构应用占比

1.3.1　DIS 的发展

在网络技术的发展过程中，最初仅是简单地建立一种互联系统，慢慢地发展成具有一定规模的通信网络。每个开发商的网络解决方案都不尽相同，因此当网络技术发展到一定阶段时，为了促进各网络之间的互联互通，出现了对网络体系结构进行标准化和层次化的设计。分布式交互仿真技术与网络技术密切相关，在它的发展过程中也经历了类似的阶段。最初，人们只是被动地将分布的仿真器互联，以达到交互的目的。

1978 年，美国某空军基地的空军上尉 J. A. Thorpe 发表了一篇名为《Future Views：Aircrew Training 1980—2000》的文章，提出了联网仿真的思想，首次系统地描述了联网仿真技术的功能及要求，希望使受训人员在分布虚拟战场环境中分辨不出训练系统和真实系统。虽然当时联网仿真所需的技术还未成熟，但 DoD 接受了此思想。

1983 年，DARPA 和美国陆军共同制订了一项合作研究计划，并由 BBN 公司和 Perceptronics 公司承担主要技术工作，即 SIMNET 研究计划，它将分散在各地的平台一级的武器模拟训练器材联网，实现部队间直接对抗模拟演习。其实质是，利用计算机系统、通信系统将各种武器训练模拟器材融合起来。计算机系统负责生成实时的合成环境，通信系统负责信息传输，并结合不断涌现和日益成熟的计算机应用新技术，如虚拟现实、多媒体、超媒体、光纤、网络等技术。

虚拟模拟在平台级的网络互联中发展迅速，在 SIMNET 计划提供的合成环境下，营、连、排级部队可进行合成兵种协同作战训练及相应的战法研究。到 1989 年，已将分布在美国和德国的 11 个军事基地的 260 多个地面车辆仿真器互联，形成了世界上第一个分布式虚拟战场环境，用于进行复杂战场任务的训练。该系统包含的仿真实体有 M-1 型主战坦克、M-2/3 战车、固定翼飞机仿真器（位于亚利桑那州威廉姆斯空军基地）和直升机仿真器（位于亚拉巴马州）。系统在逼真度水平（Fidelity Level）、预估算法等概念支持下，首次实现了作战小组之间的直接武器对抗。

根据使用 SIMNET 积累的经验，美国军方和工业界在 SIMNET 基础上，共同倡导并着手建立异构型网络互联的 DIS 系统，把它作为美国面向 21 世纪的一种信息基础设施。DIS 是 SIMNET 技术的标准化和扩展，它由一系列的应用协议与通信服务标准、推荐的演练策略和相关文档来确保互操作能力。标准和协议的核心是建立一个通用的数据交换环境，通过协议数据单元的使用，支持异地分布的实装、虚拟和构造的平台级仿真之间的互操作。

1992 年 3 月，在第六届国防 DIS 研讨会上，美国陆军的仿真、训练及装备司令部（Simulation Training and Instrumentation Command，STRICOM）提出了 DIS 体系结构，并从第一届研讨会开始着手制定 DIS 的协议标准。1993 年，DIS Version 1.0 协议数据单元（Protocol Data Unit，PDU）协议规范正式成为电气与电子工程工程师协会（Institute of Electrical and Electronics Engnieers，IEEE）标准（IEEE 1278）。

DIS 是规模更大、功能更丰富的分布式虚拟环境，虚拟现实（Virtual Reality，VR）技术是其中重要的应用技术之一。在 1992 年的军种/行业训练、仿真和教育大会会议上展示了一个 DIS 演示系统，30 多台全任务模拟器、计算机生成兵力和指挥控制系统采用 DIS PDU 标准，通过以太网相连，环境背景模拟太平洋附近的军事基地及邻近海域。

1993 年的展示规模进一步扩大，包括来自 30 余家组织者的 50 多台模拟器，其中还有一些真实实体和远离展地的模拟器参与了演练。

从 1994 年开始，DARPA 与美国大西洋司令部联合开展了战争综合演练场（Synthetic Theater of War, STOW）研究，主要研究更大规模的高精度仿真对军事仿真训练与战场任务演练的支持，形成了一个包括海陆空多兵种、有 3700 个仿真实体参与、地域范围覆盖 500km×750km 的军事演练环境。

1995 年，美国召开有关 DIS 的会议，会议上推出新研制的具有重构能力的模拟器。此模拟器能够根据现有的不同作战平台进行不同的建模，是建立在能根据战场环境实时地重构工程模型并运用 C 语言编制的程序基础上的。此外，洛克希德·马丁公司已运用 DIS 技术研制出飞行训练模拟器，陆军 OH58-DKW 型直升机的新型训练系统也采用了 DIS 技术。

DIS 技术在美军对抗模拟演习中也得以应用，如位于弗吉尼亚州的"联合作战中心"可以进行基地化的联合训练演习。运用 DIS 技术，可进行三级仿真模拟，即战区联合模拟、联合冲突模拟、聚合模拟演习。再者，DIS 还可运用于研讨模式，即值勤与后备役单位的演习，这是最基本的作战层次。

此外，美军针对 DIS 应用开展了五大计划，如表 1.1 所示。它们是多兵种战术训练（Combined Army Tactical Trainer, CATT）系统、作战人员模拟（Warfighter's Simulation, WARSIM）系统 2000、STOW、虚拟装甲旅（Virtual Brigade）、陆军战备训练模拟（Simulation Training Army Readiness, SIMITAR）系统。

表 1.1　针对 DIS 应用开展的五大计划

计划名称	内容
多兵种战术训练系统	应用逼真的虚拟战场环境进行战术对抗演练，训练各兵种营以下级别的指挥人员，符合 IEEE Std 1278—1993 标准
作战人员模拟系统 2000	将所有模拟系统融入一个无缝隙的联合、合成演习战场训练环境的未来模拟系统
战争综合演练场	采用 DIS 体系结构，融合真实与虚拟实体训练
虚拟装甲旅	采用先进仿真技术，进行虚拟装甲旅训练，支撑系统包括旅/营作战模拟系统（Brigade Battle Simulation System, BBS）以及 SIMNET，1996 年投入使用
陆军战备训练模拟系统	与虚拟装甲旅系统配合使用，提高战备能力，采用 DIS 体系结构

1.3.2　HLA 的发展

DIS 的设计主要面向真实与虚拟领域，这些领域专注于旅/营级以下的战术训练。为了能够将模拟训练推广到作战单元覆盖范围更大的战役、战略层，进行作战推演，需要结合计算机生成兵力技术，即在构造领域进行聚合级（Aggregate Level）模拟。为此，美国开发了聚合层仿真协议 ALSP。

　　ALSP 的体系结构发展经历了初期、中期和末期三个阶段。初期 ALSP 的主要特点是采用集中的时间管理策略来协调分布仿真部件间仿真时间的推进，保证事件的因果关系。随着对更复杂的时间管理服务的需求和 ALSP 对象及对象交互模型越来越复杂，将集中的时间管理改进为分布的时间管理服务，并引入新的数据管理服务层，形成了中期的 ALSP 体系结构。为进一步支持 ALSP 与具体应用系统实现的无关性，增强其灵活性，采用了基于消息的程序接口，提出了 ALSP 通用模块，形成了最终的 ALSP 体系结构。

　　与 DIS 相比，ALSP 引入了时间管理、数据管理和属性所有权管理，可较好地支持构造仿真的分布式运行，解决了分布仿真系统中逻辑时间的同步问题，减少了系统中消息传递的数量，满足了军事演习仿真领域的要求。

　　1992 年，ALSP 应用在美军的"中心堡垒92""回师德国92"和"聚焦镜头92"三次主要军事演习中。

　　虽然 DIS 和 ALSP 设计构想很好，在各自领域运行良好，但是在使用后期发现这两种体系结构不兼容。尤其是 ALSP 与实时、连续、平台级的 DIS 系统中的实体交互时，其聚集级的实体要先"解聚"成单独的实体，在实时仿真时钟下与 DIS 系统的实体交互，然后在适当的时刻再重新聚集，在非实时仿真时钟下运行，该过程实现困难。而且 ALSP 不能与真实的 C^4I 系统集成到一个分布交互的综合环境中，无法提供更大规模的多对多/部队对部队的战术、战略的开发和演练仿真，不能提供多兵种、多武器系统的体系攻防对抗仿真和武器系统性能评估，不能提供不同粒度、不同聚集度的对抗仿真和人员训练仿真。因此，需要建立一个新的仿真体系结构，以及对应的标准，便于实现各种类型的仿真系统间的互操作和仿真系统及其部件的重用，真正实现将构造仿真、虚拟仿真和实装仿真集成到一个综合环境中，以满足各种类型仿真的需要。正是在这种情况下，在信息管理技术体系结构框架（Technical Architecture Framework for Information Management，TATFIM）的原则和规范下，提出了 HLA。

　　1995 年，DoD 提出了 MSMP，如图 1.5 所示。MSMP 首先明确了建模与仿真在美国国防领域的地位与能力，其次针对建模与仿真的现状制定了一系列的目标：①为建模与仿真提供共同的技术框架；②提供对自然环境的及时、权威的表示；③提供对系统的权威描述；④提供对人的行为的权威表示；⑤建立建模与仿真 M&S 的基础设施；⑥共享 M&S 的效益。

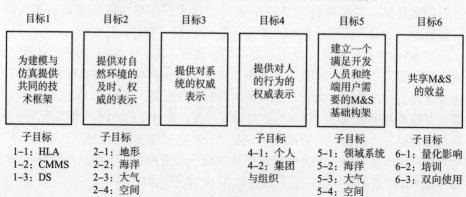

图 1.5 "建模与仿真"主计划

这些行动目标的核心是建立标准与标准化的描述。权威的描述是一种为大家所承认的近似于事实标准的描述。上述目标中最重要的也是目前进展最快的共同的技术框架，它由以下三个子目标构成：

（1）建立一个通用的高层体系结构 HLA 来促进各类仿真应用之间的互操作，这些仿真应用与 C^4I 等真实系统之间的互操作以及建模与仿真成分的重用。

（2）开发任务空间的概念模型（Conceptual Models of the Mission Space, CMMS），用作构造一致与权威的仿真描述的起点，由此促进仿真成分的互操作和重用。

（3）建立数据标准来支持模型与仿真的规范描述。这一共同的技术框架是为了保证各种模型和仿真应用在整个美国国防领域都能有效地使用。三个子目标中的核心是 HLA，它是模型与仿真应用必须满足的标准。

1996 年 8 月，负责 MSMP 实施的美国国防部建模与仿真办公室（Defense Modeling and Simulation Office，DMSO）正式公布了 HLA 的文档。

1998 年 6 月，北约（North Atlantic Treaty Organization，NATO）制订的 NATO 建模/仿真主计划中，HLA 被命名为 NATO 的标准结构框架，并于同年 11 月被确认通过。

1998 年 11 月，HLA 接口规范和运行时基础设施（Run-Time Infrastructure, RTI）服务被接受为对象管理组织（Object Management Group，OMG）标准。

2000 年 9 月，HLA 被 IEEE 接受为标准。

2010 年 8 月，发布了最新标准 HLA Evolved。

HLA 定义了一个技术框架，它是一个灵活的、可伸缩的、可重用的软件体系结构，基于 HLA 可创建基于组件的分布式仿真，构成系统的各类模块或各类仿真体均可直接接入该框架，并能容易地实现相互间的互操作及仿真部件的可重用。为了确保系统的经济性，HLA 还提供了一系列商用现货供应（Commercial off the Shelf，COTS）和政府现货供应（Government off the Shelf，GOTS）的软、硬件，以达到"高效实用"和"即插即用"的效果。

目前，各国都在积极开发 HLA 产品，以推动仿真的发展和技术的进步。在 HLA 产品中，最重要的是 RTI。它是按照 HLA 接口规范开发的服务程序，实现了 HLA 接口规范中的所有功能，并按照 HLA 接口规范提供一系列支持联邦成员互操作的服务函数。联邦的运行和仿真成员之间的交互和协调都是通过 RTI 来实现的。犹如软总线，支持仿真系统的互联和互操作，支持联邦成员级的重用。现将国外对 RTI 的研究开发情况概述如下：

（1）美国 MITRECorp 和麻省理工学院（Massachusetts Institute of Technology，MIT）林肯实验室在 DMSO 的赞助下，于 1997 年初交付了第 1 版 RTI，该产品主要验证 HLA 的可行性。

（2）美国于 1996 年 9 月开始研制 RTI 1.0，有 Sun/Solaris 2.5、SGI/Iirs 6.2、Windows NT 4.0、IBMAIX 4.1.5、DEC Alpha OSFI V4.0、HP HP-UX 10.20 等版本。

（3）美国的 RTI-s（即 STOW-RTI），实现了除时间管理和对象管理服务之外的所有功能。

（4）美国的 RT1 1.3（无 1.1 及 1.2 版本）提供了 HLA 接口规范 1.3 中的所有服务。1998 年 7 月 31 日全面推出了 RTI 1.3 第 3 版。

（5）RTI 1.3NG（New Generation）是 DMSO 在 RTI 1.3 版本的基础上推出的新一代 RTI 软件。1999 年 12 月，美国推出了第一个经过全面测试的 RTI 版本 RTI-NG 1.3 V2，之后又陆续推出了 RTI-NG 1.3 V3.1、RTI-NG 1.3 V 3.2、RTI-NG 1.3 V4、RTI-NG 1.3 V5 及 RTI-NG 1.3 V6。

（6）2002 年 10 月，DMSO 决定将 RTI 产品的供应及相关支持移交给工业界，Virtual Technology Corporation 和 Science Applications International Corporation 联合从 DMSO 接过了 RTI 产品的供应及相关支持，并在 RTI NG 技术的基础上，推出了商业化的 RTI 产品 RTI-NG Pro。

（7）美国的 MÄK Technologies 公司于 1998 年 4 月 28 日发布了第一个商业的 RTI 软件 MÄK RTI，2003 年 3 月推出了 MÄK RTI 2.0.1-ngc，该版本与 DMSO 的 RTI-NG 1.3 V6 兼容。MÄK RTI 可以屏蔽数据分发管理、时间管理等功能，从而可大幅度提高系统的效率。

（8）瑞典 Pitch 公司于 1999 年推出了经 DMSO 认证的 pRTI 1.3，随后又于 2001 年 12 月推出了全球第一个完全符合 IEEE 1516 标准的 pRTI 1516，并于 2003 年 3 月通过了 IEEE 1516 标准符合性认证。

（9）美国 Cybernet Systems 公司于 2002 年 11 月推出了符合 IEEE 1516 标准的完整的 RTI 软件 OpenSkies。

（10）Georgia Tech Research Corporation 在 Richard Fujimoto 教授的领导下，于 2000 年推出了联邦仿真开发包 3.0（Federated Simulations Development Kit，FDK），FDK 是一组用于支持 RTI 开发的库，它主要面向并行与分布仿真系统，特别是运行于高性能计算平台上的联邦仿真系统的开发。

（11）英国、日本、澳大利亚等国也在对 HLA/RTI 进行研究，并开发了自己的 RTI 原型系统。

（12）英国国防部为了深入研究 HLA 标准，于 1998 年自行开发出了基于公共对象请求代理体系结构（Common Object Request Broker Architecture，CORBA）的 RTI-lite（原型系统），并在该原型系统上进行了 FlasHLAmp 项目的仿真联邦开发测试，验证了 HLA 的可用性和易用性。其后在利用 Georgia 大学的 RTI-Kit 系统的基础上，将 RTI-lite 扩充为基于 CORBA 的 UK-RTI（支持 RTI 标准 1.3）。

1.3.3　TENA 的发展

DIS 与 HLA 在设计之初即是面向 M&S 领域的。TENA 则是重点针对试验与训练领域，主要解决实装真实领域的集成问题。但是，随着技术的发展与改进，TENA 已经可以支持 LVC 三类资源的集成。

在试验与训练领域，为测试各种新式武器和作战概念，美军建立了诸多靶场。但是，这些靶场在设计之初没有考虑到未来的集成测试，采用异构的传感器及通信技术和计算机硬/软件等，从而导致了"烟囱式"发展。在试验和训练资金普遍减少的情况下，为了适应未来的集成试验和训练，美军开始思考如何充分利用先进的信息技术和仿真技术，整合试验和训练资产。美国国家安全办公室赞助的中央试验和评估投资计划（Central Test and Evaluation Investment Program，CTEIP）在 20 世纪 90 年代开启了 Foundation Initiative 2010（FI 2010）项目。

FI 2010 项目人员深刻总结了 HLA 和 DII COE 等多种体系结构的优劣势，在扩展 C⁴ISR 体系结构框架下，以前期开展的四个项目为基础设计了 TENA 体系结构。这四个项目分别是：

（1）试验&训练使能体系结构（Test and Training Enabling Architecture）。

（2）公共显示分析与处理系统（Common Displays Analysis&Processing Systems）。

（3）虚拟测试 & 训练靶场（Virtual Test&Training Range）。

（4）联合域复杂靶场（Joint Regional Range Complex）。

这些项目的目标是创建公共 TENA 体系结构以及建设公共软件基础设施原型和工具集，以辅助靶场人员，计划和设计复杂的测试和训练事件，更好地执行并管理事件。

TENA 体系结构主要由 TENA 对象模型、TENA 实用程序、TENA 公共基础、TENA 应用和非 TENA 兼容应用程序组成。其核心是以解决分布式异构系统互操作问题的中间件为基础，建立相关标准、协议和运行规则，最终实现"逻辑靶场"的互操作、可组合和可重用问题。"逻辑靶场"是指通过将测试、训练、模拟设备以及利用高性能计算技术集成起来创建的一个综合靶场。实现"逻辑靶场"的关键技术之一是中间件。中间件是一种软件，处于操作系统软件与用户的应用软件的中间。也就是说，它处于操作系统、网络和数据库与应用软件的中间，从而可以将不同操作系统提供应用的接口标准化，统一协议，屏蔽底层通信之间的接口差异，实现互操作。

1998 年，TENA 架构原型创建完毕，该原型脱胎于 HLA 在 TENA 领域中适用性的试验，该试验的结果之一即是 TENA 中间件的定义和创建。

TENA 中间件的第一个原型，称为"IKE"或"IKE 1"，于 1999 年完成，并在同年和 2000 年进行了测试。从 IKE 1 的开发和测试工作中吸取了许多经验教训。这些经验被整合到 TENA 中间件状态分布式对象（State Distribution Objects，SDO）的文档中，成为第 2 版 TENA 中间件原型（称为 IKE 2）的需求基础。IKE 2 的开发和测试是由开发测试单元（Development Test Cells，DTCs）执行的，这些开发测试单元是靶场的内部组织，致力于将 TENA 的优势扩展到靶场，并将靶场融合为一个整体。随着 IKE 2 的使用，其他的原型开发工作也很快开始，特别是 TENA 对象模型中元素原型的定义、一些工具和实用程序的原型以及对象模型实用程序。随着这些原型的创建、测试，整个过程中得到的经验教训都将反馈到 TENA 架构的定义中。TENA 基线报告（TENA 1997）在制定 TENA 之初，就对架构进行了描述。TENA 2002 代表了新的架构，这是 2001 年结束的、在第一轮原型测试基础上发展起来的。TENA-SDA 于 2012 年推出 TENA Middleware 6.0. x，相比 IKE2 在性能上又有了很大的进步。

1.3.4　总结

DIS 具有设计简单、传输速率快等优势，设计之初能够更好地适用于实装及虚拟仿真的融合；HLA 作为 M&S 的通用标准，为仿真系统提供六大类的仿真服务，能更好地支撑虚拟及构造仿真的融合；TENA 面向靶场试验领域，作为靶场互联的支撑体系结构，更加适用于实装及虚拟仿真。这三种体系结构功能的主要区别如图 1.6 所示。

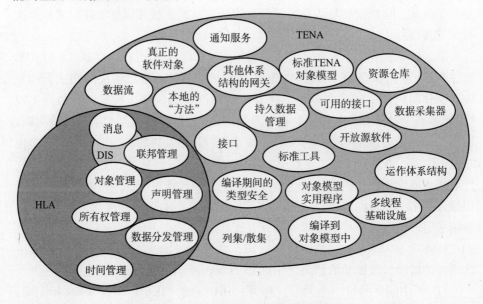

图 1.6　DIS、HLA 和 TENA 功能的区别

随着技术的发展，各体系结构开发团队在原有设计基础上，根据应用单位的反馈，不断进行改进，从而实现更广领域的覆盖，如图 1.7 所示。

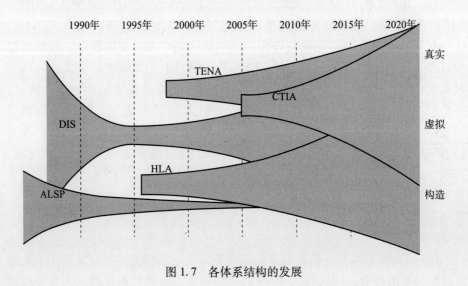

图 1.7　各体系结构的发展

1.4　国内研究现状

从 1996 年开始，国内在"863 计划"的资助下，国防科技大学、北京航空航天大学、中国科学院、装甲兵工程学院等单位基于 DIS 技术开展了分布式虚拟环境（Distributed Virtual Environment Network，DVENET）的研究开发工作。DVENET 可以全过程、全周期支持虚拟现实应用系统的开发，并稳定、可靠地支持较大规模跨路由分布交互仿真和分布式虚拟现实应用系统的运行。到 2000 年年底该项目取得阶段性成果。同时，原国防科工委启动"综合仿真系统"研究项目，航天机电集团二院作为总体集成单位，联合十余家高校及科研院所开发了综合仿真系统 SSS-RTI（Synthetic Simulation System-RTI），该系统属于国家"九五"预研重点项目。它是一个 DIS 分系统和 HLA 分系统组成的混合式集成仿真系统。该项目的目标是：

（1）建立一个含有灵境技术的、开放的支持分布交互仿真的综合仿真支撑环境。

（2）开发一个面向应用的、支持复杂系统设计、运行和性能评估的应用示范系统。

（3）攻克 10 项关键技术：系统总体技术、标准和协议技术、软件框架和平台技术、实时网络通信技术、分布式数据库技术、计算机生成兵力技术、虚拟战场技术、VR 应用技术、系统性能评估技术和综合仿真系统管理技术。

（4）形成一支分布交互仿真技术的研究、应用与管理的骨干队伍。

（5）总结出一套大型仿真系统研制开发的工作方法。

2000 年，该项目原型系统完成，并经第一阶段联调试验取得阶段性成果：

（1）综合仿真系统初具规模。①已有 5 类武器的仿真分系统联成系统，形成了多武器联合防空作战的仿真能力，仿真演练包括了 400 余个仿真实体的活动；②初步建立了作战想定库，可以进行不同空袭条件下的防空作战仿真；③实现了多武器防空作战从输入想定、仿真、毁伤计算到仿真结果评估全过程的全数字仿真。

（2）关键技术攻关取得重要突破。①作战想定技术；②系统集成技术；③分布式仿真系统开发的标准和规范；④系统评估技术；⑤时空一致性技术；⑥模型的建立与计算机生成兵力技术；⑦网络通信和 DR 算法。

除此之外，各高校对 HLA RTI 分布交互仿真运行基础设施进行研究，成果丰富。

（1）国防科技大学开发了 KD-RTI，并在军内外 70 多个单位得到应用，遍布原总参、原总装、航天、航空、船舶、电子、院校等多个领域。性能方面，KD-RTI 具有数据交换速率高、无丢包率、低时延的优点。

（2）北京航空航天大学开发的 DVE_RTI 实现了分布式交互体系设计、松耦合模块化结构设计、基于组播的逻辑数据通道过滤技术和 RTI-RTI 交互协议等。DVE_RTI 具有规模扩展性好、系统可维护性强、网络资源利用率高等优点。同时，为了实现 DVE_RTI 之间的数据通信而设计的 RTI-RTI 交互协议可以解决不同种类 RTI 之间的互联问题。

（3）北京航空航天大学开发了 BH_RTI，这款产品是由虚拟现实技术与系统国家重点实验室（北京航空航天大学）自主研发，从 2008 年开始授权北京某公司进行产学研运作，负责产品销售，提供相关技术支持与服务。浙江大学、国防科技大学、装甲兵工程学院、海军潜艇学院等一些民口和军口单位已经基于 BH HLA/RTI 开发了一批应用系统，并进入实际应用。典型的应用如某单位基于 BH RTI 2.2。实现前期数字化连、营规模的仿真系统向数字化团、师规模仿真的发展，仿真规模得到了很大的提高。

国内针对 TENA 的理论研究成果较多，国防科技大学、西北工业大学、哈尔滨工业大学等单位均有文献发表，但功能全面、性能优异的产品较少。其中，最具有代表性的是哈尔滨工业大学开发的 HIT-TENA，在实现了中间件、综合态势显示软件、环境资源开发及资源仓库等多个线上产品的基础上，创建了联合试验平台，并通过实例验证了方案的可行性。

第 2 章
DIS 及其开发过程

2.1 DIS 简介

随着全球政治与经济局势改变，各国政府纷纷将工作重心转向经济建设，大规模军事冲突与对抗逐步减少，频繁的军事演习也越来越受到政治与经济环境的制约。因此，各国政府都在寻找一种效费比最高的武器装备研发试验新道路，以使其更接近于实战情况。另外，现代战争已经向海陆空三维度一体化的作战方向发展，武器系统呈现体系化对抗趋势，这就要求装备仿真环境更贴合其真实状态，并由单武器平台的性能仿真向多武器平台的体系对抗仿真方向过渡。而且为了减少仿真资源的重复开发，增强各系统的互操作性，也需要有一种技术协调仿真资源的运作，以便将各仿真资源集成到同一时空的作战系统中。分布式交互仿真技术就是应这种需要产生的。

DIS 即分布式交互仿真，又指一组被称为 IEEE Std 1278 的网络协议标准，由协议数据单元 PDU 组成，用于通过网络发送和接收数据。该标准大量借鉴了由 DAPRA 开发的 SIMNET 项目经验，并采用了许多 SIMNET 的基本概念，解决了平台级对象之间的互操作性问题。其主要任务是建立一个网络综合环境，采用一致的架构、标准与数据库将分散于多个地点的各类仿真应用与真实世界实现互联与交互活动。该环境汇集了不同时期的仿真技术，标准差异的仿真产品和不同用途的仿真平台，并允许它们进行互操作。

经过数十年的发展，分布式交互仿真技术在各行各业得到了广泛的应用，并展示出良好的应用前景。其中基于 DIS 的技术特点，以其标准设计仿真体系架构，可在一定程度上解决不同 L（Live，实装）、V（Virtual，模拟）、C（Constructive，构造）层面的资源集成问题，实现 LVC 联合训练目的。同时，由于 DIS 协议基于 TCP/IP 协议实现,支持因特网(Internet)环境的分布式交互仿真,因此在民用领域也得到了较好的应用,如网络视频、游戏、远程医疗、救灾响应演习等。

2.2 DIS 基础组成及技术特点

DIS 是一个应用层协议,其基本特征主要在于"分布"和"交互",本质上就是把所有分布在不同地理位置上的仿真资源用网络联结起来,构成一个统一、协调的综合仿真环境,并允许人的参与和交互。

DIS 代表分布式交互仿真,其术语概念定义如下:

分布式(Distributed):指在地理上分离的仿真,其中每个参与 DIS 架构的仿真应用都托管在一台计算机上,通过通信网络连接,并创建一个共享的综合环境,而整个环境并不需要设立中央计算机。为了满足 DIS 的定义,仿真可以在同一地理位置上通过局域网连接,也可以由分布在不同位置的多个应用通过广域网连接,即允许 L、V、C 三类资源的任何组合。

交互(Interactive):I 是 DIS 定义中最重要的组成部分,因为 D 与 S 都只是实现功能的技术,而 DIS 重在连接不同地理位置上各种类型的仿真器,这些仿真器可以是人在回路的仿真器,也可以是计算机生成的虚拟仿真器,它们作为节点构成了一个高度交互的分布式虚拟环境。对于军事领域来说,其关键概念是"作战人员在环"和嵌入式训练,并尽可能使用真实设备进行连接,其定义的交互部分包括已建立的标准和协议、通用架构和通信主干。

仿真(Simulation):DIS 的仿真涵盖了美国国防部定义的实装、虚拟、构造三类模拟系统,如 1.1 节所述,典型的有武器靶场、仪表显示系统、人在回路模拟器、计算机兵棋推演和兵力生成等。

2.2.1 DIS 基础架构概念

DIS 的基础架构概念主要包括以下几个方面:

(1)没有控制整个仿真演练的中央计算机。一些仿真系统使用一台中央计算机来维护世界状态,并计算每个实体的行为对其他实体和环境的影响。这种情况下,计算机系统必须根据情况进行调整,以处理模拟实体产生最大可能的负载。而 DIS 使用分布式仿真方法,由通过网络相连的相互独立的仿真计算机负责模拟每个实体状态。DIS 仿真中的所有主机都是对等的,随着新主机添加到网络中,每台新主机都会带来自己的资源。

(2)自治的仿真应用。每个仿真应用都是完全自治的,即有自己相对独立和完整的功能,通常负责维护至少一个实体的状态。在某些情况下,仿真应用程序将负责维护多个实体（扩展到数万个实体）的状态。当用户在仿真或实际设备中操作控件时，各应用负责对实体的行为进行建模，并把这些对象的状态及其所产生的事件通知其他仿真节点，通信协议允许各仿真应用在加入或脱离仿真运行的同时，不会影响其他仿真应用的交互。

（3）标准的数据结构。每个仿真应用节点都将它所控制或测量的实体的状态传递给网络中的其他仿真应用，接收方负责接收并处理这些数据。而 DIS 将仿真节点之间进行交互的数据格式化为标准的类型，定义了一系列称为协议数据单元的标准数据结构。通过遵循这种统一的数据结构标准，节点之间的信息交换得到了保证。

（4）仿真应用程序负责传递其控制实体的状态变化信息。

（5）对事件或其他实体的感知由接收应用程序确定，换句话说，产生事件的节点并不需要跟踪其他受该事件影响的情况，接收事件的应用负责解释和响应来自其他应用的与之相关消息的影响。

（6）采用对象/事件模式。采用面向对象技术建模，用对象概念模拟所研究的事物，这些对象之间通过一系列的事件产生交互作用，一个事件可以对几个对象产生影响。

（7）采用航位推算（Dead Reckoning，DR）算法降低通信量。随着 DIS 仿真规模的不断增大，网络资源成为限制系统扩充的瓶颈。本书设计了一种 DR 算法，对位置/方向进行估计，并用于限制仿真必须发出的实体状态更新的速率。每个仿真节点都需要维护一个其所代表的实体内部模型及其实体 DR 模型。DR 模型表示了网络中的其他节点所观察到的这个实体的状态，其使用特定的 DR 算法对位置和方向状态的推算，如图 2.1 所示。仿真节点会定期对其实体的内部模型与实体的 DR 模型进行比较。如果这些因素之间的差异超出了

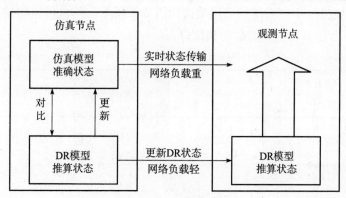

图 2.1　DR 推算过程

预定的阈值，则仿真节点会使用来自内部模型的信息更新 DR 模型。同时，仿真节点还会将更新的信息发送给网络上的其他节点，以便可以更新实体的 DR 模型。通过使用 DR 推算，仿真节点可以不必定时发送其实体的实时状态，降低了网络通信量。

2.2.2 DIS 系统组成

从系统的物理构成来看，DIS 系统是由仿真节点和计算机网络组成的，其中计算机网络包括局域网、广域网、网桥、路由器、网关。一系列称为 PDU 的消息在仿真节点组成的网络中来回发送，这些消息具有特定的格式，并包含系统中各个参与者的特定信息。

仿真节点负责实现本节点的仿真功能，将仿真中相互交互的对象定义为实体，各节点负责计算其内部的一个或多个仿真实体的状态。每个实体的当前状态通过名为实体状态消息的消息进行传递，可以发送的各种消息被统称为协议数据单元 PDU，除了传送实体位置和移动信息外，PDU 还包括定义和声明实体之间的交互，如碰撞、爆炸、兵力标识等。DIS 标准中预先定义了一组用于不同目的的 PDU。随着仿真应用的发展，如果有新增的需求，也可定义新的协议数据单元并添加到 DIS 标准中。

DIS 中的各仿真节点可能在不同的地理位置运行，其底层操作系统、软件和硬件通常不兼容，从而无法进行直接交互。为了创建交互的网络环境，系统架构必须能够将各仿真节点进行集成（称为主动参与者），并且还需为具有日志记录和监视功能的观察者（称为被动参与者）提供访问权限。主动参与者交换信息，以便在状态发生变化时彼此更新状态。被动观测者通常只负责状态跟踪和日志记录，并评估主动参与者在特定训练场景中的进度，以及为新的训练场景收集数据。DIS 系统的通用架构如图 2.2 所示，其包括通信层、服务层和交互层，各层具有不同的功能和接口。

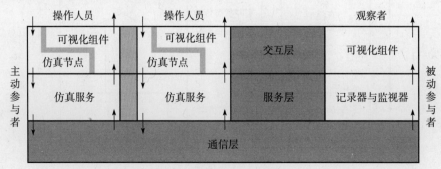

图 2.2　DIS 系统的通用架构

（1）交互层：操作员提供外部刺激，影响仿真节点内部状态。根据后者的语义及其当前状态，确定新状态，将其报告给下面的仿真服务层，并通过通信层进行广播。相关参与者的仿真服务以不规则的间隔接收状态更新，并将其传递给可视化组件，操作员基于该组件生成的状态信息以决定下一步的动作。

（2）服务层：通过仿真服务，以减少主动参与者通过系统发送的状态更新消息的数量。如果仿真对象的运动（状态轨迹）可以用加速度、速度、位置、质量、力、力矩等运动参数来描述，则可以使用 DR 算法预测对象状态。另外，通过对某些特定的冗余消息进行过滤，还可进一步减少状态更新量。

（3）通信层：DIS 演练过程中，节点可能想随时加入和离开仿真，这就需要通信层建立可靠的消息传递与时间同步。其中，通信层不用了解仿真对象发送数据的含义，但必须确定参与者在网络上的位置。

一个典型的 DIS 系统网络构型如图 2.3 所示。它由两个局域网组成，局域网（Local Area Network，LAN）之间通过过滤器/路由器相连。每个局域网除了仿真应用和计算机生成兵力（Computer Generated Force，CGF）之外，还包括二维态势显示、三维场景显示和数据记录器。其中，演练管理负责整个演练过程的仿真管理，又称白方。

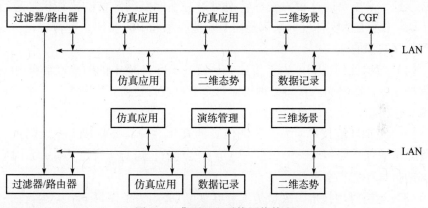

图 2.3　典型 DIS 系统网络构型

2.2.3　DIS 关键技术与特点

DIS 系统继承了 SIMNET 的设计原则并有所发展，主要使用如下几个关键技术：

（1）信息交换标准。为了生成时空一致的仿真环境，支持仿真实体之间进行信息交互，必须制定一套相应的信息交换标准，主要包括信息交换的内容、格式的约定以及通信协议的选择。早期的 SIMNET 采用的是国防专用网络

DSI 的通信协议 ST-11，有很大的局限性。DIS 协议在这方面有所扩展，采用了应用广泛的 TCP/IP 协议进行网络通信，支持异构仿真节点之间的交互，极大地扩展了 DIS 的应用范围。

（2）DR 机制。DR 是 DIS 中的一项重要技术，可以同时保证系统的仿真真实性和通信实时性，从而大大减少仿真节点间的通信量，提高信息传输实时性。

（3）时戳和延迟补偿技术。该技术主要用于补偿信息在网络传输过程中存在的延迟，通过在实体状态信息中加入其产生的时间，采用不同的算法实现不同类型信息的状态估计实现延迟补偿。

（4）时间同步技术。为了保证时间和空间的一致性，DIS 中的每个仿真节点具有同步的时钟。此外，由于仿真节点之间的时间信息和空间信息紧密耦合，通信系统中原有的信号延迟和节点时间的不同步都将导致时空不一致。由于分布式仿真对时空同步的要求，采用时间同步技术以减小仿真环境的时空不一致性是十分重要的。目前，DIS 的时间同步方法分为软件同步、硬件同步和分层式混合同步三类。

（5）坐标变换方法。由于每个仿真节点都采用了不同空间定位和姿态的描述模型，必须要通过相关坐标转换对这些不同空间定位的描述模型进行转化，DIS 中所有的实体坐标系都是向 DIS 地心系和 DIS 实体系进行转化，从而达到相互共识的。

（6）接口处理机制。为了使独立运行在 DIS 环境中的节点在时间和空间上保持一致，需要引入接口处理器对每个节点进行变换，以减少对每个节点的修改，保持仿真节点的自治性。

（7）虚拟环境技术。为了保证仿真的真实性，需要生成天空、陆地、海洋等虚拟地理环境和风、雨、雷、电等自然现象，这对于构建具有一致时间和空间的仿真环境非常重要。

（8）运行管理技术。大量仿真节点参与 DIS。为了使每个节点运行在一个时空一致的仿真环境中，需要对仿真节点的运行过程（初始化、启动、暂停和停止）进行管理、协调和调度。

DIS 技术架构主要存在以下特点：

（1）分布性。用无线网络的方式联结同一地域上同时进行分布的各个仿真节点，以便于用户实时共享仿真数据。除技术架构外，此特点也同样用来描述 DIS 的系统应用功能和成本计算能力。由于 DIS 系统中没有真正意义上的"主导者"，各个仿真节点可以平等地进行自主交互（或独立）运行。

（2）交互性。首先是"人在回路中"仿真的互操作性，还包括各武器平台（飞机、舰船、地面车辆）之间，武器平台与各种环境（地形地貌、大气、海洋）之间的交互，这需要协调一致的结构、标准和协议。

（3）仿真性。DIS 中包括真实部分、虚拟部分和构造部分的交互，后两部分是通过仿真实现的。

（4）实时性。为保证 DIS 系统可以真实地反映"人在回路中"的模拟仿真，其系统对与现实世界之间空间和时间的一一对应关系尤为看重，包括实体状态更新及其之间信息传播、图像显示的实时性。

（5）异构性（兼容性）。DIS 系统可以实现非完全兼容性仿真节点之间的相互联结和交互操作（非完全兼容性仿真节点主要包括：地域上的分散式分布，硬件平台、操作系统、显示方式、精度描述标准等差别）。

（6）伸缩性。实体可以自由地进入或离开 DIS 系统中的任何一个演练。

虽然 DIS 系统结构简单，解决了地理分布式仿真平台之间的互操作性问题，但随着技术的发展和需求的驱动，基于 IEEE 1278 系列标准的 DIS 协议显示出越来越多的局限性和缺点：在松散的架构下实体对等，几乎没有等级分工的概念，每个仿真实体同时承担仿真功能和网络通信功能；在每个系统中，逻辑和功能层次是必不可少的，因此每个系统都定义了自己的层次结构和通信协议，它们之间没有统一的标准。其可以总结如下：

（1）低层次、随意的体系结构。不同构造的仿真节点在以 DIS 系统为媒介的驱动和二次规范下，可以实现信息的正常交换和之间的相互联系与交互操作，但是无法处理逻辑更加复杂的高层次系统，仅可用于平台一级的实时模拟仿真，此等考虑不周的问题直接影响了仿真在工业中的应用向深度和广度的发展。

（2）资源浪费的通信方式。DIS 系统主要在两处体现了网络资源的浪费：DIS 系统固定的系统数据表示计算方式虽然有利于结构差异的仿真节点之间数据流通，但是此方法会引发更多附带信息的传递，导致需要处理更多冗余的数据等一系列连锁反应的发生；DIS 系统的广播式信息交互方法强制要广播完整的 PDU，因此当仿真实体数目 n 增加时，网络带宽将以 $O(n^2)$ 级数倍来消耗，并且浪费了处理不相关 PDU 的资源，导致了宽带的低效利用，丧失了系统的拓展潜力。

（3）仿真应用无法同步。DIS 协议在实现过程中无法保证各个仿真应用彼此的时间同步，导致时空也无法统一。

（4）仿真资源无法重用。由于 DIS 协议中某些 PDU 的专属性创造了一个封闭的背景环境，原有数据协议难以在应用领域和仿真需求随机改动下适用于新领域的新型仿真器。

基于以上原因，DIS 协议在分布式交互仿真的互操作性、可重用性和可扩展性方面普遍存在不足，无法将更广泛的仿真系统整合融入一个集成环境中。因此，建立新的仿真架构及其对应标准尤为重要，有利于实现各类仿真系统之间的互操作性和仿真系统及其部件的复用性，真正实现构造、虚拟和真实仿真的融合，以满足各类模拟需求。

2.3　DIS 标准

为了能使 DIS 有效地利用当前已有的和今后由不同组织开发的仿真程序，必须建立一种确保异种仿真程序之间互操作的方法，并将这些方法以工业标准的形式进行规范。从 1989 年开始，由 DMSO 负责标准制定的管理和资助，美国佛罗里达州的中佛罗里达大学仿真与训练研究所（Institute for Simulation and Training）作为主要制定单位，并在政府、工业界和学术界广泛的开放式讨论下，相关 DIS 系统构建协议通过了 IEEE 审查，规范为 IEEE-1278 系列标准，为 DIS 的进一步研究打下了基础。IEEE-1278 系列标准的文档包括 IEEE Std 1278.1、IEEE Std 1278.2、IEEE Std 1278.3 和 IEEE Std 1278.4 四部分，它们之间的组织关系如图 2.4 所示，这些标准相互配合使用将有助于确保一个可互操作的 DIS 仿真环境的正常运作。

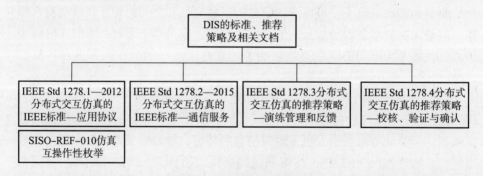

图 2.4　DIS IEEE 标准文档

IEEE Std 1278.1 定义了在仿真应用程序和仿真管理之间交换的数据消息的格式和语义，即协议数据单元 PDU。PDU 提供有关仿真实体状态、DIS 演练中发生的实体交互类型、用于管理和控制 DIS 演练的数据、仿真环境状态、实体聚合和实体所有权转移的信息。IEEE Std 1278.1 经过多轮修订颁布，其最新版本为 IEEE Std 1278.1—2012，增强了 DIS 系统的可扩展性和灵活性，它提供了广泛的说明和更多的需求细节，包括与每个 PDU 一起使用的通信服务，并增加了一些更高保真度的任务能力。另外，附加的《仿真互操作性枚举》是 IEEE Std 1278.1 所需要的非 IEEE 文档。可从仿真互操作性标准组织（Simulation Interoperability Standards Organization，SISO）获得。

IEEE Std 1278.2 定义了支持 IEEE Std 1278.1 中描述的消息交换所需的通信服务。此外，其还提供了多个适应指定通信要求的通信配置文件。目前，其最新修订的版本为 IEEE Std 1278.2—2015。IEEE Std 1278.1 和 IEEE Std 1278.2 一起为 DIS 演练提供了信息交换规范。IEEE Std1278.2—2015 与之前标准的主要变化如下：合并 PDU 捆绑规则、增加了关于使用多播进行管理的部分、IPv4 和 IPv6 组播服务配置文件的定义、增加最大传输单元（Maximum Transmission Unit，MTU）规则、增加了提供使用 IP 多播寻址指南的附件。

IEEE Std 1278.3 为 DIS 演练的建立、管理和适当的反馈提供了指导准则，该文档与 IEEE Std 1278.1 和 IEEE Std 1278.2 共同配合使用。目前，IEEE Std 1278.3 已计划由 IEEE Std 1730 标准进行取代，其定义了分布式仿真用户在开发和执行仿真时应遵循的流程和程序。它旨在作为一个高级框架，可以集成用户组织本地的低级管理和系统工程实践，并针对特定用途进行定制。

IEEE Std 1278.4 为分布式交互式仿真校核、验证与确认的试用推荐实践，提供了 DIS 演练校核、验证与确认的操作指南。该指南与 IEEE Std 1278.3 或 IEEE Std 1730 配合使用，介绍了所有校核、验证和确认活动的数据流和联通性，并提供了每个步骤的基本原理和理由。

2.3.1　DIS 标准 PDU

2.3.1.1　PDU 使用要求

本节主要概述 PDU 在 DIS 演练中使用的基本要求：PDU 中的时间采用格林尼治时间 GMT，坐标系可以采用地心坐标系和实体坐标系。

地心坐标系：DIS 系统依照由右手规则定义的地心直角坐标系（即世界坐标系）计算表示了一个地球实体在仿真环境中的位置。WGS84 标准 DMA TR8350.2 用来反应地球形状，地球的地心代表坐标系的原点，坐标轴记为 X，Y，Z（其中 X 轴和 Y 轴分别正向垂直贯通赤道与本初子午线和东经 90°线的交点，Z 轴则正向穿过北极）。

实体坐标系：X 表示实体正前方，Y 表示实体右侧，Z 表示正下方，原点为有界体的中心。

DIS 中实体的方位由三个欧拉角 ψ、θ 和 ϕ 决定，它们是从世界坐标系到实体坐标系旋转的度数。其中，ψ 为绕 Z 轴旋转的角度，范围为 $\pm\pi$。θ 为绕 Y

轴旋转的角度，范围为±π/2。φ为绕 X 轴旋转的角度，范围为±π。

DIS 的实体可以附带铰链部件和附属部件。铰链部件是仿真实体的可视部件，它固定在实体上但可相对实体本身而移动，像坦克的炮塔、潜水艇的潜望镜等均是铰链部件，铰链部件是相对附着部件而言的。附属部件是仿真实体可选的可视部件，它固定在实体上，不能相对实体本身而移动，如飞机机翼下的炸弹和导弹、发射架上的导弹。

DIS 演练由两个或多个仿真应用组成，这些仿真应用通过网络连接，完成以 DIS 为主要协议的事件。事件可以是演习、测试、实验或其他一些需要分布式模拟环境的事件或活动。

DIS 演练过程中 PDU 使用一般需要满足下列要求：

(1) 参加同一事件的演练应使用单个演练标识符进行表示。

(2) 特定的仿真应用应由仿真地址记录标识。

(3) 如果仿真应用也被表示为一个实体，则应分配一个实体标识符并为其发布适当的实体相关 PDU。

(4) 任何两个仿真应用不应具有相同的仿真地址。

(5) 适用于单次仿真的所有要求也应适用于连续仿真。

仿真发布和/或接收并处理 PDU，仿真应用程序可以由一个或多个软件进程组成，在单一仿真标识符下，发布的所有 PDU 应被视为单次仿真的一部分。

仿真可以是管理事件的主动仿真，即发布表示一个或多个对象的 PDU 生产者，也可以是处理 PDU 的网关，网关可以执行与 PDU 相关的各种功能，如过滤和分组数据单元操作，或者从一个或多个仿真接收的分组数据单元建立的数据库中产生分组数据单元，然后发送到演练网络上。

2.3.1.2　PDU 基本概念

PDU 是 DIS 的核心标准，也是 DIS 仿真应用之间进行互操作的基础，各个主机通过发送和接收各种 PDU 进行交互，并由接收方决定对其他实体和事件的处理。DIS 协议标准提供了各种基本的数据结构，同时支持根据用户需求扩充和定义新 PDU。因此 DIS 的 PDU 个数也随着应用协议版本的演化而不断增加，从 IEEE Std 1278.1—1995 中定义的 27 个 PDU，发展到 IEEE Std 1278.1—2012，共分为 13 个协议族 72 个 PDU，如表 2.1 所示。

表 2.1　PDU 协议系列

协议系列	PDU 名称
实体信息/交互 PDU	Entity State PDU(1)，Collision PDU(4)，Collision-Elastic PDU (66)，Entity State Update PDU(67)，Attribute PDU(72)

续表

协议系列	PDU 名称
作战 PDU	Fire PDU(2)，Detonation PDU(3)，Directed Energy Fire PDU(68)，Entity Damage Status PDU(69)
后勤 PDU	Service Request PDU(5)，Resupply Offer PDU(6)，Resupply Received PDU(7)，Resupply Cancel PDU(8)，Repair Complete PDU(9)，Repair Response PDU(10)
仿真管理 PDU	Create Entity PDU(11)，Remove Entity PDU(12)，Start/Resume PDU(13)，Stop/Freeze PDU(14)，Acknowledge PDU(15)，Action Request PDU(16)，Action Response PDU(17)，Data Query PDU(18)，Set Data PDU(19)，Data PDU(20)，Event Report PDU(21)，Comment PDU(22)
分布式发射重构 PDU	Electromagnetic Emission PDU(23)，Designator PDU(24)，Underwater Acoustic(UA) PDU(29)，IFF PDU(28)，Supplemental Emission/Entity State(SEES) PDU(30)
无线电通信 PDU	Transmitter PDU(25)，Signal PDU(26)，Receiver PDU(27)，Intercom Signal PDU(31)，Intercom Control PDU(32)
实体管理 PDU	Aggregate State PDU(33)，lsGroupOfPDU(34)，Transfer Ownership PDU(35)，lsPartOfPDU(36)
雷区 PDU	Minefield State PDU(37)，Minefield Query PDU(38)，Minefield Data PDU(39)，Minefield Response Negative Acknowledgment(NACK) PDU(40)
综合环境 PDU	Environmental Process PDU(41)，Gridded Data PDU(42)，Point Object State PDU(43)，Linear Object State PDU(44)，Areal Object State PDU(45)
仿真管理可靠性 PDU	Create Entity-R PDU(51)，Remove Entity-R PDU(52)，Start/Resume-R PDU(53)，Stop/Freeze-R PDU(54)，Acknowledge-R PDU(55)，Action Request-R PDU(56)，Action Response-R PDU(57)，Data Query-R PDU(58)，Set Data-R PDU(59)，Data-R PDU(60)，Event Report-R PDU(61)，Comment-R Message PDU(62)，Record Query-R PDU(65)，Set Record-R PDU(64)，Record-R PDU(63)
信息战 PDU	Information Operations Action PDU(70)，Information Operations Report PDU(71)
实装实体信息/交互 PDU	Time Space Position Information(TSPI) PDU(46)，Appearance PDU(47)，Articulated Parts PDU(48)，LE Fire PDU(49)，LE Detonation PDU(50)
非实时协议 PDU	无自有 PDU

　　下面简要说明以上 PDU 对应的功能区，另外，除上述规定的 PDU 外，129~255 范围内的 PDU 类型代码和协议族代码还被保留用于实验目的。DIS 标准规定了这些 PDU 的数据部分各个字段的类型和意义。详细的信息和使用方法，读者可参阅 IEEE Std 1278.1—2012 的相关文档。

（1）实体信息/交互。提供基本实体和实体交互信息的PDU列在此功能区域下。实体作为DIS综合环境中的物理对象，由具有PDU交互的仿真节点创建和控制。实体可以是L、V、C三类。实体信息在变化时以心跳（Heart Beat）间隔发送。这些信息建立起低保真度和高保真度仿真以及视觉、听觉和传感器模型的混合环境。各种数据记录允许特定实体传递支持高保真仿真所需的附加属性。PDU可以使用属性消息进行扩展。

（2）作战。提供基本作战信息的PDU包含在此功能区中。这些PDU支持武器的发射，包括定向能武器、弹药的引爆、非弹药爆炸的模拟、消耗品的释放以及伤害效果的计算和传播。当一个实体发射武器或释放消耗品时，控制该实体的仿真节点会传递其他仿真节点可能需要的有关射击事件的信息。弹药、非弹药（如燃料箱）和消耗品的爆炸也通过控制弹药、爆炸或消耗品的仿真进行通信。定向能武器通过传送能量沉积的详细特征来仿真，如武器类型、持续时间和波束形状。武器射击、碰撞或其他损伤源的影响在实体损伤状态信息中进行传递。

（3）后勤。维修和补给后勤服务通过后勤PDU在仿真演练中建模。

（4）仿真管理。仿真管理功能中包含用于管理演练和促进演练网络运行的PDU。DIS管理功能分为网络管理和仿真管理。基本的网络管理功能，如负载管理、节点和网关的监控以及错误报告，都直接通过标准网络协议和工具而非仿真管理功能来解决。仿真管理功能所涵盖的功能包括启动、重启、暂停、停止演练，交换初始化数据，命令实体的实例化和移除，支持数据收集和发布。

（5）分布式发射重构。该功能区支持如雷达、电子识别和监视系统等有源电磁辐射源以及声纳系统的主动声发射。表示这些发射源的消息旨在提供足够的数据，以允许接收传感器模拟正确检测发射源并与之交互。

（6）无线电通信。音频和数字信息通信在DIS演练中发挥着重要作用。实体发送定义通信设备细节的消息，然后发送通信消息（语音或数字数据）。接收消息的实体可以确定其接收传输数据的能力以及随后如何处理接收到的数据。音频通信包括无线电和对讲机通信。战术数据链路消息可在该功能区中使用PDU传送，且不限制使用发送消息的介质（即无线电、卫星链路、基于陆地的电缆、广域网或任何其他形式的通信）。

（7）实体管理。这一功能领域通过提供机制来支持更大规模的DIS系统演练，以便在演练期间对实体进行聚合或分组。

（8）雷区。该功能区的PDU支持对雷区和单个地雷的仿真。

（9）综合环境。该功能区的PDU支持模拟非实体综合环境对象，如天气、昼间效应、自然和人为干扰（如火山爆炸、地震以及车辆或爆炸产生的灰尘和烟雾云）与地形、空间以及和水相关的环境。这些信息可能包括综合环境物体的变化，如化学云的扩散或地形的变化。

（10）仿真管理可靠性。此功能区内的 PDU 执行与仿真管理系列相同的任务。此外，该系列还指定了可靠通信的机制，实现单个 PDU 被丢弃，也能完成关键的管理任务。

（11）信息战。信息战支持模拟电子战、计算机网络作战、军事欺骗以及用于影响或干扰敌军决策的类似作战的互操作性。

（12）非实时协议。大多数 DIS 演练都需要有人参与，或者有其他实时要求，因此，仿真时间必须按真实世界时间的速度推进。但该标准也支持其他时间方法，以允许仿真时间以其他速度推进。

（13）实装实体信息/交互。DIS 是仪表靶场上常用的几种协议之一，在某些情况下，网关可以将由 DIS 或其他协议表示的实装转换为常规仿真实体。在这种情况下，DIS 支持将仿真实体标识为实装。

PDU 报头应是每个 PDU 的第一部分，并包含所有 PDU 共有的数据（共96 位），规定协议公共信息和 PDU 公共信息，如表 2.2 所示。仿真管理协议 PDU 报头由标准协议 PDU 报头、始发标识和接收标识字段组成。非实时协议 PDU、实装实体信息/交互 PDU 各有一种报头。

表 2.2　PDU 头记录

	协议版本号	8 位枚举类型
PDU 头记录	演练标识符	8 位无符号整型
	PDU 类型	8 位枚举类型
	协议系列	8 位枚举类型
	时戳值	32 位无符号整型
	长度	16 位无符号整型
	PDU 状态	8 位
	保留	8 位

表 2.2 中：

协议版本号：此字段通过 8 位枚举类型指定了 PDU 所使用的 DIS 协议版本，由于仿真不可能全部升级到最新版本，DIS 演练中可能包括不同版本的相同 PDU，协议版本字段的正确使用对于互操作性至关重要。当一个仿真节点为一个对象发布了一个 PDU，那么当它为该对象发布该 PDU 类型的所有后续

PDU 时，将使用相同的协议版本。

演练标识符：DIS 网络上可以同时举行多个 DIS 演练，演练标识符应由一个 8 位无符号整数值指定，用于确定不同的演练。

PDU 类型：该字段定义了此 PDU 是 27 个标准 PDU 中的哪一个，应由 8 位枚举类型表示。

协议系列：将前述 13 个协议系列用 8 位枚举类型进行区分。

时戳值：每个 PDU 报头包含一个时戳字段，时戳应用于指示仿真时间，即由发布 PDU 的仿真应用确定的数据单元中数据的有效时间（图 2.5）。时戳值的表示与各仿真应用是否同步有关。若各仿真应用不进行时间同步，则使用相对时戳值，此时最低位要设置为 0，各仿真应用从任意时间起点开始计时，相对时戳值包含发送此 PDU 时相对本仿真应用主机时钟的时间值。若各仿真应用之间需要进行时间同步，则使用绝对时戳值，最低位要设置为 1。绝对时戳值使用世界时间（Universal Coordinated Time，UTC）。由于时戳值用 31 位来表示小于 1h 的时间值，故时戳值的最小时间单位为 $3600s/(2^{31}-1)$，即 $1.676\mu s$。在同一演练中，仿真应能够接收和处理接收到的 PDU 的绝对或相对时戳，或两者兼有。

图 2.5　时戳值的表示

长度：按照规定存放通过 PDU 长度公式得到的 16 位无符号整型数值，表示整个 PDU（包含 PDU 头记录）长度的字节数。

PDU 状态：该字段应指定与一种或多种 PDU 类型相关的 PDU 状态。其包括：

（1）影响特定 PDU 整体处理的状态信息，而不考虑 PDU 中的任何特定数据字段。

（2）提供与一个或多个数据字段或其内容的解释相关的信息。

（3）提供影响与 PDU 关联的实体、其他对象或环境过程的处理的信息。该记录应定义为 8 位。不适用于特定 PDU 类型的字段应设置为零。

下面以实体状态 PDU 为例，列出一个 PDU 包含的基本信息。

实体状态 PDU 是最主要的。它除了包括与实体状态有关的信息外，还包括接收方再现该实体时所必需的信息。DIS 实体之间通过实体状态 PDU 来通报实体的状态，实体状态 PDU 中包含的信息如表 2.3 所示。

表 2.3　实体状态 PDU

域名称	域大小/位	实体状态 PDU 的域
PDU 头记录	96	见表 2.2
实体 ID	48	场所标志：16 位无符号整型
		应用标志：16 位无符号整型
		实体标志：16 位无符号整型
兵力 ID	8	8 位枚举类型
可变参数记录数	8	8 位无符号整型
实体类型	64	实体种类：8 位枚举类型
		领域：16 位枚举类型
		国家：8 位枚举类型
		类：8 位枚举类型
		子类：8 位枚举类型
		特定信息：8 位枚举类型
		额外信息：8 位枚举类型
另一实体类型	64	（内容同"实体类型"）
实体线速度	96	X 分量：32 位浮点数
		Y 分量：32 位浮点数
		Z 分量：32 位浮点数
实体位置	192	X 分量：64 位浮点数
		Y 分量：64 位浮点数
		Z 分量：64 位浮点数
实体方位	96	ψ：32 位浮点数
		θ：32 位浮点数
		ϕ：32 位浮点数
实体外观	32	32 位记录枚举类型
DR 参数	320	DR 算法：8 位枚举类型
		其他参数：120 位保留
		实体线加速度：3×32 位浮点数
		实体角速度：3×32 位浮点数

续表

域名称	域大小/位	实体状态 PDU 的域
实体标记	96	实符集：8 位枚举类型
		字符串：11 个 8 位无符号整数
能力	32	32 位布尔型
铰链参数	$n\times128$	参数类型指示：8 位枚举类型
		变化指示：8 位无符号整数型
		附属标识符：16 位无符号整型
		参数类型：32 位参数类型记录
		参数值：64 位
实体状态 PDU 长度 = 1152+128n 位，n 为可变参数记录数		

表 2.3 中：

实体 ID：指定了演练中每个实体唯一的名称，包括仿真地址和实体编号两部分。仿真地址又由场所标志和应用标志组成。在同一 DIS 演练中，实体编号应该是唯一的，如果 DIS 仿真实体数超过了 32 位能表示的范围，则实体标志可以重用。

兵力 ID：由 8 位枚举类型表示，用于区分敌方和友方，包括：其他（0），友方（1），敌方（2），中立方（3）。

实体类型：DIS 演练中的实体类型应由实体类型记录指定。该记录应详细说明实体的种类、设计国家、领域、实体的具体标识以及描述实体所需的任何额外信息。未使用的字段应包含零值。具体由 7 个层次化的子域组成，包括实体种类域、国家域、类域、子类域、特定信息域和额外信息域。

另一实体类型：该字段应标识除发布实体以外的兵力将显示的实体类型，并与实体类型格式相同，可使实体扮演反方的角色。接收方在显示实体时，首先判定此实体的兵力标识符，若是友方实体，则使用实体类型域来显示此实体；若是敌方实体，则使用另一实体类型来显示。这样当实体类型和另一实体类型不同时，敌我双方都可以把自己当作友方实体，把对方当作敌方实体，这就是 DIS 中的伪装功能。当实体类型和另一实体类型内容相同时，则不使用伪装功能。

实体线速度：该字段应指定实体的线速度。实体线速度的坐标系取决于所使用的航位推算算法。该字段应由线速度矢量记录表示。

实体位置：该字段应指定实体在模拟世界中的物理位置，并由世界坐标系记录表示。

实体方位：该字段应指定实体的方向，并由欧拉角记录表示。

实体外观：该字段应指定实体外观属性的动态变化。

DR 参数：该字段将用于为推算定位提供参数，即实体的位置和方向。使用中的航位推算算法、实体加速度和角速度应作为航位推算参数的一部分。120 位被保留用于另一实体类型中描述的其他参数。

实体标记：该字段应识别实体上的任何独特标记（如国家符号）。

能力：此字段应指定实体的能力，由 32 位布尔类型表示。相关位设置为 1 表示实体具有此能力：弹药供应（位 0），燃料供应（位 1），恢复（位 2），维修（位 3）。

铰链参数：该字段记录了此实体上铰链部件或附属部件的个数。

2.3.2　DIS 标准通信服务

DIS 标准通信服务是在 DIS 演练中各节点之间传输 PDU 的基础，目的是为本地和全球分布的仿真实体的有效集成提供一个适当的互联环境。

DIS 的通信服务定义采用分层模型，该模型支持 RFC 11221 中定义的四层模型和 ISO/IEC 7498-1：1994 中定义的七层开放系统互联参考模型（Open Systems Interconnection Reference Model，OSIRM）。网络的通信功能被划分到各组分层中，每一层执行一个功能子集，用于与另一类似类型的层进行通信，各层提供的 DIS 功能举例如表 2.4 所示。

表 2.4　DIS 通信分层

国际标准分层	OSI 标准分层	内容举例
4. 应用层	7. 应用层	实施数据交换 兴趣管理
	6. 表示层	数据压缩
	5. 会话层	连接建立 会话启动
3. 传输层	4. 传输层	应用分配寻址（端口） 保证通信可靠
2. 网络层	3. 网络层	提供主机间的访问信息
1. 链路层	2. 链路层	媒体访问控制（MAC）寻址
	1. 物理层	5 类电缆、光缆

DIS 应用的通信子系统需要提供的服务分为三类：通信服务类、性能和错误检测。

这些服务需求基于最先进的分布式仿真活动的经验，以及基于技术基础的预期使用和发展的预测。

1. 通信服务类

单个仿真向一组其他仿真主机发送 PDU 的能力是支持 DIS 演练网络的基本要求，某些 PDU 可以点对点发送。

IEEE 标准 1278.1 规定使用的通信服务有以下三类：

1）尽力而为的多播通信服务

尽力而为的多播通信服务是一种操作模式，其中 PDU 以一对多地址机制发布，允许 PDU 发送一次并由多台主机同时接收，并通过广播或多播寻址来实现。除了底层服务中固有的机制外，该服务不应添加任何可靠性机制。

广播寻址是尽力而为多播通信服务的最小形式，包括同时传送到局域网上所有主机组成的组。

多播寻址是一种更通用的寻址形式，应允许与作为所有主机子集的组进行一对多通信，并允许单个仿真应用程序加入感兴趣的组。所有仿真应用程序都应支持多播寻址。对于采用超出最小广播形式的组播服务的网络，应要求以下服务支持 DIS：

（1）多播寻址组能够包括网络上任何地方的成员。

（2）单个多播组中的最大成员数能包含多播网络支持的 DIS 系统内的所有主机。

（3）组播服务有支持同一局域网内运行多个相互独立的 DIS 演练的能力。

2）尽力而为的单播通信服务

尽力而为的单播通信服务是一种操作模式，在这种模式下，除了基础服务中固有的机制外，服务提供商不应使用额外的可靠性机制。使用 2 级服务的 PDU 应使用单独寻址，这意味着一对一的通信形式。如果需要接收多个模拟应用程序，则应多次发出 PDU。

3）可靠的单播通信服务

可靠的单播通信服务是一种操作模式，在此模式下，单播服务提供商应使用任何可用的机制来帮助确保以其原始顺序传送 PDU，而不存在重复、丢失 PDU 和检测不到的错误。与尽力而为的单播通信服务一样，PDU 应使用单独的寻址方式发布。

2. 性能

为了保证 DIS 演练中各节点之间互操作的可靠性和质量，DIS 标准定义了通信服务的性能要求，它包括以下内容：

（1）网络带宽要求。

（2）服务质量要求。

（3）同步要求。

（4）接收合成 PDU：每个节点/主机应能接收在同一个数据报中包含的多个 PDU。

（5）发送分割 PDU：当 PDU 的大小超过了网络的最大传输单元时，每个节点/主机应能将该 PDU 分割后发送。

这些性能要求是仿真开发者建立 DIS 演练和选择网络硬件与软件的基础。

3. 错误检测

DIS 通信服务应包括检测传输中高概率损坏数据的机制，此类数据不得交付，以保证 DIS 演练中各节点之间互操作的正确性。

2.3.3 DIS 标准演练管理

DIS 标准演练管理是 DIS 演练的设计、构建、开发、执行、管理和评价的指导原则，它详细说明了演练的管理和反馈的必要功能与执行过程。这里先简要介绍参与 DIS 演练管理的人员、机构、组织或系统的必要职能。某一特定演练的复杂性可能会使这些角色组合或进一步分解：

（1）用户/主办单位。DIS 用户或主办单位是确定 DIS 活动的需要和范围和/或为活动建立资金和其他资源的个人、机构或组织。用户/主办单位还确定演练参与者、目标、要求和规范。用户/主办单位指定演练管理员和校核、验证与确认（Verification、Validation and Accreditation，VV&A）代理。

（2）演练管理员。演练管理员负责创建演练、执行演练和进行演练后活动。在这些任务期间，演练管理员与 VV&A 代理协调，然后将演练结果报告给用户/主办单位。

（3）架构师。演练架构师按照演练管理员的指示设计、集成和测试演练。

（4）模型/工具提供者。模型/工具提供者开发、储存、维护和发布仿真资源，其维护使用和 VV&A 的历史记录。

（5）节点管理员。节点管理员维护和操作位于其地理位置的物理仿真资源，其与模型/工具提供者协调，以安装和操作由演练管理员指定的特定仿真和交互功能。

（6）网络管理员。网络管理员负责维护和操作能够在两个或多个站点之间提供 DIS 链接的网络。

（7）VV&A 代理。VV&A 代理是由用户/主办单位指定的个人、机构或组织,用于衡量、验证和报告演练的有效性,并为用户/主办单位提供数据以认可结果。

(8) 演练分析师。演练分析师是负责分析演练数据的个人、机构或组织。

(9) 演练安保员。演练安保员确保演练计划、实施和反馈符合与网络和参与系统(如通信、站点、处理等)安全相关的所有适用法律、法规和限制条件。

(10) 后勤代表。后勤代表参与所有演练阶段,就后勤问题与其他系统进行交互,并评估后勤可行性。

2.3.3.1 DIS 演练的开发和构建过程模型

DIS 演练的开发和构建过程包括五个阶段,如图 2.6 所示。

图 2.6　DIS 演练开发和构建过程

演练前,需要进行细致的规划以确保演练能够实现用户的目标。规划完成后,演练架构师将领导演练的设计、施工和测试。一旦确定计划的演练能够达到预期目标,演练管理员进行演练。在演练期间和演练结束后,演练管理员和演练分析师将开展演练后活动,如演练后审查、数据分析和为决策者编制辅助工具。作为每个阶段的一部分,意外的结果或演练要求的变化将反馈到过程模型中的适当点,以便采取纠正措施。

1. 规划演练和开发需求

演练管理员领导这项活动,但应与演练用户/主办单位进行协调,并在执行这些计划活动时获得技术支持。演练管理团队的所有成员都参与 DIS 演练的规划。此处按大致顺序列出了为 DIS 演练执行的关键计划任务:

(1) 确定演练的目的、目标,演练完成的日期和安全要求。

(2) 设计演练的效能和性能评估方案。

(3) 确定演练最终反馈的成果、演练观摩人员和时间安排。

(4) 确定特定的数据采集要求,如 PDU 集、无线电频率(Radio Frequency,RF)数据集等。

(5) 进行 VV&A 规划,确定测试和配置管理计划。

(6) 规划演练的时间表。

(7) 确定交战规则和政治环境。

（8）确定仿真地点。

（9）确定仿真时间框架。

（10）确定自然环境，包括天气、电磁等。

（11）设计演练己方、友方、敌方和中立方的兵力。

（12）混合实装、虚拟和构造兵力。

（13）确定可用的仿真资源。

（14）确定待开发的仿真资源。

（15）确定演练中需要的技术和人员。

（16）确定适用范围安全要求。

（17）确定起始条件和计划事件并编辑脚本。

（18）确定模型的功能、性能要求和接口。

（19）准备将仪器的数据转换为 DIS 标准格式所需的设备。

（20）规划和准备演练中所需要的数据库。

（21）确定后勤计划。

（22）为仿真中可能出现的意外情况准备应急措施。

2. 设计、构建和测试演练

在这个阶段，演练架构师开发 DIS 演练，以满足规划阶段指定的需求，最大限度地重用现有 DIS 组件。其具体的开发内容包括体系结构、仿真应用程序和数据库。这个阶段由五个步骤组成：

（1）概念设计。在此步骤中，架构师开发 DIS 演练的概念模型和高层次的体系结构，模型和体系结构要体现参与部分的接口、行为和控制结构。

（2）初步设计。将第一阶段确定的开发需求转换成初步的 DIS 演练，包括仿真场景的开发、各种参与者的任务计划、数据库和地图的开发与分发、通信网络设计和测试、培训和预演。

（3）详细设计。对步骤（1）中开发的模型和体系结构进行详细讨论，直到充分支持所有的所需功能（尤其要满足通信数据速率和数据等待限制要求），并完成对数据流和行为的定义。

（4）构建和组装。组装现有的 DIS 构件，开发为满足所有要求所需的新构件。

（5）集成和测试。集成并测试最小数量的构件及其联通性，然后逐渐增加构件数量，直至达到运行标准，最后测试确定是否达到性能标准和要求。

3. 执行演练

使用前两个阶段中开发的资源，执行 DIS 演练，实现事先确立的目标。

4. 执行演练回顾活动

演练回顾的首要任务是提供演练执行之后的事后材料，这些资料是结合数据采集器提供的仿真记录数据获得的。通过这些材料，仿真分析人员能够感知演练中特定时刻的态势，了解仿真参与者的决策过程。除数据采集器所提供的仿真记录数据外，演练观摩人员所提供的信息也可以作为事后材料的补充。应确保演练数据归档，以备将来交叉分析之用。

5. 向决策者提供结果

演练执行的结果将根据演练的报告要求被反馈到指定的用户/决策者，这些结果可能包括演练的可信度、因果关系、细节和整体效果、分析材料和演练所需的改进等。

2.3.3.2 DIS 演练中节点的进程管理

DIS 演练由一个或多个仿真节点组成，每个节点一般包括一个仿真进程（个别情况下包括多个），每个进程包含一组在虚拟环境中进行交互的实体，这些实体可以是实装、虚拟和构造的实体组成。进程管理涉及演练中管理每个进程所必需的配置、初始化、控制、监测和反馈（事后分析和报告），每个进程均应包含一个仿真管理站，它能够执行仿真管理的功能。表 2.5 提供了仿真管理的功能和支持这些功能的仿真管理 PDU。这些 PDU 在 IEEE Std 1278.1—1995 中定义。

1. 创建进程

作为 DIS 演练的一部分，每个仿真进程都有特定的作用，各作用都与初始化仿真应用程序所需的初始条件和其他相关数据有关。初始化数据能预先生成和存储，因此可以对每一个进程生成一个进程数据库，该数据库包含了进程的初始化数据和进程在演练过程中所需要的数据。

表 2.5　仿真管理功能及 PDU

仿真管理功能	实施 PDU
创建实体 CGF 初始化	创建实体 PDU 设定数据 PDU 开始/继续 PDU
设定初始条件	设定数据 PDU
开始进程	开始/继续 PDU
暂停	停止/暂停 PDU
继续	开始/继续 PDU
终止进程	停止/继续 PDU
撤离实体	停止/暂停 PDU 删除实体 PDU
再生实体	停止/暂停 PDU 设定数据 PDU 开始/继续 PDU
储存状态	活动请求 PDU
回到存储状态	开始/暂停 PDU 活动请求 PDU
开始段	开始/继续 PDU
停止段	停止/暂停 PDU
观察事件输入	注释 PDU
查询应用参数 ——简单查询 ——复杂查询	活动请求 PDU 数据查询 PDU
查询实体参数 ——简单查询 ——复杂查询	活动请求 PDU 数据查询 PDU
修正实体参数	设定数据 PDU

2. *初始化进程*

进程初始化由开始数据采集、建立公共参考时间、仿真应用初始化和建立查询参数四部分组成，其作用主要是对仿真进程中的每个仿真模型进行适当的初始化。仿真应用的初始化包括以下几种类型：

（1）初始化计算机兵力生成，包括交战规则、标准操作程序和效率或智力水平。

（2）创建实体，使实体上线。

（3）初始化非实体仿真模型（如记录器和控制台等）。

（4）设定初始条件，包括视觉/地形数据库、实体信息、消耗品。

（5）参加仿真的人员准备就绪并就位。

3. *进程控制*

进程控制应具有以下功能：

（1）进程的启动、暂停、恢复和终止。

（2）实体的创建、再生以及参数的修正和删除。

（3）进程状态的存储和恢复。

（4）在指定的时间段运行。

（5）输入观察事件，查询应用参数。

（6）修改仿真应用程序内部实体数据。

4. *进程监测*

仿真进程应能够以图表的方式向仿真控制人员显示进程运行过程中的相关信息，显示的内容包括：

（1）总体态势显示（视景）。

（2）实体状态显示（视景/数据表）。

（3）网络状况显示（图形/数据表）。

（4）演练状态显示（数据表）。

5. *进程事后处理*

演练管理员应确保在进程结束后立即提供分析和评估仿真结果的能力。同时，还应确保将进程期间收集的数据存档，以供决策者进行长期分析和评估。

第 3 章
HLA 及其开发过程

3.1 HLA 简介

基于 DIS 和 ALSP 开发的经验，美国国防部提出了建模和仿真总体规划，其第一个目标即开发一个建模和仿真的通用技术框架，以促进仿真应用之间的互操作性和重用性，后来该框架被命名为高级体系结构。HLA 是一种用于分布式仿真的体系结构，仿真应用程序在 HLA 中被称为联邦，但不同于 DIS 制定了一系列程序间交互的网络协议，其通过调用 HLA 应用程序编程接口（Application Programming Interface，API）进行通信，HLA 的主要工作就是定义体系结构中 API 的标准。

与 DIS 一样，HLA 标准由 IEEE 颁布，构成 HLA 标准的文档都可以从 IEEE 获得。1996 年，美国国防部的体系管理组织起草了 HLA 的初始技术架构。1998 年，HLA 成为 DoD 标准，并公布了 HLA 1.3 版的 RTI 应用参考。2000 年，HLA 成为 IEEE 标准，并被规范为建模与仿真（Modeling and Simulation，M&S）高级体系结构 IEEE 1516—2000 系列。IEEE 1516 标准公布后，HLA 被大量应用于军事和民用领域，在世界范围内获得了广泛的认可。新一代 HLA 被称为 HLA Evolved。经过多年的讨论和使用反馈，为了适应新兴的面向服务技术，HLA Evolved 于 2010 年被规范为 IEEE 1516—2010 系列进行公布，包括表 3.1 中所示的五个相关标准。需要说明的是，三个版本的 HLA 规范在软件和框架上都没有完全兼容，虽然 IEEE 1516—2010 系列标准为 HLA 的最新版本，但许多 HLA 仿真仍在使用早期的 HLA 1.3 或 IEEE 1516—2000 版本，相比于前两个版本，其主要改动在于提供模块化的联邦对象模型（Federation Object Model，FOM）和仿真对象模型（Simulation Object Model，SOM）、实现 Web 服务通信、改进容错机制、提出的动态链接概念。

表 3.1　IEEE 1516 系列标准

标准	解释
IEEE 1516—2010	IEEE 建模与仿真标准（M&S）HLA 框架和规则，2010 年 8 月 18 日
IEEE 1516.1—2010	IEEE 建模与仿真标准（M&S）HLA 接口规范，2010 年 8 月 18 日
IEEE 1516.2—2010	IEEE 建模与仿真标准（M&S）HLA 对象模型模板，2010 年 8 月 18 日
IEEE 1516.3—2003	IEEE HLA 联邦开发和执行过程推荐实践，2003 年 4 月 23 日
IEEE 1516.4—2007	IEEE HLA 联邦校核与确认推荐实践，2007 年 12 月 20 日

3.2　HLA 基本组成部分

HLA 作为一个体系结构框架，开发人员可以在这个框架内构建仿真系统，并与其他仿真系统进行互操作。其主要由三部分组成：

1. HLA 框架和规则

HLA 框架和规则指定了系统设计的要素，并引入了一组必须遵循的原则，以实现联邦中仿真成员的交互。

2. HLA 接口规范

HLA 接口规范（Interface Specification，IS）介绍了支持分布式仿真执行的功能接口，定义了 HLA RTI 提供的各种服务，允许仿真在分布式运行执行期间相互连接、交换数据和协调活动。

3. HLA 对象模型模板

HLA 对象模型模板（Object Model Template，OMT）提供了一个描述对象模型的规范，并协调了仿真之间的定义，规定了特定的 HLA 分布式仿真成员生成和传输信息的指定数据模型。

HLA 按照面向对象的思想和方法来构建仿真系统，其系统仿真逻辑结构如图 3.1 所示，而仿真系统的层次结构如图 3.2 所示，下面将以图 3.1 和图 3.2 为例，介绍 HLA 的基本术语。

图 3.1 中的联邦成员简称成员（Federate），是符合 HLA 标准的一种仿真应用程序，它通过 HLA 接口规范中指定的接口参与执行分布式仿真。当仿真成员被视为软件时，称为联邦成员应用程序；而当其作为一个可执行组件参与联邦时，称为联邦成员。图 3.2 中，联邦成员由若干互相作用的对象构成。对象是成员的基本元素，用于描述真实世界的实体，其粒度和抽象程度适合于描述成员间的互操作。这组对象被选择来构成成员是为了完成联邦运行的某一功

能，如记录数据、仿真某个实体（飞机、坦克）的动态行为等。在任意给定时间，对象的状态定义为其所有属性值的集合。实际上，成员是一类粒度比对象更大的可重用单元。

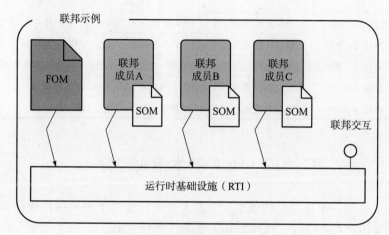

图3.1 联邦仿真逻辑结构

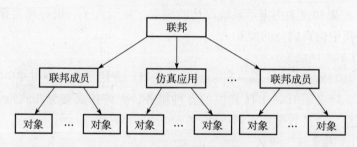

图3.2 联邦仿真层次结构

为了将大量仿真应用程序包装为联邦成员，并参与到联邦仿真，HLA只规定了联邦成员的接口规范，而不限制联邦成员应用程序的结构，不考虑如何由对象构建成员。系统仿真、仿真记录器、监控应用程序、网关和实装实体都可以是联邦成员应用程序，从技术上讲，联邦成员可以定义为连接到RTI的单个系统，其使用RTI服务来交换数据并与其他联邦成员同步，见图3.1。它既可以是单个进程，也可以是包含在多台计算机上运行的多个进程；既可以是数据使用者、生产者，也可以两者兼而有之；既可以是一个聚合级的仿真平台，也可以是平台内嵌的一组数学模型。

联邦（Federation）是用于实现某一特定目的的分布式仿真环境，它由一组联邦成员组成，这些联邦成员具有相同的数据通信规范，即联邦对象模型，见图3.1，在整个联邦执行过程中，联邦成员通过RTI进行组合和互操作。而联邦信息交换需求，包括联邦中的作为信息交换主体的对象类及其属性、交互类及其参数以及对它们特性的说明，都记录在 FOM 中。由联邦成员构建联邦的关键是要求各联邦成员之间可以互操作，在 HLA 中，互操作是指一个成员能向其他成员提供服务和接受其他成员的服务，而联邦也可以作为一个成员加入更大的联邦中。

图 3.1 中的 SOM 作为一种标准化的对象模型，描述了各个成员可以提供（公布）给联邦的信息，以及它需要（订购）从其他成员接收的信息，反映的是成员具备的向外界"公布"信息的能力及其向外界"订购"信息的需求。

联邦执行是指联邦运行的整个过程，是联邦运行的实例化，运行一次联邦对应一次联邦执行。联邦成员应用程序可以多次加入同一联邦执行，也可以加入多个联邦执行。

RTI 是 HLA 的底层软件基础设施，犹如仿真系统的总线，用于集成各种分布的联邦成员，为分布式仿真、组件和数据通信的管理提供服务，实现将数据从一个联邦传输到另一个联邦的目的。作为 HLA 进行分布仿真的支撑系统，RTI 是实现 HLA 的核心，对运行过程中动态信息的管理和集成提供有效的支持。

3.3　HLA 技术特点

如前所述，HLA 的目的是为分布式仿真提供一个通用的体系结构，仿真成员可以通过 RTI 构成一个开放性的分布式仿真系统，整个系统具有可扩充性，因此其支持实装仿真、虚拟仿真和构造仿真三类基础设施的互操作。

HLA 中的 A（Architecture）被定义为"适用于所有仿真应用的主要功能元素、接口和设计规则，并提供了一个可在其中定义特定系统体系结构的通用框架"。因此，从广义上讲，HLA 定义了一个体系结构框架，其由功能元素、接口和规则共同构成，目标是支持基于组件的、松散耦合的仿真应用开发，HLA 的基本假设如下：

（1）当今仿真系统的不同用户需求不能由单一或单片结构来满足。因此，HLA 支持将大型仿真问题分解成更小的部分。

（2）现在的仿真涉及广泛的领域。没有一个开发人员小组拥有开发整个仿真所需的全部知识。因此，HLA 支持将较小的部分组成一个较大的仿真系统。

（3）仿真可以用于多个应用程序，其中一些在开发过程中无法预见。因此，HLA 支持可重用的仿真，这些仿真可以组合成具有不同需求的各种仿真系统。

（4）仿真的寿命很长，实现它们的技术可能会发生变化。因此，HLA 在仿真和用户之间提供了一个接口，与网络协议、操作系统和编程语言等不断变化的技术独立开来。

这些事实导致了 HLA 设计人员所遵循的要求如下：

（1）HLA 必须能够支持将一个较大的仿真问题分解成许多较小的部分。这些较小的部分能够比较容易和正确地定义、创建与校验。

（2）HLA 必须能够支持将所生成的较小的仿真应用组合成一个较大的仿真系统。

（3）HLA 必须能够支持将这些较小的仿真应用和其他可能但未预见到的仿真应用组合起来，以形成一个新的仿真系统。

（4）通用的仿真功能必须独立于具体的仿真应用。这样，所产生的通用支撑软件就能够在不同的仿真系统中重用。

（5）仿真应用和通用的支撑软件间的接口必须能够将仿真应用和用来实现支撑软件的技术的变化隔离开来，也必须能将支撑软件和仿真应用中的技术隔离开来。

本质上 HLA 是一种支持基于组件方式的仿真体系结构，其中的"组件"是成员。成员是一个仿真应用或工具，它在一个联邦中设计和实现后，能够应用到其他联邦。联邦是由成员来构建的，所以成员是联邦中的一个组成单元，也是软件重用的组成单元。成员一般要比通用的软件组件规模大，它是完整的运行程序，而不是子程序或库中的对象。

抽象地讲，软件操作系统的功能体系管理架构中已经包含对于用户创建一个软件系统时必须达到要求的各种组成单元的具体描述、这些组成单元间的相互、指导组合的模式以及对这些模式的约束。对应到 HLA 体系结构，这三个组成部分分别为：

（1）组成单元（Elements）。HLA 规则和接口规范将一个 HLA 联邦的组成单元定义为一组成员、一个 RTI 和一个通用的对象模型。

（2）交互（Interactions）。HLA 规则和接口以 RTI 为中介分别规范明确了成员与 RTI 之间以及成员内部之间的交互。对于任一联邦来说，联邦对象模型确定了成员和 RTI 之间相互交互过程中所需的各种数据类型。作为所有联邦对象模型的元模型，对象模型模板标准化了每个 FOM 的结构。

（3）模式（Patterns）。HLA 中所需要允许的各种组合模型都是由规则和方法来制定与约束的，并且在接口规范中对其进行了具体的定义。

HLA 是几种体系结构风格的组合，主要体现了三种体系的结构特征：层次化数据抽象和基于事件，HLA 将这三种风格组合在一起，充分利用它们各自的优点。

（1）HLA 是层次化的体系结构。对于层次化的系统而言，分层的管理组织方式最为适用。每一层都具有承上启下的功能，承接上层以为其提供相应服务的同时，也享受来自下层的服务（此时作为下层的客户）。在某些层次化的系统中，当内部的层次不仅仅是为了提供一个用于输入和给定信号的函数而设置时，除了其他邻近外部层次外，对其他的层次都可以说是有所隐含的。

从成员的角度来看，RTI 层次在成员之下，且完全封装了 RTI 功能。例如，在分布式联邦中，RTI 包括实现分布式所需的网络功能，但这些分布式功能隐藏在成员平面的 RTI 接口后面。

将 RTI 的功能和成员两者之间进行分隔有以下两个重要意义：其一，由于成员不需要包含模拟互操作的公共部分，所以成员的代码不需要重复互操作所需的服务；其二，它将成员与 RTI 的技术变化分隔，这样当 RTI 必须修改以适应新的网络时，成员将不会受到影响。

（2）HLA 是数据抽象的体系结构。这种数据设计方式风格主要是基于对海量数据的直接抽象和面向对象所需的组织而形成的，数据表示和其中一个有关的基本数据运算都被直接封装到一个抽象的数据类型或一个物体中。这一类设计形式风格的基本构造就是把它本身看成一个数据对象，或者说它更像是一个抽象化的数据类型的一个实现。

HLA 的层次结构采用双向数据抽象：RTI 为成员提供接口，并将其所有状态隐藏在其后面；同样，每个成员也提供了一个隐藏其所有状态到 RTI 的接口。从 RTI 的角度来看，数据抽象或面向对象组织的本质可以解释为，通常存在多个成员，每个成员具有相同的接口和不同的实体。

类似于从成员来看 RTI 的数据抽象风格的优点，从 RTI 来看成员，其优点也是 RTI 不会被成员中的变化所影响。同样地，RTI 的实现能够应用到不同的成员中，这些成员本身可能包含复杂的系统（如一个完整的车辆模拟器），或者被连接到其他的系统（如传感器）。

但这样的系统要求其中的对象必须对相互之间的关系非常清楚，以便能够明确地实现相互间的操作。很明显，如同一般的面向对象编程一样，每一个成员必须能够找到它的 RTI 实现以便加入一个联邦，同时 RTI 也必须为每一个成员维护它的索引或其他类型的参数。

应注意，根据 HLA 的规则，一个成员永远不会和另外一个成员直接进行交互，而是一直通过联邦的 RTI 来完成交互。成员不必保存其他成员的任何类型的索引参数，而且实际上也不需要意识到其他成员的存在。

（3）HLA 是一个基于事件的体系结构。基于事件的体系结构是隐含方式激活的，即不直接激活一个过程，而是通过一个组件广播一个或多个事件，该系统中的其他组件注册对这一事件的兴趣，并将一个过程与该兴趣关联。当该事件发生时，系统本身就会激活所有曾经注册到该事件的过程，因此这一事件的发生隐含地引起了对其他模块中的过程的激活。

隐含激活的思想渗透于 RTI 服务的设计中。HLA 规则明确说明了成员之间禁止直接进行交互，而是通过 RTI 来完成的。在这样的体系结构中，通常成员不会意识到其他成员的存在，相反，是由激活 RTI 上某一服务的成员来让 RTI 激活其他成员中的服务，由此再来决定调用哪一个成员是 RTI 的任务。

最简单的例子是发送一个交互：首先，一个成员发送某个类的交互，RTI 随之转发给所有订购交互类的成员；其间，发送成员不必关心哪些成员将会接收到交互，发送成员是隐式激活所有接收成员。其中所有六种服务都使用隐式激活，如在存在时间管理的联邦中，某个成员请求推进其逻辑时间时，也会导致其他成员获得相应的推进时间的许可，前者并不需要来理解后者。

这一体系结构风格的主要优点，是支持重用和易用，这样系统可以不断地向前发展。这也是 HLA 中引入这一风格的主要目的：采用某一 FOM 所设计的成员能够来和有同样 FOM 的成员进行组合。

这种隐含激活方式的主要缺陷之一就是组件摒弃了对整个系统进行计算的管理和控制，特别重要的是没有根据事件可能发生的先后次序做出任何假设。同时，它也无须对遵守 FOM 的成员提出其他一些约束。例如，当一个成员对某一特定类的对象进行操作时，它所要做的工作就是订购该对象类，并处理 RTI 通知给它的所有该类的对象，而不对该对象类建模的成员的数量和种类提出任何要求。

HLA 建立在 DIS 和 ALSP 的理论经验总结基础之上，相对早期的分布式交互仿真协议（主要指 DIS），HLA 的优势主要表现在以下五点：

（1）功能和逻辑上的层次结构清晰。HLA 通过为每个客户直接提供一个系统通用、相对独立的系统软件仿真支撑式开发服务程序，将具体的软件仿真管理功能从操作系统（应用层）、仿真后的操作系统软件运行过程管理和基于系统底层的软件通信三者之间进行了彻底分开，屏蔽了各自的系统技术开发实现中的细节，从而直接使得客户可以直接让各技术部分相对独立地在一个系统中进行产品设计和技术开发，且建立的统一框架又使设计人员工作量大大减少，最大限度地利用了各自领域的新兴技术。

（2）增强了分布式交互仿真的互操作性。HLA 既不需要规定一个对象是由什么组合而构成的，也不需要规定一个对象相互交互的原理和规则，它只需要关注如何实现成员之间的互操作性，即如何使得已有联邦成员都集成到一个联邦。虽然 HLA 并不直接实现互操作性，但它在 RTI 的加持下，可以通过接口来规范明确两个联邦成员之间相互操作的机制。

（3）增强了分布式交互仿真的重用性。HLA 是一个开放的面向对象的体系结构，其基础是构件技术，实现了大型应用系统的即插即用，易于设计、集成和运行新型仿真软件系统。可以根据不同的用户需求和应用目标，实现大型企业对软件的快速组合和重构，降低大型软件的维护成本，保证联邦成员范围内互操作性的安全性和复用性。

（4）增强了分布式交互仿真的可扩展性。HLA 采用基于底层网络的通信和传输机制，使得联邦可以高效地从各种类和对象中过滤数据，大大减少网络中数据的冗余，联邦网络扩展带来的网络通信成本的增加，不会直接影响系统的正常运行。组播是实现这一机制的重要且关键的网络通信技术。

（5）减少了分布式交互仿真网络负载。HLA 基于客户端/服务器技术而不是传统的广播方式，通过 RTI 将变化的信息传输到需要的地方，并完成相关的网络操作，而且，由于联邦成员基于用户和对象描述了所需的数据与信息的生成和接受，由此有效地降低了网络负载。

然而，HLA 也存在以下不足：

（1）互操作性差，在基于 HLA 的仿真系统中，所有联邦成员的对象模型必须始终保持一致，否则即便联邦成员和 HLA 一致，两者之间也不能进行相互操作。

（2）HLA 系统虽然支持限时和自动时间管理两种时间管理模式，但由于系统延迟比较长，导致实时服务稳定性也较差。

（3）为了实现其通用性，HLA 必须非常灵活，这要求对特定应用程序的可行性和实现施加的约束必须非常小。因此，系统的稳定性和容错性相对地都会比较差，技术复杂，特定领域的特殊要求只能靠领域本身来解决。

3.4　HLA 规则

HLA 的规则共 10 条，规定了分布式仿真系统必须遵循的原则，分为联邦规则和联邦成员规则两类，它们共同确保了联邦的正确交互。

3.4.1　联邦规则

规则 1：联邦应该有一个 HLA FOM，且 FOM 必须按照 HLAOMT 要求记录。

根据 HLA 交换的所有数据都应记录在 FOM 中。FOM 使用一个或多个 FOM 模块和一个管理对象模型（Management Object Model，MOM）和初始化模块（MOM and Initialization Module，MIM）指定。FOM 应记录联邦执行期间使用 HLA 服务交换数据的协议，以及数据交换的条件（例如，当属性值的变化超过一定的范围，成员将通过 RTI 向外发送更新的值）。因此，FOM 是定义联邦的基本要素。HLA 没有规定哪些数据包含在 FOM 中（这个任务是联邦用户和开发者的责任）。FOM 应以 IEEE Std 1516.2 规定的格式记录，以支持新用户重复使用 FOM。

规则 2：在联邦中，所有与仿真相关联的对象实例表示应在联邦成员中描述，而不是在 RTI 中。

在 HLA 中，加入的联邦成员应该负责维护 HLA 对象实例的属性值。在 HLA 联邦中，所有加入的联邦成员关联的实例属性都应归联邦成员所有，而不是 RTI。然而，RTI 可能拥有与联邦 MOM 相关联的实例属性。RTI 可以使用关于实例属性和交互的数据来支持 RTI 服务（如声明管理），但是这些数据仅仅由 RTI 使用，而不能更改。

规则 3：在联邦执行期间，所有加入的联邦成员之间的 FOM 应通过 RTI 进行数据交换。

HLA 联邦成员接口规范规定了 RTI 中服务的一组接口，以支持实例属性值的协调交换，并根据联邦的 FOM 进行交互。在 HLA 下，参与指定联邦执行的联邦成员之间的 FOM 数据的相互通信应通过 RTI 服务的数据交换来执行。联邦各成员根据 FOM 中的数据格式定义，将属性与交互的数据提供给 RTI。然后，RTI 在加入的联邦成员之间提供协调、同步和数据交换，以允许联邦的一致执行。

加入的联邦成员负责确保在正确的时间提供正确的数据，并确保数据以实质上正确的方式使用。RTI 应确保按照其声明的要求（如哪些数据、传输的可靠性、事件顺序）使数据传递给需要数据的成员。

为保证联邦中的所有成员在整个联邦运行期间保持协调，它们之间的交互必须使用 RTI 服务。如果一个联邦在 RTI 外交换数据，则联邦的一致性将被破坏。公共的 RTI 服务保证了在仿真应用间数据交换的一致性，减少开发新联邦的费用。

规则 4：在联邦执行期间，加入的联邦成员应根据 HLA 接口规范与 RTI 进行交互。

HLA 为联邦成员应用程序和 RTI 之间的标准接口提供了规范。联邦成员应使用此标准接口访问 RTI 服务。规范应定义联邦成员应用程序如何与 RTI 交互。然而，由于接口和 RTI 将用于需要不同特性数据交换的各式应用程序中，所以接口规范没有对通过接口交换的数据做任何规定。标准化的接口使得开发仿真应用时不需要考虑 RTI 的实现。

规则 5：在联邦执行期间，实例属性在任何给定时间最多只能为一个联邦成员拥有。

HLA 允许不同的联邦成员拥有同一对象实例的不同属性。为了确保整个联邦数据的一致性，给出以上规则。联邦成员可以请求在联邦执行期间动态地获取或剥离实例属性的所有权。因此，所有权可以在执行过程中动态地从一个连接的成员节点转移到另一个。

3.4.2　联邦成员规则

规则 6：联邦成员应具有 HLA SOM，并符合 HLA OMT 要求。

HLA-SOM 应包括可在联邦中公开的联邦成员的对象类、类属性和交互类。SOM 是使用一个或多个 SOM 模块和一个可选 MIM 指定的。HLA 没有规定 SOM 中包含哪些数据，此任务应由联邦成员开发人员负责。SOM 应按照 IEEE 标准 1516.2 中规定的格式进行记录。

规则 7：联邦成员应能够更新和/或反射任何实例属性，并按照其 SOM 中的规定发送和/或接收交互。

HLA 允许加入的联邦成员将内部对象表示和交互作为联邦执行的一部分提供给外部使用。这些外部交互能力应记录在联邦成员的 SOM 中。这一规则保证成员内部的能力（如属性更新、交互处理）能为参与联邦的其他成员所使用，此种使用通过属性交换与交互发送来实现。

规则 8：成员必须能按 SOM 的规定，在联邦执行期间动态传输和/或接受实例属性的所有权。

HLA 允许不同的成员具有相同对象的不同属性。因此，为一个目的而设计的仿真应用程序可以与为另一个目的而设计的仿真应用程序结合起来，以满足新的要求。通过赋予仿真应用程序转移和接收对象属性所有权的能力，仿真应用程序可以在未来的联邦中得到广泛应用。

规则 9：联邦成员应能够根据 SOM 中的规定，改变其提供实例属性更新的条件（如阈值）。

HLA 允许成员拥有对象实例的实例属性，然后通过 RTI 将这些值提供给其他联邦成员。不同的联邦可以指定不同的条件以更新实例属性。仿真应用在加入联邦运行时，应有调整此条件的能力，从而使得仿真应用可广泛使用。

规则 10：成员必须能以某种方式管理其局部时间，从而可以与联邦的其他成员交换数据。

联邦设计者将确定他们的时间管理方法，联邦成员应遵守联邦的时间管理方法。HLA 时间管理支持使用不同内部时间管理机制的成员之间的互操作性。为实现这一目标，HLA 提供了统一的时间管理结构，以确保不同成员之间时间管理的互操作性。不同类型的仿真应用被视为这种统一架构的特例，一般只使用一部分 RTI 时间管理能力。成员加入联邦时，不需要告诉 RTI 内部时间推进机制。

3.5 HLA 数据模型及数据通信

分布式仿真的核心是实现仿真成员之间的数据通信。本节将介绍 HLA 的数据通信模式、运行时数据结构和 HLA 的对象交换。同时，还将解释 HLA 类、对象模型和对象模型模板的概念。

3.5.1 HLA 数据通信模式

在通信模式中，组件之间交换数据的策略至关重要，主要涉及通信过程中交换的数据是什么和如何交换数据两个问题。对于前者来说，主要有两种常用的数据通信方法：消息交换和对象交换。而分布式环境的通信方式一般包括点对点的直接通信和使用中间件的间接通信，HLA 采用了后一种方法，联邦通信模式如图 3.3 所示，其使用RTI 减少了每个组件与其他组件的耦合以促进组件的重用，通过中间件的对象交换完成了分布式仿真的数据通信。

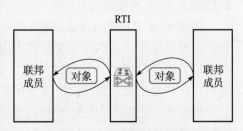

图 3.3　联邦通信模式

具体来讲，在 HLA 的数据通信过程中，RTI 扮演了中间件的角色，联邦成员通过 RTI 将对象信息传送给相关的其他成员。在分布式交互仿真 DIS 协议所采用的点对点通信中，发送方必须了解接收方，特别是必须知道接收方的 IP 地址。但 HLA 采用中间件体系结构，保证了一个联邦成员不需要了解其他联邦成员。

对数据通信内容来说，经典的 DIS 协议基于消息交换技术，将通信数据预先定义为一组协议数据单元 PDU，交换数据的结构被限制并嵌入 DIS 协议中，难以改变实现灵活的数据通信。相比之下，HLA 采用对象交换技术完成相互通信，使得传输的数据内容与系统体系无关，其引入对象模型模板的概念，支持多种数据格式，开发人员可以使用 HLA OMT 规范，参考对象模型模板定义新的数据结构，而这些特定的数据结构被统称为 HLA 对象模型。

在通信网络结构上，DIS 从逻辑上看是一种网状连接，HLA 的逻辑拓扑结构是星形连接。从而使仿真网络中的通信更加有序，使仿真网络的规模扩展成为可能。DIS中，仿真网络是一种严格的对等结构，如果实体状态发生变化，就要随时向其他仿真用户广播其状态信息，若实体无任何状态变化，也要间隔一定的时间广播其信息。在HLA中由于采用了客户/服务器机制，所以只有实体的状态发生变化时才传递信息。

3.5.2 对象交换：公布/订购模式

HLA对象交换采用公布/订购模式，在这种模式中，发送方和接收方无须相互了解，他们作为联邦中的联邦成员，只需要向RTI声明他们的需求以及他们可以为联邦执行提供的信息。而在联邦执行中，必须表明联邦成员与特定联邦对象之间的关系。

公布/订购模式构成了HLA联邦成员之间通信模型的基础。公布声明了联邦成员提供数据的意愿和能力，其中数据包括对象类及其属性、交互类及其相关参数。订购声明了联邦成员接收数据的兴趣和需求。

联邦的对象交换过程如图3.4所示，在联邦执行期间，联邦成员可以向

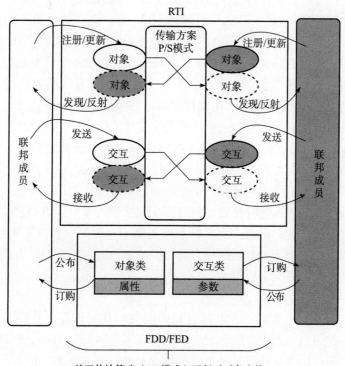

基于传输策略（P/S模式）运行时对象交换

图3.4 联邦对象交换

RTI声明他们可以提供的一组数据模板（即公布）和他们准备接收的一组数据模板（即订购），而这些数据模板都通过使用OMT规范记录的FOM进行导出。在完成数据声明之后，联邦成员可以创建一个对象（即注册）或者发送一个交互。随后，RTI将找到订购对象或交互类的联邦成员，并把对象/交互传输到订购者。而在联邦执行期间，RTI会持续动态地将数据从公布者传输到订购者，不断更新对象类的属性值。

3.5.3　数据内容：对象、交互和HLA类

1. 对象和交互

对象，又称对象实例或HLA对象，是联邦中通信的主要手段，可以看作仿真实体的抽象。HLA对象可以是作战仿真中的平台或传感器，也可以是空中交通仿真中的飞机。只有加入联邦的联邦成员才能在联邦执行中创建或删除对象，对象的生存期是从创建到删除的持续时间，只有公布对象类的联邦成员才能创建作为该类实例的对象，而只有拥有删除权限的联邦成员才能删除对象。

对象存在与之关联的属性，属性值决定了对象状态。对于DIS来说，其每个仿真成员负责将自身的状态更新传输给其他的仿真成员，HLA中的属性传输是通过RTI进行的，每个仿真成员将对象属性的变化传输给RTI，再由RTI根据需要传给其他仿真成员；在DIS中，每次都要传输一个完整的包含固定状态信息的PDU，哪怕只有一个状态发生了变化，在没有状态变化时，PDU的传输是周期性的，而HLA只有在初始化时才传递所有的状态信息，以后则只有在状态发生变化时才传输，且只传输发生变化的信息。

交互，表示一个瞬时联邦事件，是HLA采用的各成员之间进行信息交换的另一重要机制，定义为一个成员中的某个或某些对象产生的能够对其他成员中的对象产生影响的明确的动作。交互动作的发出同样通过RTI提供的服务进行公布，由订购的成员进行接收，通过该交互携带的参数，由接收成员自己计算该交互对自己产生的影响。交互的参数类似于对象的属性，不同之处在于，交互的参数形成一个不可分割的组，而对象的属性可以以不同的方式分组，同时交互信息发送后便无法再更新。

2. HLA类

在经典意义上，类是"一组具有相似属性、共同行为、共同关系和共同语义的项的描述"。而联邦执行数据（Federation Execution Data，FED）文件定义了成员之间传递消息所需两种类的类型：对象类和交互类。其中，对象类定义为"一组对象实例共有的一组特征的模板"，交互类定义为"一组交互共有的一组特征的模板"。RTI中，句柄是由RTI管理的唯一标识符，而对象类及

交互类都是用句柄来标记的。因此，对象和交互都是 HLA 类的唯一实例化。

对于一个完整的对象模型来说，在制定指定对象类和交互类后，还需要明确它们之间的关系。具有一组泛化属性的类称为超类（即面向对象中的基类），这些属性可以由更专门的类进行扩展，而从中扩展的类称为子类（派生类）。超类和子类在关系中是两个相对的角色：如果 A 是 B 的超类，则 B 是 A 的子类。子类可以看作其超类的特殊化或细化，子类总是继承超类的全部属性，同时还拥有附加的属性以满足特殊用途。在 OMT 中，对象类有一个预定义的根类，称为 HLA Object Root，是 FOM 或 SOM 中所有其他对象类的超类。交互类有一个预定义的根类，称为 HLA Interaction Root，是 FOM 或 SOM 中所有其他交互类的超类。

HLA 只允许使用 "is-a" 关系的类层次结构，称为单继承，在这种机制下，每个类至多有一个直接超类。当类自上而下扩展时，泛化性减少，专门化增加，以图 3.5 为例，Ship 对象类是 Cargo Ship、RoRo 和 Tanker 类的超类。这里，Tanker 类继承了 Ship 的 Name 和 Location 属性，此外，它还声明了一个新属性 Oil Capacity。

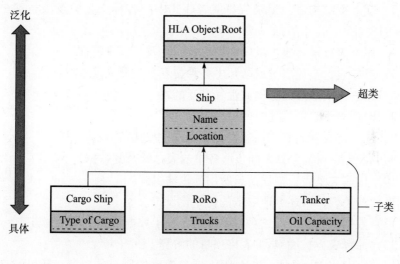

图 3.5　HLA 类实例

3.5.4　对象模型模板

HLA 的对象模型模板 OMT 是一种标准的结构化框架，由一组相关的组件组成，既用于指定数据交换，又作为联邦协议在联邦之间提供协调的机制。它通过指定语法和格式来描述对象模型的结构，以及其他相关信息。

OMT 作为对象模型的模板，规定明确了记录这些对象模型内容的标准文件格式和基本语法。但是，OMT 本身并没有解释如何构建对象模型以及 OMT 必须记录的内容。我们需要定义记录对象模型的标准的原因是它可以完成以下几点：

（1）为成员提供一个通用且易于理解的工具机制（FOM），可以解释成员之间的数据交换与合作。

（2）为成员提供一个广泛使用的标准化管理机制，可以明确表示潜在成员与其他外界组织进行数据交换和合作的能力。

（3）有利于激励一些常用对象模型开发工具的设计和应用。

OMT 基本上以表格格式表示，并以 OMT 数据交换格式（Data Interchange Format，DIF）序列化。联邦协议除了涉及交换的数据内容外，还包括许多表格形式的组件，IEEE 1516 中公布的 OMT 主要由以下表格组成：

（1）对象模型鉴别表：记录鉴别整个 HLA 对象模型的主要数据信息。

（2）对象类结构表：记录成员或者联邦中的对象类和该类别与其子类之间的关系。

（3）交互类结构表：记录成员或者联邦中的各种交互类及该类别与其子类之间的关系。

（4）属性表：描述成员或联邦中对象属性及其基本特性。

（5）参数表；描述成员或联邦中各种交互参数及其基本特性。

（6）维表：描述过滤实例属性和交互的维。

（7）时间表示表：描述时间值的表示。

（8）用户定义标签表：描述在 HLA 服务中的标签表达方式。

（9）同步表：描述 HLA 同步服务中的表达式及其数据种类。

（10）传输类型表；描述消息所用的传输机制。

（11）开关表；描述 RTI 参数的初始化设定。

（12）数据类型表：描述对象模型用于表示数据的各个类型和方法。

（13）注释表：扩展 OMT 表格项目的解释。

（14）FOM/SOM 词典；描述 HLA 对象模型中所有的对象、属性、交互和参数。

当需要详细描述联邦或其成员对象模型时，某些表或表的栏目列可能为空。例如，尽管某些联邦支持该成员之间的交互，但一些成员可能不会参与交互。此时，成员 SOM 的交互类结构表仅包含 HLA 需要的一个交互类，其参数表不完整且为空。如果一个成员甚至整个联邦只是直接通过"交互"来交换联邦信息，那么它的对象类结构表及属性表就只包含 HLA 所要求的数据。

3.5.5 HLA 对象模型

HLA 标准规定了三类对象模型，分别为联邦对象模型、仿真对象模型和管理对象模型。

1. 联邦对象模型

在整个 HLA 联邦的设计和发展过程中，所有参与联邦运作的成员对他们必须相互交换的信息有准确一致的理解是非常重要的，否则成员之间的互操作性将受到影响。难以准确有效地完成。构建 FOM 的目的是借助 OMT 提供的标准化记录格式来描述特定联邦成员之间要交换的数据的特征，使成员可以在操作中充分利用数据进行互操作联邦。

FOM 主要描述了在联邦执行过程中，将参与联邦成员信息交换的对象类、交互类、交互参数的特性。每个联邦都有一个 FOM，通过使用 FOM，设计者可以标准格式指定其联邦中的数据交换。所以，FOM 可以看作一种信息契约，它实现了各个联邦成员彼此之间的互操作性。FOM 在运行时采用的文件形式为 FOM 文件数据（FOM Document Data，FDD）/联邦运行数据（Federation Execution Data，FED）文件，在联邦执行期间，将会被提供给 RTI。每个联邦都可以开发一个全新的 FOM，并且可以重用现有的参考 FOM，最新的 HLA Evolved 标准还支持模块化联邦对象模型，相关细节将在后文讨论。

2. 仿真对象模型

联邦成员可以通过 SOM 指定其功能和数据接口，HLA-OMT 格式也同样适用于定义 SOM，就像 FOM 一样，所有需要直接包含在 SOM 中的数据也可以看作直接用来表示交互对象的，这些交互对象作为直接信息源来交换对象的主体，如类及其基本属性、交互对象类及其基本参数，以及各自功能特性的详细描述。

联邦的每个成员都有自己的 SOM，建立 SOM 的主要目标是使成员 SOM 成为一个通用的、独立的应用程序，与特定的联邦完全交互。因此，SOM 可以作为一个规范来描述一个联邦组织的成员的功能，这有助于确定它们是否适合在模拟应用中参与特定的联邦及其在构建 FOM 过程中的重要性。在特殊情况下，也可以通过合并 SOM 形成 FOM，或者通过适当修改联邦公司在此基础上研究制定的具体战略目标形成 FOM。

3. 管理对象模型

MOM 是 HLA 定义的数据模型，用于实时监控和控制联邦与单个成员的运行状况。它的功能是收集汇总各成员、整个联邦和 RTI 的运行状态信息，为监测和控制 RIT、联邦和单个成员的运行状况提供有效手段。

MOM 在 HLA 联邦成员接口规范中定义，一般用于整个 HLA 联邦。所有版本的 RTI 必须完全支持 MOM 的服务。各种联邦表格应包含 MOM 指定的信息和内容。不要把 MOM 打包成标准的 FOM 文件，否则会导致 RTI 异常。

虽然一个联邦的 FOM 应包含 MOM 的所有元素，但一个联邦可以选择使用全部、部分或者根本不使用 MOM 标准类及其相关的信息元素。

MOM 由两个模块组成：面向标准的体验区和面向用户的可扩展体验区。标准的第一部分，由于 HLA 相关技术规范文件的详细定义，规定了美国联邦政府各种形式的信息数据存储对象的子类和交互子类，对象名称、子类、属性或相关参数以及这些交互类的其他信息存储类型进行了分析，并对出版物与公共秩序之间的交互进行了严格的规定，用户不能随意更改，有效地保证了 MOM 在不同联邦和不同应用版本的 RTI 系统中的数据通用性。用户可以将所需的 MOM 属性扩展为附加子类。附加属性或其他参数不能被 RTI 直接组合，只能被所有联邦成员中的所有联邦成员使用。使用 MOM 的应用组织及其成员（无论是标准的应用组件架构还是其他扩展的应用组件）都不必考虑如何实现 MOM 以及整个应用在哪里，这些成员只是通过 MOM 的对象模型与 MOM 软件交互，就如同这些成员与 FOM 中任何其他部分交互一样。

MOM 也使用 OMT 格式以及语法进行规范。RTI 负责在系统中公布 MOM 对象的类，注册相应的该类对象实例与更新该类对象实例的属性值，以及订购和接收一些 MOM 交互类。而负责控制联邦执行的成员订购 MOM 对象类的一部分或者全部，转发更新、公布和发送一些交互以及订购、接收其他交互类。

3.5.6　对象模型模块化

最新的 HLAE 中引入了模块化（Modular）FOM 的相关概念和服务，它构造了一个模块化组件，以创建更加灵活和可伸缩的对象模型，使 FOM 能够在运行时进行加载和扩展，实现联邦动态开发和配置。联邦 FOM 则被设计成不同模块化组件，并在联邦创建或成员加入联邦时由 RTI 使用 FOM 模块以及一个 MOM 和初始化模块装配组成。FOM 模块化思想如图 3.6 所示。

FOM 数据模块本身其实就是一个 FOM 的基本子集，它必须按照遵循一个 OMT 之间数据交换的基本格式规则来进行定义，包含部分或全部的 OMT 表格，可分为独立 FOM 模块和从属 FOM 模块两类。一个独立模块可以在没有其他 FOM 模块的情况下使用，因此它可以作为一个基础对象模型，并被其他模块扩展。从属模块则包含一些其他 FOM 模块中定义的引用，引用可以指向超类（对象类或交互类）、数据类型、传输类型、维度或在另一个模块中定义的注释。由于这种依赖性，从属模块不能单独使用。HLA 运行时的 FOM 既可由

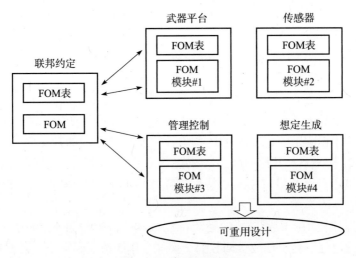

图 3.6　FOM 模块化思想

两类 FOM 模块组合而成，也可由单个或若干个独立 FOM 模块组合而成，但第一个被 RTI 加载运行的 FOM 模块要求是独立的。

　　为保证不同 FOM 模块加载后的一致性和有效性，促进相关工具的开发，HLAE 在 OMT 中规定了 FOM 模块的组合规则，给出了 FOM 模块组合时必须遵守的基本准则：

　　（1）组合后的 FOM 应是其构成 FOM 模块中所有对象类、交互类，属性、参数、维、同步点、传输类型、更新率、数据类型、注释以及 FOM/SOM 词典的定义和描述的集合。

　　（2）组合过程将忽略其构成 FOM 模块中模型标识表的所有内容，组合后模型标识表除仅在引用栏的"组成"域中注明参与组合的所有 FOM 模块外其他内容保持为空。

　　（3）参与组合的各 FOM 模块在时间表示表、开关表、用户自定义标记表中的内容必须完全一致。

　　（4）组合后 FOM 必须包含一个对象管理及初始化模块，定义 MOM 和其他一些需要对它进行组合预定义的 HLA 类型结构，如对象、交互类、数据应用类型、传输类型和维等。在已有 FOM 模块中不包含 MIM 定义的情况下，RTI 在运行中将为组合后的 FOM 添加一个预定义的标准 MIM。

3.5.7　HLA 与面向对象的比较

　　由于面向对象概念的普及，人们很容易将其与 HLA 对象/类等术语进行比较并混淆。两者主要区别在两个方面：

1. 使用意图不一致

在大多数传统的面向对象分析与设计（Object Oriented Analysis and Design，OOAD）的研究领域中，系统本身的对象模型是一种具有系统意义的抽象设计。因此，建立面向对象系统的主要目标是充分展示真实的系统细节，使人们能够充分了解它。为了更好地实现这一目标，大多数OOAD方法倾向于从多种角度描述真实系统，主要包括系统各组成对象之间的静态关系（如is-a、part-whole结构关系及其他的联系）和动态关系（对象的交互特性及其触发条件等）的描述，以及对对象本身特性的算法性的描述（对象属性随时间推移发生变化的算法描述）。

HLA对象模型所需要描绘的系统特性区域范围比较狭窄。FOM主要关注在联邦运行过程中会出现成员间数据交换与合作的情况和需要，也就是说，他们之间的数据交换与合作必须依赖于数据。这些对象的公布和顺序以及相互协作、这些数据的对象类、交互类别及其结构、对象的属性以及它们之间交互的参数特征等，建立它们的主要目的是使各个组织的成员对必须互通的信息对象及其属性、交互及其参数的属性有准确、一致和可靠的了解，以便充分利用它们进行互操作。在FOM发展之前，传统的OOAD方法可以非常清楚地描述现实世界中的对象及其物理特性之间的关系。也就是说，首先建立联邦概念模型（Federation Conceptual Model，FCM）来确定FOM中要描述的成员之间的信息交换需求，FCM的概念化也是FOM概念化的重点。

另外，SOM关注潜在成员如何满足他们对外部信息的需求（他们需要选择什么样的对象类属性和交互参数）以及他们向外界发送信息的能力（什么样的对象类属性和交互参数是他们可以发送的）。它主要描述一个公共接口，其中一个系统包括某个对象类和交互对象类以及一个网络，它们可以同时与外部或网络人交换信息。至于系统中成员的结构和组成（该成员应该设计成什么样的对象类和交互类，关系如何），以及操作系统内部的功能如何，这些都用一个传统OOAD建立的系统对象模型。

2. 对象描述不同

在OOAD文献中，对象被定义为具有标识的数据（状态）和行为（方法）的软件封装。而在HLA中，对象由联邦成员在执行过程中交换的特征（即属性或参数）定义，行为则是由联邦成员而不是直接由对象生成的。OOAD中的对象可以被认为是具体的或概念的，而HLA中的对象通常用于表示真实的事物（如坦克、飞机等）。虽然OOAD和HLA都采用了继承的概念，但其目的和关注点并不相同。HLA的主要特点是方便数据公布和排序语句的分析，只支持简单的继承关系。OOAD 中两个对象的交互是通过向它们发送消息来实现的，即对象彼此之间通过相互调用的方式来实现；HLA 中所有对象之间的交互是通过更新对象的属性值或公布交互类（如 OOAD 中的事件概念）来完成的。同时，HLA 中的每个对象属性值都负责更改和更新，可以由联邦中的所有成员共享。这主要是因为 HLA 的所有成员都可以借助 RTI 提供的网络服务通过公布和订购信息来交换信息。其他公布信息的成员可以在网络上提供信息，订购信息的其他成员可以接收信息并进行本地化。而在 OOAD 中对象将自己的状态封装起来，状态的改变也只能通过自己封装的方法改变。

3.6 HLA 接口规范

HLA 联邦接口规范定义了 RTI 和联邦成员应用程序之间的标准服务和接口，以支持联邦间通信。换句话说，HLA 规则要求所有的成员按照 HLA 的接口规范说明所要求的方式同 RTI 进行数据交换，实现成员间的交互作用。RTI 作为联邦执行的核心，其功能类似于某种特殊目的的分布操作系统，为成员提供运行时所需的服务。功能接口按照 RTI 服务定义，分为七组：

（1）联邦管理（Federation Management，FM）：提供创建、删除、动态控制和终止联邦执行的服务。

（2）声明管理（Declaration Management，DM）：为联邦成员提供服务，以声明其公布或订购对象类以及发送和接收交互的意图。

（3）对象管理（Object Management，OM）：提供注册、修改和删除对象实例以及发送和接收交互的服务，基于用户要求控制实例更新和其他各方面的支持功能。

（4）所有权管理（Ownership Management，OWM）：提供在联邦成员之间转移对象实例属性所有权的服务。

（5）数据分发管理（Data Distribution Management，DDM）：提供服务，在实例属性级别细化数据需求，通过对路径空间和区域的管理，使成员能有效地接收和发送数据，从而减少不必要的数据流量。

（6）时间管理（Time Management，TM）：提供 HLA 时间管理策略和时间推进机制，以便能够及时传递消息。

（7）支持服务（Support Services，SS）：除了前面讨论的六大类服务外，HLA 的接口规范中还定义了大量的支持服务，这些服务主要用于辅助前面讨论的六大类服务完成各自的功能，可完成联邦执行过程中关于名称及其对应句柄之间的相互转换，并可设置一些开关量。

　　HLA 接口规范所描述的服务，实质上反映了 RTI 为支持多种类型的联邦而提供给成员的通用服务，HLA 接口规范只规定了对这些服务的功能要求，而没有规定具体的实现方法，因此如何实现这些功能将由 RTI 开发者自己决定。这些服务可区分为两种类型，如图 3.7 所示：一类是 RTI 提供的服务，被包装成 RTI Amb 类，定义和实现成员所需的与 RTI 通信的接口，由成员调用；另一类是由成员响应，被包装成 Fed Amb 类，定义和实现 RTI 所需的与成员通信的接口，由 RTI 回调使用，这类服务也称为 RTI 的回调函数，后续介绍中将用"+"标识。RTI 接口以 API 接口函数形式提供给成员开发，接口函数可用 C++、Ada、Java 以及 CORBA 的 IDL（接口描述语言）四种语言描述，基于 CORBA IDL 开发的方式最为简便，但它受 CORBA 软件的限制，延时较长，不能支持实时性要求高的仿真。RTI 与成员之间的接口实质上反映了 RTI 能提供给成员的服务。接口规范对这些服务进行了标准化，但随着 HLA 标准的更新，这些服务也在增加，而最初版本 RTI 服务，包含了 RTI 的核心功能。

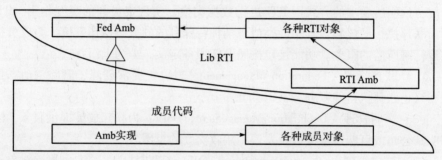

图 3.7　RTI 接口的组成

　　RTI 按照 HLA 的接口规范标准进行开发，通过应用接口层和网络接口层将仿真应用、底层支撑和 RTI 的功能模块相分离，如图 3.8 所示。

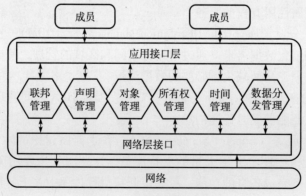

图 3.8　RTI 内部逻辑结构

　　值得注意的是，在 HLA 的体系结构下，由于 RTI 提供了较为通用的标准软件支撑服务，可以保证在联邦内部实现成员及部件的即插即用（Plug and Play，PnP）。针对不同的用户需求和不同的目的，可以实现联邦快速、灵活的组合和重配置，保证了联邦范围内的互操作和重用。

3.6.1　联邦管理

　　联邦管理涉及创建、动态控制（如保存和恢复）、修改和删除联邦执行的服务。

　　图 3.9 显示了使用某些基本联邦管理服务时联邦执行的整体状态。该图以联邦执行不存在状态开始，表示 RTI 已启动，但尚未调用与联邦执行相关的任何服务。创建联邦执行后，此时进入没有加入成员状态。此状态代表空白的或刚初始化的联邦执行；没有联邦成员加入，没有对象实例存在，也没有消息排队。从第一个联邦成员加入此执行到最后一个联邦成员退出执行，联邦执行处于支持成员加入状态。此状态表示在联邦执行中，IEEE Std 1516.1 中记录的服务可用。如果所有加入的联邦成员在确定愿意加入的联邦成员之前退出，则所有无主实例属性将停止存在，就好像它们的对象实例在上次联邦成员退出时被删除一样。

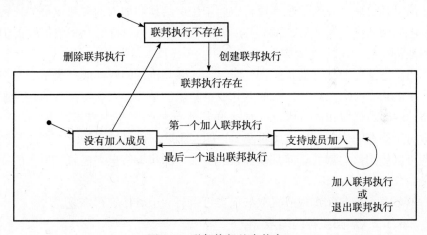

图 3.9　联邦执行基本状态

　　只要一个联邦执行存在，成员就可以按联邦用户的意图，以任一顺序加入或退出该联邦执行。

3.6.1.1　联邦执行的保存与恢复

　　联邦执行中任何加入的联邦成员都可以通过调用请求联邦保存服务来启动保存。如果在调用此服务时没有提供时戳参数，则 RTI 将通过在所有这些加入时调用 Initiate Federate Save+服务来指示联邦执行中的所有加入的成员（包括请求加入的成员）尽快保存状态。如果提供了时戳参数，则 RTI 将在每个受约束加入的联邦成员的逻辑时间值增加到提供的值时调用 Initiate Federate Save+服务，并且它将尽快向所有非时间约束的加入成员调用 Initiate Federate Save+服务。一旦所有时间受限的联邦成员都有资格被指示保存，它将在所有非时间受限的成员处调用 Initiate Federate Save+服务。

当一个加入的联邦成员收到一个 Initiate Federate Save+服务调用并随后保存其状态时，它应该使用联邦保存标签（由在请求联邦保存服务中请求保存的加入的联邦成员指定）、联邦类型（它在加入联邦执行时指定），以及联邦指示符（在它加入联邦执行时返回）来区分保存的信息。

一旦联邦执行保存开始，RTI 应保存所有尚未发送到预期加入的联邦成员的排队消息。例如，由其他加入的联邦成员发送的未来时戳顺序（Time Stamp Order，TSO）消息或接收顺序（Receive Order，RO）消息。所有保存的信息（由 RTI 和加入的联邦成员）都应该是持久的，即它存储在磁盘或其他一些持久性介质上，并且即使在联邦执行被破坏之后仍然保持完整。

保存的信息可以在以后由一些新的加入联邦成员使用，以将联邦执行中的所有加入联邦成员恢复到完成保存时的状态。然后联邦可以从保存的点恢复执行。恢复开始后，在恢复联邦执行中尚未传递给预期加入的联邦成员的任何消息都将丢失。恢复完成后，RTI 应在恢复的联邦执行中将所有相关保存的消息适当地传递给加入的联邦成员。

当状态从先前保存的状态恢复时，加入联邦执行的联邦成员集不必是在保存恢复的状态时加入联邦执行的联邦成员集。但是，加入联邦执行的每种联邦类型的联邦数量应相同。因此，加入联邦执行服务调用中提供的 federate-type 参数对于保存和恢复过程至关重要。声明某个联邦成员属于给定类型应等同于声明可以使用该类型的任何其他加入成员保存的状态信息来还原已加入的联邦成员。

不要求一个 RTI 实现所采取的保存可由另一个 RTI 实现恢复。

3.6.1.2 联邦执行的同步

如果希望联邦以可控的方式运行，如在所有联邦成员加入联邦并完成公布和订阅后注册对象实例和更新属性值，则需要使用联邦管理服务中的同步点机制。

联邦执行同步点的生命周期包括以下五个阶段。

（1）联邦成员注册一个同步点。

（2）RTI 应为所有联邦成员分配新的注册同步点。此时，同步点等待同步。

（3）每个联邦在到达同步点时通知 RTI。

（4）当所有联邦成员都到达同步点时，RTI 通知每个联邦成员，联邦在同步点同步。

（5）通知所有联邦成员后，RTI 从同步点注册表中删除同步点。

联邦注册同步点时，可以指定初始同步集；如果联邦成员未指定同步集，则同步集包含所有当前加入的联邦成员。如果联邦成员指定了同步集，则它不必将自己添加到同步集。如果同步集中的一个联邦在同步点同步之前退出，则退出的联邦将从同步集中删除，剩余的联邦仍然可以在同步点同步。当指定同步集的同步点正在等待同步时，如果添加了新的联邦成员，则该联邦成员不会被添加到同步集中，RTI 不会告诉它同步点。

3.6.1.3　联邦管理服务

IEEE Std1516.1—2000 标准的接口规范中共有 24 个联邦管理服务，如表 3.2 所示。

表 3.2　联邦管理服务

分组	服务名称	功能简介
第 1 组	Create Federation Execution	创建联邦执行
	Destroy Federation Execution	撤销联邦执行
	Join Federation Execution	加入联邦执行
	Resign Federation Execution	退出联邦执行
第 2 组	Register Federation Synchronization Point	注册联邦同步点
	Confirm Synchronization Point Registration+	确认同步点注册（回调函数）
	Announce Synchronization Point+	宣布同步点（回调函数）
	Synchronization Point Achieved	同步点已到达
	Federation Synchronized+	联邦已同步（回调函数）
第 3 组	Request Federation Save	请求联邦保存
	Initiate Federate Save+	初始化成员保存（回调函数）
	Federate Save Begun	成员保存开始
	Federate Save Complete	成员保存完成
	FederationSaved+	联邦已保存（回调函数）
	Query Save Status Service	查询联邦保存状态
	Save Status Response+	回答联邦保存状态（回调函数）

分组	服务名称	功能简介
第4组	Request Federation Restore	请求联邦恢复
	Confirm Federation Restoration Request+	确认联邦恢复请求（回调函数）
	Federation Restore Begun+	联邦恢复开始（回调函数）
	Initiate Federate Restore+	初始化成员恢复（回调函数）
	Federate Restore Complete	成员恢复完成
	Federation Restored+	联邦已恢复（回调函数）
	Query Federation Restore Status	查询联邦恢复状态
	Federation Restore Status Response+	回答联邦恢复状态（回调函数）

第 1 组服务完成联邦执行创建，成员加入退出及联邦执行撤销等功能。第 2 组用于成员间的同步：首先由需要同步的成员向 RTI 发出注册联邦同步点的请求；RTI 收到请求后，记录该同步点信息并向请求的成员发出 "Confirm Synchronization Point Registration+" 的回调，随后 RTI 向所有被要求同步的各个成员发出 "Announce Synchronization Point+"；这些成员在各自的回调函数中完成相应的处理；一旦被要求同步的成员到达同步点，它应调用 "Synchronization Point Achieved" 通知 RTI；当所有被要求同步的成员均达到同步点后，RTI 用 "Federation Synchronized+" 通知发出同步请求的联邦成员，联邦已同步。第 3、4 组服务分别用于完成联邦保存和恢复操作，过程与同步类似。

3.6.2 声明管理

为了解决 DIS 协议中 PDU 按广播方式发送所带来的问题，HLA 使用公布和订购机制在运行时交换对象，数据公布者向 RTI 声明自己所能生产的数据，数据订购者向 RTI 声明自己所需要的数据，由 RTI 负责在公布者和订购者之间进行匹配。在这方面，声明管理服务为联邦成员提供了类层次上的表达（声明或订购）机制。成员加入联邦后，在注册对象、更新实例属性值、发送交互之前，应该调用相应的 DM 服务，声明可以向其他成员提供信息。它还应该调用相应的 DM 服务或 DDM 服务来声明其接收信息的意图（加入的成员可以单独使用 DM 服务、DDM 服务或同时使用 DM 和 DDM 服务来声明其接收信息的意图）。加入的成员在发现对象实例、反射实例属性值和接收交互之前应调用适当的 DM 或 DDM 服务。DM 和 DDM 服务连同 FDD 中定义的对象管理服务、所有权管理服务以及对象类和交互类层次结构，应确定以下内容：

（1）可以注册对象实例的对象类。

（2）可以在其上找到对象实例的对象类。

（3）可用于更新和反射的实例属性。

（4）可以发送的交互。

（5）可以接收交互的交互类。

（6）可用于发送和接收的参数。

当对象实例的发现类是其注册类的超类时，将认为对象实例已从注册类提升到发现类。类似地，当交互的接收类是其发送类的超类时，将认为交互已从发送类提升到接收类。提升对于保护成员代码加入新的 FDD 超类非常重要。当扩展 FDD 以包含新对象和交互类时，升级可确保现有成员可以在扩展 FDD 中工作，而无须更改代码。

在公布和订购过程中，联邦成员可以公布或订购整个对象类，也可以公布或订购对象类的部分属性。但对于交互类，则不能公布或订购某个交互类参数，公布或订购一个交互类，表明公布或订购了整个交互类。另外，在运行过程中，成员的公布和订购关系可以动态修改。

DM 服务的效果与联邦中任何加入成员的逻辑时间无关。下面将简要介绍 FDD 静态属性，相关术语将在 DM 讨论中使用。

（1）每一个类最多有一个直接的超类。

（2）每个对象类都应具有在 FDD 中声明的相关类属性集。

（3）对象类的继承属性是在超类中声明的类属性。

（4）一个对象类的有效属性是该对象类的声明属性集与该对象类的继承属性集的并集。

（5）每一交互类将有一个在 FDD 中声明的参数关联集合。

（6）交互类的继承参数是在超类中声明的参数。

（7）交互类的可用参数是该交互类的声明参数集与该交互类的继承参数集的并集。

（8）对任何以一个对象类和一个属性标识符集合做参数的服务，仅仅该对象类的有效属性可以用在属性标识符集合中。对一个用在这种服务里的属性标识符中的属性来说，是对象类的有效属性，是必要但非充分条件。

（9）对于任何以对象实例和一组属性指示符作为参数的服务，只有该对象实例的已知类在所涉及的（调用或被调用的）联邦中的可用属性可以在属性指示符集中使用。作为对象实例的已知类的可用属性，对于在此类服务的属性指示符集合中使用的属性来说，是必要但非充分条件。

IEEE Std 1516.1—2000 标准接口规范一共定义了 12 个声明管理服务，共分为三组，如表3.3所示。

表 3.3　声明管理服务

分组	服务名称	功能简介
第1组	Publish Object Class Attributes	公布对象类属性
	Unpublish Object Class Attributes	取消公布对象类属性
	Publish Interaction Class	公布交互类
	Unpublish Interaction Class	取消公布交互类
第2组	Subscribe Object Class Attributes	订购对象类属性
	Unsubscribe Object Class	取消订购对象类
	Subscribe Interaction Class	订购交互类
	Unsubscribe Interaction Class	取消订购交互类
第3组	Start Registration for Object Class+	开始注册对象类（回调函数）
	Stop Registration for Object Class+	停止注册对象类（回调函数）
	Turn Interaction On+	置交互开（回调函数）
	Turn Interaction Off+	置交互关（回调函数）

第1组服务用于公布或取消公布对象类和交互类。第2组服务用于订购或取消订购对象类和交互类。第3组服务为一组回调函数，RTI根据联邦中的公布和订购关系用这组回调函数来通知成员完成相应的操作。在运行过程中，成员的公布和订购关系可以动态修改。

3.6.3　对象管理

对象管理是在声明管理的基础上进行的。它包括对象实例的注册和发现、对象实例属性值的更新与反射、交互实例的发送与接收及对象实例的删除等功能。在仿真运行过程中，对象类的公布和订购是动态变化的，并且联邦中的对象类和交互类还存在着复杂的继承关系，因此对象管理过程也是动态变化的。

3.6.3.1　对象管理基本概念

HLA对象管理中的概念描述了对象管理中的基本操作以及这些操作之间的关系。

（1）注册（Register）。联邦成员的对象类公布后，联邦中并没有该对象类的实例。对象类的实例只在注册之后开始存在。每个对象类可以注册多个实例，RTI为每个实例分配一个唯一的身份标识号（Identity Document，ID）值。

（2）发现（Discover）。当联邦成员注册了一个已公布对象类的实例时，只有订阅了该对象类的联邦成员才能收到 RTI 的 "Discover Object Instance+" 通知。RTI 发出的通知数量由联邦中当前已订购对象类的联邦成员数量来确定，可能是一个或多个。但是，每次已公布对象类的联邦成员注册新对象实例时，所有订购该对象类的联邦成员都会收到 RTI 通知，除非联邦成员取消了其先前的订购。

（3）更新和反射属性值（Update & Reflect）。联邦成员在运行过程中，当注册的对象实例的属性值发生变化时，联邦成员有义务向联邦更新其实例属性值，以便订购该对象类的联邦成员能够获得该对象实例的最新状态。联邦成员向联邦发送实例属性值的过程称为属性值更新，而 RTI 将对象实例的属性值通过回调函数发送给订购了该对象类的联邦成员的过程称为反射属性值。

（4）交互实例的发送与接收（Send & Receive）。类似于对象实例属性值的更新/反射，当联邦成员需要向联邦发送交互事件时，可以通过 RTI 的 "Send Interaction" 服务将交互实例及其关联的交互参数一起发送给 RTI，RTI 将接收到的事件通过 "Receive Interaction" 回调函数发送给当前联邦中订购了该交互类的其他联邦成员。

（5）对象实例的删除与移去（Delete & Remove）。在仿真运行过程中，当联邦成员退出联邦时，或根据仿真结果，某个对象实例不需要继续存在（例如，该对象实例所代表的仿真实体已被消灭），对象实例需要从联邦中删除，可通过调用 RTI 的 "Delete Object Instance" 服务来完成，并且该操作只能由有权删除该对象实例的联邦成员完成。RTI 在接到 "Delete Object Instance" 请求后会将指定的对象实例从联邦中删除，并通过 "Remove Object Instance+" 回调函数通知当前已订购该对象类的联邦成员，指定的对象实例已被删除。

3.6.3.2　对象管理服务

IEEE Std 1516—2000 标准接口规范一共定义了 19 个对象管理服务，如表 3.4 所示。

表 3.4　对象管理服务

分组	服务名称	功能简介
第 1 组	Reserve Object Instance Name	保留对象实例名称
	Object Instance Name Reserved+	对象实例名称已保留（回调函数）
	Register Object Instance	注册对象实例
	Discover Object Instance+	发现对象实例（回调函数）
第 2 组	Update Attribute Values	更新属性值
	Reflet Attribute Values+	反射属性值（回调函数）

续表

分组	服务名称	功能简介
第3组	Send Interaction	发送交互实例
	Receive Interaction+	接收交互实例（回调函数）
第4组	Delete Object Instance	删除对象实例
	Remove Object Instance+	移去对象实例（回调函致）
	Local Delete Object Instance	本地删除对象实例
第5组	Changes Attribute Transportation Type	改变属性传输类型
	Change Interaction Transportation Type	改变交互类的传输类型
第6组	Attribute In Scope+	属性进入范围（回调函数）
	Attribute Out of Scope+	属性离开范围（回调函数）
第7组	Request Attribute Value	请求属性值更新
	Provide Attribute Value Update+	提供属性值更新（回调函数）
第8组	Turn Updates On for Object Instance+	置对象实例更新开（回调函数）
	Turn Updates Off for Object Instance+	置对象实例更新关（回调函数）

前三组服务分别完成注册/发现对象实例、更新/反射属性值、发送/接收交互实例等操作，允许对象动态地进入与退出联邦执行；第4组服务中的"Delete Object Instance"服务和"Remove Object Instance+"服务完成删除/移去对象实例的操作，而"Local Delete Object Instance"服务主要用于实现对象的动态管理；第5组服务用于改变属性和交互类的传输类型（可靠传输或快速传输）；第6组服务用于传递RTI控制信息；第7组服务用于请求/提供属性值更新，这组服务主要用于请求对外部属性值的更新；第8组服务用于设置对象实例的更新开关。

3.6.4　所有权管理

联邦成员和RTI使用所有权管理在联邦成员之间转移实例属性的所有权。在成员之间传递实例属性所有权的能力可用于支持联邦中给定的对象实例的协作建模。在任一时刻，一个实例属性不得由多个加入的联邦成员拥有，并且允许一个实例属性不为所有加入的联邦成员所有。对于一个给定的成员，每一个实例属性要么被它拥有，要么不被它拥有，拥有和未拥有的状态是互斥的。

在注册对象实例时，注册的成员应拥有该对象实例的所有实例属性，并为其在对象实例的注册类公布相应的类属性，而该对象实例的所有其他属性不应为所有加入的联邦成员所有。当发现对象实例时，发现的成员不拥有该对象实例的任何实例属性。如果成员不拥有实例属性，则在收到属性所有权获取通知服务调用之前，它不会拥有该实例属性。

实例属性的所有权应从一个加入的成员转移到另一个加入的成员，或者由拥有它的成员请求释放自己的实例属性，或者由一个非拥有的加入的成员请求获得。无论实例属性是由于被其所有者释放还是被非所有者获取而改变所有权，仅当属性的拥有者或获取者通过显示服务调用，才会更改所有权。未经成员同意，RTI 不得从成员手中转让或授予所有权，除非通过使用以下 MOM 交互：

（1）HLAmanager. HLAfederate. HLAadjust. HLAmodifyAttributeState。

（2）HLAmanager. HLAfederatc. HLAservice. HLAunpublishObjectClassAttributes。

（3）HLAmanager. HLAfederatc. HLAservice. HLAunconditionalAttributeOwnershipDivestiture。

（4）HLAmanager. HLAfederate. HLAservice. HLAresignFederationExecution。

一个实例属性的所有权与该实例属性对应的类属性是否公布在该实例属性的已知类中密切相关。成员应在对象实例的已知类上公布类属性，以便拥有该对象实例的相应实例属性。这表明：

（1）在成员拥有一个对象实例的相应实例属性之前，该成员应在该对象实例的对应类上公布一个类属性。

（2）如果拥有一个实例属性的成员停止在该实例属性的已知类上公布相应类属性，它将立即失去该实例属性的所有权。

3.6.4.1　所有权处理

被成功释放的实例属性将不再为被释放加入成员拥有。如果实例属性是无主的，则其在实例属性的已知类处的对应类属性可以是已公布的或未公布的。如果在该类中公布了类属性，则加入的成员应有资格获得相应的实例属性，并且可以由 RTI 通过请求接收属性所有权服务为其提供该实例属性的所有权。

1. 释放

成员有五种自动释放它所拥有的实例属性的方式：

（1）加入成员可以调用无条件属性所有权释放服务。在这种方式下，实例属性将立即变成不被它拥有，事实上，所有加入成员都不拥有。

（2）加入成员可以调用协商属性所有权释放服务。该服务通知 RTI，假如 RTI 可以寻找到一个愿意拥有该实例属性的加入成员，加入成员希望释放自身的实例属性。如果有加入成员正处于试图获取该实例属性的过程中，该加入成员将拥有此实例属性。RTI能尝试通过在所有不在试图获取该实例属性的过程中，但在该对象实例的已知类上公布了该对象实例的对应类属性的加入成员上，调用请求接收属性所有权服务来识别其他愿意拥有该实例属性的加入成员。如果RTI能够找到一个愿意获取该实例属性的加入成员，RTI将通过调用请求确认释放服务，通知被释放的加入成员。被释放的成员将通过确认释放服务完成协商释放，这样该成员失去实例属性的所有权。

（3）假如有另一个加入成员正在试图获取所有权，加入成员可以调用需要属性所有权释放服务，通知RTI希望释放它自己的实例属性的所有权。此服务调用有一个返回参数，RTI使用它指出已成功释放所有权的实例属性集合。如果一个实例属性不在返回的实例属性集中，则它的所有权没有被释放并且释放这个实例属性的请求将被终止。因此，如果需要属性所有权释放服务在已释放的实例属性集中返回了指定的实例属性，则该实例属性不再被调用的加入成员拥有。这是一个便利的表达方式，指出正在讨论中的实例属性是返回实例属性集的一个元素。

（4）加入成员可以停止在实例属性的已知类上公布该实例属性的对应类属性，这将导致该实例属性立即变成不被该加入成员及所有加入成员拥有。

（5）加入成员可以从联邦执行中退出。当加入成员从具有无条件释放属性选择的联邦执行中成功退出时，该加入成员拥有的全部实例属性将不再被它拥有，事实上，不再被所有加入成员拥有。

2. 获取

RTI应为在给定类发布类属性的加入成员提供以下两种方法，以获取在该加入成员上以给定类作为已知类的对象实例的对应实例属性。

（1）加入成员可调用属性所有权获取服务，RTI将向拥有指定实例属性的加入成员调用请求属性所有权释放服务。

（2）加入成员可以调用空闲属性所有权获取服务，通知RTI它想要获取指定的实例属性。该调用要求当且仅当指定的实例属性不被所有的加入成员拥有或正在被拥有加入成员的释放过程中。

方法（1）可以认为是强制的，因为RTI将通知拥有实例属性的加入成员，另一个加入成员想要获取它，请求拥有加入成员释放该实例属性，转给请求的加入成员。方法（2）可以被认为是非强制的，因为RTI不会通知拥有的加入成员放弃。属性所有权获取服务也优先于空闲属性所有权获取服务被采用。一个加入成员，它调用了属性所有权获取服务，且在获取待定状态，将不会调用空闲属性所有权获取服务。如果一个加入成员，调用了空闲属性所有权获取服务且在愿意获取状态时，调用了属性所有权获取服务，则它将进入获取待定状态。

属性所有权获取服务调用可以被显式取消，但空闲属性所有权获取服务调用不能被显式取消。当加入成员调用了空闲属性所有权获取服务，将在该加入成员上调用属性所有权获取通知服务或属性所有权不可获取服务来响应（如果实例属性不被所有加入成员拥有或在被它的拥有者释放过程中，属性所有权获取通知服务将会被调用，否则，属性所有权不可获取服务会被调用）。

当加入成员调用了属性所有权获取服务后，本次请求将保持待定，直到获取实例属性，或该加入成员成功地取消了获取请求。加入成员可以试图通过调用取消属性所有权获取服务来取消获取请求，该服务不能被保证是成功的。如果它是成功的，RTI 将通过调用确认属性所有权获取取消服务向取消加入成员说明成功。如果失败，RTI 将通过调用属性所有权获取通知服务向取消加入成员说明失败如此，该实例属性的所有权授予加入成员。

属性所有权获取服务的调用会使空闲属性所有权获取服务调用无效。这意味着，调用空闲属性所有权获取服务的加入成员，在收到一个属性所有权获取通知服务或属性所有权不可获取服务调用之前，调用属性所有权获取服务，在这种情形下，空闲属性所有权获取服务请求会被隐式取消，属性所有权获取服务将保持待定状态直到获取实例属性或该加入成员成功地取消了获取请求。如果加入成员已调用了属性所有权获取服务，但它还没有收到属性所有权获取通知服务或确认属性所有权获取取消服务的调用，则该加入成员不应调用空闲属性所有权获取服务。

3. 删除

所有对象类都应有一个称作删除对象权的可用属性。如同所有其他的可用属性那样，加入成员可以在对象实例的已知类上公布删除对象权类属性，从而合法拥有相应的删除对象权实例属性。

删除对象权实例属性可以在加入成员之间传递。对删除对象权属性所有权的所有管理服务同其他实例属性的管理服务相同。但是，加入成员希望拥有删除对象权实例属性的原因是不同的：典型实例属性的所有权会给一个加入成员为该实例属性提供新值的权力，而删除对象权实例属性的所有权还给加入成员另外一个权力：从联邦执行中删除该对象实例。

3.6.4.2　所有权管理服务

IEEE Std 1516—2000 标准一共提供了 17 个所有权管理服务，这些服务可以分为两组，如表 3.5 所示。

表3.5 所有权管理服务

分组	服务名称	功能简介
第1组	Unconditional Attribute Ownership Divestiture	无条件属性所有权释放
	Negotiated Attribute Ownership Divestiture	协商属性所有权释放
	Request Attribute Ownership Assumption+	请求属性所有权接受（回调函数）
	Request Divestiture Confirmation+	请求释放确认（回调函数）
	Confirm Divestiture	确认释放
	Attribute Ownership Divestiture Notification+	属性所有权释放通知（回调函数）
	Attribute Ownership Acquisition	属性所有权获取
	Attribute Ownership Acquisition if Available	空闲属性所有权获取
	Attribute Ownership Unavailable+	属性所有权不可获取（回调函数）
	Request Attribute Ownership Release+	请求属性所有权释放（回调函数）
第2组	Attribute Ownership Divestiture if Wanted	需要属性所有权释放
	Cancel Negotiated Attribute Ownership Divestiture	取消协商属性所有权释放
	Cancel Attribute Ownership Acquisition	取消属性所有权获取
	Confirm Attribute-Ownership Acquisition Cancellation+	确认属性所有权获取取消（回调函数）
	Query Attribute Ownership	查询属性所有权
	Inform Attribute Ownership+	通知属性所有权（回调函数）
	Is Attribute Owned by Federate	属性是否被联邦成员拥有

第1组服务实现了所有权转移的"推"模式：由希望放弃实例属性所有权的成员向RTI发出请求转让实例属性所有权的申请，然后在RTI的协调下完成所有权的转移和接收。第2组服务实现了所有权转移的"拉"模式：由希望得到实例属性所有权的成员向RTI发出请求获取所有权的申请，然后在RTI的协调下完成所有权的转移和接收。

3.6.5 数据分发管理

联邦成员可以使用DDM服务来减少不相关数据的传输和接收，减少网络中的数据量，提高仿真运行的效率。尽管DM服务在类属性级别提供了有关数据相关性的信息，但DDM服务添加了在实例属性级别进一步细化数据需求的功能。类似地，虽然DM服务在交互类级别提供有关数据相关性的信息，但DDM服务增加了在特定交互级别进一步细化数据需求的能力。数据发出者可以依据用户定义的维，应用 DDM 服务声明它们的数据特性。与此类似，在同一维中，数据接收者依据 DDM 服务指定它们的数据需求。RTI 基于这些特性和需求，匹配从发出者到接收者的数据。

3.6.5.1　DDM 的基本概念

下面将简要介绍 DDM 服务中的概念和术语。

1. 维

维（Dimension）是在 FDD 文件中声明的非负区间，该区间是由一对非负的整数值所确定的。每个维的下限都是 0，而上限则各不相同。

2. 范围

范围（Range）是维上的一个连续的半开区间，该区间由一对整数值所确定，分别称为维的下限和上限。维的上限要严格大于下限，且它们的差的最小值为 1。

3. 区域定义

区域定义（Region Specification）由一组维的最大范围（即该范围的上下限为维的上下限）所确定，构成区域定义的两个或两个以上的范围不能同属于某一维。

4. 区域实现

区域实现（Region Realization）是指与某实例属性的更新、某交互的发送、某对象类属性或某交互类的订购相关联的区域。区域定义和区域实现在意义清晰的情况下可通称为区域（Region）。

5. 默认区域

RTI 所定义的区域，由 FDD 文件中的所有维的最大范围所确定。联邦成员不能引用默认区域（Default Region）。RTI 将提供一个默认区域，它被定义为包含了 FDD/FED 中每一维［0，区间维的上限］的区间。默认区域将具有所有在 FDD/FED 中可以找到的维，而不考虑与其相关的类属性或者相关的交互类。

区域是支持 HLA 数据分发管理的基本概念，作为一种抽象的超矩形空间，它可以用来表示仿真空间中对象实例的位置、名称和标识，换句话说，它表示与数据相关的一些额外条件和信息。对象实例利用区域描述可以发送数据到外部，也可以从外部接收数据的相关需求信息，同时，可以利用更新区域（Update Region）和订购区域（Subscribe Region）来描述发送和接收数据的约束条件，其中，更新区域和订购区域随时间的变化而变化。通过更新区域，联邦成员可以向 RTI 声明他们能够接收对象实例的部分（或全部）属性值；通过订购区域，联邦成员通知 RTI 对落在自己声明区域内的数据感兴趣。当对象的状态发生变化时，联邦成员可能需要改变关联的区域或调整其区域的边界。当对象的更新区域与订购区域相交时，只有当联邦成员拥有订购区域时，它们才能获得对象实例的更新属性。

HLA 数据分发管理的信息交换流程如下：

（1）联邦成员创建区域。

（2）联邦成员声明它要在某区域发送对象类属性的意图。

（3）其他联邦成员声明它对在某区域中特定的对象类属性感兴趣的意图。

（4）公布成员在区域上注册已公布对象类的实例。

（5）RTI 匹配订购区域和公布区域，确定已注册的对象实例的属性是否在订购成员的范围之内；如果属性落在订购成员的兴趣范围之内，RTI 就需要利用对象管理中的"Discover Object Instance"服务来通知订购成员发现了适宜的对象实例。

（6）RTI 利用对象管理中的"Attribute In Scope"回调通知订购成员落在兴趣范围之内的特定属性。

（7）公布成员利用对象管理中的"Update Attribute Values"服务更新已注册的对象实例的属性值。

（8）RTI 检查更新后的实例属性的订购需求，利用对象管理中的"Reflect Attribute Values"服务将它们发送给特定的联邦成员。

（9）实体在虚拟空间中运动时，将引起公布区域和订购区域的改变，但并不一定意味着每一次属性更新都变化，更新/订购区域重新设置后，RTI 重新进行匹配。

（10）当联邦成员希望停止采用更新区域或订购区域时，它可以利用 DDM 服务取消属性区域关联，之后联邦成员利用 DDM 服务通知 RTI 删除和更新区域相关联的数据结构。

（11）当联邦成员的订购区域不再覆盖对象实例的更新区域时，RTI 利用对象管理中的"Attribute Out of Scope"服务通知订购成员实例属性已经落在它的兴趣范围之外。

3.6.5.2　数据方法管理服务

IEEE Std 1516—2000 标准的数据分发管理服务共有 12 个，分为三组，如表 3.6 所示。第 1 组服务用于区域的创建、修改和删除；第 2 组和第 3 组服务主要用于将区域和对象类属性、交互类，对象实例以及实例属性相关联。需要说明的是，所有的数据分发管理服务都独立于时间管理，即所有的数据分发管理服务一旦发出，其作用立即生效，不受时间管理的限制。

表 3.6　数据分发管理服务

分组	服务名称	功能简介
第1组	Create Region	创建区域
	Commit Region Modifications	提交区域修改
	Delete Region	删除区域
第2组	Register Object Instance with Region	带区域注册对象实例
	Associate Region for Updates	关联更新的区域
	Unassociate Region for Updates	取消关联更新的区域
	Subscribe Object Class Attribute with Region	带域订购对象类属性
	Unsubscribe Object Class with Region	取消带域订购对象类
第3组	Subscribe Interaction Class with Region	带区域订购交互类
	Unsubscribe Interaction Class with Region	带区域取消订购交互类
	Send Interaction with Region	带区域发送交互实例
	Request Attribute Value Update with Region	请求带域属性值更新

3.6.6　时间管理

时间管理服务确保 RTI 可以在适当的时间以适当的方式和顺序将事件从成员转发到相应的成员。HLA 时间管理可以支持各种时间推进方法的混合使用。

系统中的时间模型应在联邦中表示为沿联邦时间轴的点。每个联邦可以在执行期间沿时间轴推进。联邦时间的推进可以被其他成员的推进限制或不受限制。时间管理利用一种机制来控制每个成员沿联邦时间轴推进。通常，时间推进必须与对象管理服务协调，以便信息可以按正确的因果顺序发送给联邦成员。

一个时间控制（Time Regulating）的成员可以把它的一些行为（例如，更新实例属性值或发送交互）与联邦时间轴上的点相关联。可以通过给行为打上相应于联邦时间轴上点的指定时戳来实现这种关联。一个时间约束（Time Constrained）成员可以以一个联邦范围的时戳顺序接收这些行为（例如，反射实例属性值和接收交互）的通知信息。时间管理服务可以使联邦执行中的时间控制和时间约束成员之间进行协同。

既非时间控制也非时间约束的成员的行为（加入联邦时的默认状态）将不会由 RTI 与其他成员协调，并且这些成员不需要使用任何时间管理服务。

3.6.6.1 时间管理基本概念

1. 消息

消息的概念贯穿于 HLA 服务与时间的协调，当成员调用更新属性值服务、发送交互服务、发送与区域服务的交互或删除对象实例服务时，称为发送消息。当成员回调反射属性值服务、接收交互服务或移除对象实例服务时，称为接收消息。

发送或接收的每个消息可以是时戳顺序 TSO 消息或接收顺序 RO 消息。消息的排序类型将由以下因素决定：

（1）首选顺序类型。消息的首选顺序类型与消息中包含的数据（实例属性值或交互）相同。每个类属性和交互类将在 FDD/FED 文件中指定首选顺序类型。这些首选类型指示在向这些类的实例发送消息时应使用的序列类型。当发送指示服务调用删除对象实例的消息时，消息的优先顺序类型应基于指定对象实例的删除对象权重属性的优先顺序类型。成员可以使用更改属性订单类型服务来更改实例属性的首选顺序类型；在执行期间不能更改类属性的首选顺序类型。成员可以使用更改交互顺序类型服务来更改交互类的首选顺序类型。

（2）携带时戳。每个发送或接收消息对应的服务都应该有一个可选的时戳项。如果使用带有可选时戳参数的服务调用发送消息，则成员尝试发送 TSO 消息。如果发送消息并且没有可选的时戳参数，则成员尝试发送 RO 消息。所有收到的 TSO 消息都有一个时戳，而 RO 消息则没有。

（3）成员时间状态。成员能否发送 TSO 消息取决于该成员能否控制时间。同样，成员能否收到 TSO 消息也取决于时间限制。

（4）发送消息序列类型。接收到的消息的序列类型取决于对应的发送消息的序列类型。

在决定消息是作为 TSO 消息还是作为 RO 消息接收或发送时，应一起考虑这些因素。

发送消息的顺序类型取决于发送成员处消息的首选顺序类型、成员是否受时间控制、用于发送消息的服务中是否使用时戳。表 3.7 显示了如何确定消息发送的顺序类型。

表 3.7　发送消息顺序类型

首选顺序类型	发送成员是时间控制的	使用时戳	发送消息的顺序类型
RO	No	No	RO
RO	No	Yes	RO
RO	Yes	No	RO

续表

首选顺序类型	发送成员是时间控制的	使用时戳	发送消息的顺序类型
RO	Yes	Yes	RO
TSO	No	No	RO
TSO	No	Yes	RO
TSO	Yes	No	RO
TSO	Yes	Yes	TSO

收到消息的顺序类型取决于该成员是否是时间约束的和相应发送消息的顺序类型。表 3.8 列出了如何决定接收消息的顺序类型。

表 3.8　接收消息的顺序类型

接收成员是时间约束的	相应的发送消息顺序类型	接受消息顺序类型
No	RO	RO
No	TSO	RO
Yes	RO	RO
Yes	TSO	TSO

由于上述规则定义了接收消息的顺序类型，因此在某些接收成员上，RTI 有时会将发送 TSO 消息转换为接收 RO 消息。应该根据每个成员来考虑这些转换。可以认为不同成员接收到的同一发送消息对应的接收消息具有不同的订单类型。但是发送 RO 消息永远不会转换为接收 TSO 消息。

以 TSO 模式接收的消息只能由给定成员按时戳顺序接收，而与发送成员和发送顺序无关。因此，每个成员会以相同的顺序收到两条时戳不同的 TSO 消息。接收具有相同时戳的多个 TSO 消息的顺序是可变的。

作为 RO 消息接收的消息应以任意顺序接收。如果在发送消息时指定了时间戳，则应为收到的消息提供时间戳。

2. 逻辑时间

在加入执行时，每个成员都会被制定一个逻辑时间。最初，成员的逻辑时间设置为联合时间线的初始时间（时间 0）。联邦的时间只能往前走，因此，成员只能请求推进到大于或等于其当前逻辑时间的时间。为了推进其逻辑时间，成员应明确要求推进。在 RTI 颁发许可证之前不会发生推进。一般来说，不同的成员在执行的任何时刻都可以有不同的逻辑时间。

成员也可以受到时间控制和/或时间限制。时间控制成员的逻辑时间会被用于约束时间约束成员的逻辑时间推进。

3. 时间控制成员

只有时间控制成员才能发送 TSO 消息。成员调用启用时间控制服务，请求变为时间控制。然后，RTI 通过回调成员的时间控制使能服务将成员改变为时间控制。每当调用禁用时间调节服务时，成员将停止受时间控制。时间控制成员不需要按时戳顺序发送 TSO 消息，但它发送的所有 TSO 消息都会按时戳顺序被其他成员接收（如果它们是作为 TSO 消息接收的）。

每个时间控制成员在成为时间控制时应该提供一个预期的时间值。前瞻值是一个非负值，为成员发送的 TSO 消息提供较低的时戳限制。应该清楚，时间控制成员不能发送时戳小于当前逻辑时间加上前瞻值的 TSO 消息。成员的前瞻时间一旦建立，只能通过调用和修改前瞻时间服务来更改。

具有零前瞻时间的时间控制器还会受到其他约束。如果这样的成员通过使用时间推送请求或下一个事件请求服务来推进其逻辑时间，那么它将无法发送时戳小于或等于其逻辑时间（不是通常的小于约束）的 TSO 消息。后续使用不同的时间推进来推进成员的逻辑时间会受到额外的约束。例如，如果一个零前瞻成员调用了时间推进请求，紧接着调用了时间推进请求可能，则该成员可能仍具有其他约束。

4. 时间约束成员

只有时间约束成员才能收到 TSO 消息。一个成员是通过调用使能时间约束服务请求变成时间约束的。RTI 是将随后通过回调该成员的时间约束许可服务使该成员变成时间约束的。无论何时一个成员调用了禁止时间约束服务，该成员都将不再为时间约束。

一个执行的每个成员，无论是否受时间限制，都有一个相关的时间戳下限。时间戳的下限由 RTI 计算。如果成员受时间限制，则较低的截止值表示该成员可以接收的 TSO 消息时间戳的最小值。为了对给定成员执行此计算，RTI 将考虑联邦执行中所有时间控制成员的逻辑时间总和，以确定给定成员可以接收的 TSO 消息的最小时间戳值。如果联邦中没有时间控制成员（给定成员除外），则该成员隐藏时间的下限是无限的。

为了帮助确保时间受限成员按时戳顺序接收所有 TSO 消息，不允许时间受限成员将其逻辑时间推进超过其时间戳下限。这确保了时间受限的成员无法接收其时戳小于该成员的逻辑时间的 TSO 消息。如果时间约束成员请求推进的逻辑时间超过其当前时间截止下限，则在成员的时间戳下限已被充分提高以满足约束之前，不允许时间推进。

5. 推进时间

联邦成员只能通过从 RTI 请求一个时间推进才可推进它的逻辑时间。在

RTI 回调该成员的时间推进许可服务之前，成员的逻辑时间实际上不能推进。

成员通过调用以下服务请求推进其逻辑时间：

（1）时间推进请求。

（2）即时时间推进请求。

（3）下一个事件请求。

（4）即时下一个事件请求。

（5）清除队列请求。

无论请求的形式如何，时间推进许可服务都用于准许一个推进。RTI 将允许成员推进到逻辑时间 T，仅当它能保证所有带时戳小于 T 的 TSO 消息均传递给成员。这个保证使该成员能够将它所表示的实体行为仿真到逻辑时间 T，而不需考虑会收到时戳小于 T 的新事件。注意在一些情形中，提供这种保证要求 RTI 在允许一个时间约束成员的时间推进之前，要等待一段重要的时钟时间。

3.6.6.2　时间管理服务

IEEE Std 1516—2000 标准的时间管理服务共 23 个，分为四组，如表 3.9 所示。

表 3.9　时间管理服务

分组	服务名称	功能简介
第 1 组	Enable Time Regulation	打开时间控制状态
	Time Regulation Enabled+	时间控制状态许可（回调函数）
	Disable Time Regulation	关闭时间控制状态
	Enable Time Constrained	打开时间受限状态
	Time Constrained Enabled+	时间受限状态许可（回调函数）
	Disable Time Constrained	关闭时间受限状态
第 2 组	Time Advance Request	步进时间推进请求
	Time Advance Request Available	即时时间推进请求
	Next Event Request	下一事件请求
	Next Event Request Available	下一事件即时请求
	Flush Queue Request	清空队列请求
	Time Advance Grant+	时间推进许可（回调函数）
第 3 组	Enable Asynchronous Delivery	打开异步传输方式
	Disable Asynchronous Delivery	关闭异步传输方式

分组	服务名称	功能简介
第4组	Query GALT	查询 CALT
	Query logical Time	查询成员逻辑时间
	Query LITS	查询 LITS
	Modify Lookahead	修改 Lookahead
	Query Lookahead	查询 Lookahead
	Retract	回退
	Request Retraction+	请求回退（回调函数）
	Change Attribute Order Type	改变属性顺序类型
	Change Interaction Order Type	改变交互类的顺序类型

第1组服务的主要功能是设置（或取消）联邦成员的时间管理策略。第2组服务的主要功能是进行时间推进，其中，"Time Advance Request"和"Time Advance Request Avail-able"服务是基于步长的时间推进请求，"Next Event Request"和"Next Event Request Available"服务是基于事件的时间推进请求，"Flush Queue Request"服务是乐观的时间推进请求，"Time Advance Grant+"服务是"时间推进许可"回调函数。第3组服务是设置（或取消）异步传输。第4组服务是一组辅助服务，主要完成查询和回退等功能。

3.7　联邦执行的生命周期

本节将从联邦成员的角度来描述联邦的整个生命周期，一个典型的联邦执行生命周期从连接 RTI 开始，RTI 既不排除单个仿真应用作为多个加入成员参加一个联邦执行，也不排除单个仿真应用加入多个联邦执行。其具体执行过程如图 3.10 所示。

（1）联邦成员应用程序连接到 RTI 并使用联邦服务与 RTI 交互。

（2）若在此之前不存在联邦执行，联邦成员将首先尝试创建，然后加入联邦执行。加入后，将在 RTI 中创建一个表示联邦执行中的联邦成员的加入成员实例。

（3）联邦成员通过公布、订购对象和交互类向 RTI 声明其数据需求及可发送的内容。

（4）联邦成员注册（创建）它将提供给其他联邦成员的对象。

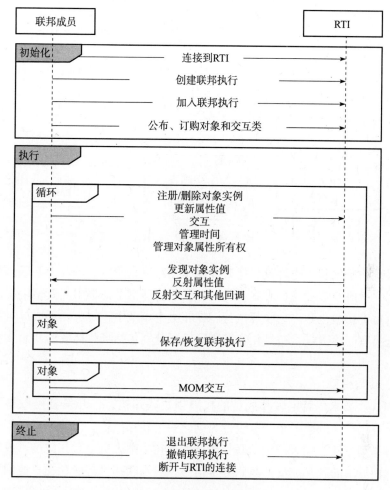

图 3.10　联邦执行过程

（5）联邦成员可以注册新对象或更新其注册实例的属性值，可以发现其他联邦成员创建的新对象，可以接收订购属性的更新，可以发送和接收交互。

（6）联邦成员有权在离开联邦前删除对象（通常是由联邦成员自己创建的对象）。

（7）如果联邦成员指定了时间管理策略，则可以使用 RTI 时间管理服务管理其时间。

（8）如有必要，联邦成员管理属性的所有权。

（9）联邦成员退出并尝试终止联邦执行，如果它恰好是最后一个联邦成员，则所有联邦活动停止，撤销成功。

（10）联邦成员与 RTI 断开连接。

图 3.10 中的服务顺序很重要，如在公布相关对象类之前不能注册对象实例，成员在连接到 RTI 之前不能加入联邦执行。

图 3.10 中这种典型的联邦执行生命周期对联邦成员的设计有重要影响，联邦成员的基本程序流程分为三个阶段：初始化（启动）、执行（主仿真循环）和终止（关闭），如图 3.11 所示。

图 3.11　联邦生命周期

系统初始化和终止阶段包括 RTI 初始化和终止阶段，涉及一些联邦范围内的原则，一般有集中式和非集中式两种联邦管理模型，集中式模型由特定的联邦成员负责初始化和终止联邦执行。在非集中模型中，每个联邦成员对初始化和终止负有同等责任。初始化和终止阶段还分别包括场景播放的初始化和终止活动。

1. 初始化

HLA 不要求以特定联邦成员的权限创建联邦执行，开发者可以将任何联邦成员应用程序的第一个任务设计为创建一个联邦执行，保证了系统创建的灵活性和非集中性。如果指定的联邦执行不存在，则第一个联邦成员可成功创建执行，而后续的联邦成员接收到异常信号，表示联邦执行已存在，他们可以直接加入该联邦执行。

在某些 RTI 版本中，如果在创建联邦执行之后立即尝试加入联邦执行，则联邦执行可能尚未完成初始化，无法与联邦成员通信（如在 HLA1.3 的情况下，Fedexec 进程未初始化）。在此之前，无法假设哪个联邦成员是第一个，因此连接逻辑将进行循环，直到连接成功或预定的连接尝试次数用尽为止。

创建联邦执行需要一个联邦执行名称，名称应与联邦执行一一对应，参与联邦的联邦成员使用该名称加入指定的联邦执行。因此，联邦执行名称应在系统启动时手动分发给所有参与者，或者在联邦成员中对联邦执行名称进行编码。

2. 执行

执行阶段通常包括主仿真循环和备用行为路径，主仿真循环指定了联邦成员正常执行的行为，包括对象管理、时间管理和所有权管理服务；备用行为路径用于异常情况，如在联邦执行中请求保存和还原，或需要 MOM 交互时使用。

3. 终止

在 HLA 集中与非集中的管理模式中，联邦执行的关闭/终止都由最后退出联邦执行的联邦成员完成；所有联邦成员退出时都试图终止联邦执行。当最后一个成员成功时，其他成员也将收到一个表示联邦执行终止的异常信号。

终止阶段由三个顺序组成：RTI 终止、本地模型终止和图形终止。RTI 终止阶段，删除创建的对象，通知其他联邦成员，然后联邦成员退出并试图撤销联邦体。在本地模型终止阶段，代表仿真实体的本地对象被删除以释放应用程序内存，最后在图形终止阶段关闭图形子系统。

3.8　联邦开发和执行过程

不同应用领域的用户在建立其 HLA 应用时，所采用的步骤可能各不相同。从较高层次来看，HLA 联邦开发和执行的过程可抽象为几个必须遵循的基本步骤。

为了给联邦开发提供一个通用的基本步骤，DMSO 提供了联邦开发和执行过程（Federation Development and Execution Process，FEDEP）模型。FEDEP 并非一种 HLA 需求，它用于描述建立 HLA 联邦的一般过程，为联邦的开发和执行描述了一个高层框架，指导联邦开发者进行 HLA 开发。

FEDEP 将联邦的开发和执行过程抽象为七个步骤，如图 3.12 所示，总结如下：

（1）定义联邦目标：联邦用户、主办单位以及联邦开发团队达成一致的联邦开发目标，并完成实现目标所需的文档。

（2）开发联邦概念模型：根据问题空间的特点，开发真实世界对应的联邦概念模型。

（3）设计联邦：确认已有可重用的联邦成员和对重用的成员需要进行的修改，确认新成员的行为、需要的功能。设计一份联邦的开发和实施计划。

（4）开发联邦：开发联邦对象模型 FOM，建立成员协议，完成新的联邦成员以及已有联邦成员的修改。

（5）计划、集成和测试联邦：执行所有必需的联邦集成工作，进行测试以满足互操作要求。

（6）执行联邦并准备输出：执行联邦并对联邦执行结果进行预处理。

（7）分析数据和评估结果：对联邦输出结果进行分析和评价，将结果返回给用户/主办单位。

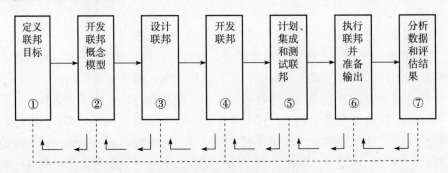

图 3.12　FEDEP 顶层视图

这七步流程可以根据应用程序的性质以多种不同的方式实现，因此构建和执行 HLA 联邦所需的时间和投入变化很大。例如，联邦开发团队可能需要几周的时间来为非常复杂的应用程序完全定义真正感兴趣的真实世界，而在较小、相对简单的应用程序中，相同的活动可能在一天或更短的时间内完成。过程中所需的规范程度的不同也会导致对联邦资源的不同需求。

根据联邦应用程序的范围，人员需求也会有很大的不同。在某些情况下，可能需要由多个个人组成的团队在大型复杂的联邦中扮演单个角色，而单个个人可能在较小的应用程序中扮演多个角色。个人在 HLA 联邦中可以承担的角色类型包括联邦用户/主办单位、联邦管理员、技术专家、安全分析师、VV&A 代理商、联邦设计师、执行计划者、联邦集成商、联邦运营商、联邦成员代表以及数据分析师。

前述七步流程实现的一个主要差异与现有联邦产品的可重用程度有关。在某些情况下，以前没有做过相关工作，因此可能需要使用一组新定义的需求来开发一个新的联邦，以确定一组适当的联邦成员，并构建支持执行所需的全套联邦产品。在其他情况下，具有既定长期需求的联邦用户可能会有附加需求。在这种情况下，联邦用户可以选择部分或全部重用以前的工作，同时对产品进行新的开发。联邦开发人员通常可以通过重用联邦成员核心集的子集并定义对其领域内其他可重用联邦产品（如 FOM、规划文档）的适当修改来满足新的用户需求。如果有一个适当的管理结构来改善这种联邦开发环境，则可大幅节约成本和开发时间。

FEDEP 模型的详细视图如图 3.13 所示。此视图说明了图 3.12 中标识的七个流程步骤中的信息流。

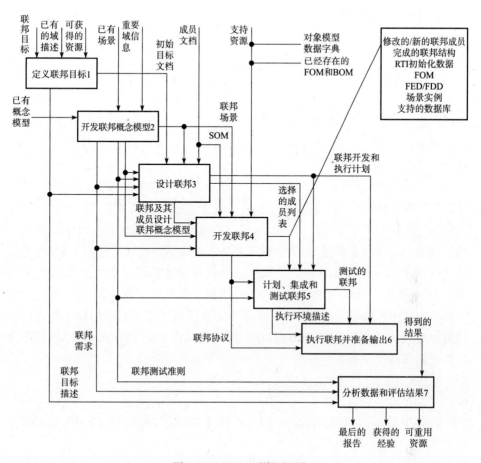

图 3.13　FEDEP 详细视图

表 3.10 提供了每个主要步骤固有活动的表格视图。每个活动描述包括该

表 3.10　FEDEP 表格视图

第1步: 定义联邦 目标	第2步: 开发联邦 概念模型	第3步: 设计联邦	第4步: 开发联邦	第5步: 计划、集成 和测试联邦	第6步: 执行联邦并 准备输出	第7步: 分析数据和 评估结果
确定用户/ 主办单位需求 开发联邦目标	开发场景 进行概念分析 开发联邦要求	选择联邦成员 准备联邦设计 准备计划	开发 FOM 建立联邦协议 实现联邦成员 设计 实施联邦基础 设施	计划执行 集成联邦 测试联邦	执行联邦 准备联邦 结果	分析数据 评估和反馈 结果

活动的可能输入和输出以及推荐的代表性任务。还提供了每个步骤中活动之间相互关系的图形说明。当一个 FEDEP 活动的输出为一个或多个其他活动的主要输入时，箭头将明确标识这些互为输入和输出的活动。然而，FEDEP 中有一个假设，即一旦产品被创造出来，它将可用于所有后续活动，即使该产品在活动描述中可能没有显示为主要输入或标识为输入。此外，一旦产品被开发出来，产品就可以通过后续活动进行修改或更新，而无须将此类修改明确标识为任务或输出。没有活动编号标签的输入和输出箭头是来自外界的信息或在 FEDEP 范围之外使用的信息。

尽管图 3.13 中表示的许多活动看起来是高度有序的，但其目的并不是要求联邦开发和执行过程一成不变。相反，这个过程说明只是为了强调在联邦开发和执行期间发生的主要活动，以及相对于其他联邦开发活动何时启动这些活动。事实上，经验表明图 3.13 中所示的许多连续活动实际上是循环和/或并发的。FEDEP 的用户应该意识到，本推荐规程中描述的活动虽然通常适用于大多数 HLA 联邦，但其目的是满足每个应用程序的需求。FEDEP 用户不应受到本推荐实践中明确确定的联邦产品的限制，而应提供支持其应用程序所需的任何附加文档。本推荐实施规程中提供的指南应该作为一个起点，为应用程序开发特定的联邦开发和执行方法。

3.8.1　步骤1：定义联邦目标

FEDEP 这一步的目的是定义并记录 HLA 联邦的需求，并把这些需求转化为更详细、具体的联邦目标。

图 3.14 说明了 FEDEP 这一步中的主要活动。在图 3.14（以及本条中的所有后续图）中，每个单独的活动都用编号（X.Y）标记，（X）表明此步骤为第几步，（Y）为活动编号并不规定特定的顺序。

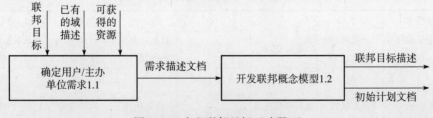

图 3.14　定义联邦目标（步骤1）

3.8.1.1　活动 1.1：确定用户/主办单位需求

这项活动的主要目的是清晰地描述联邦将要解决的问题。

需要描述的范围和形式包含的内容主要有：感兴趣的关键系统的概要描述，被仿真实体的行为要求和逼真度的粗略要求，联邦场景中必须表示的关键事件，输出数据要求，支持联邦开发的资源需求，影响联邦开发的人力、工具、日期、安全性能等限制条件。通常，在此 FEDEP 的早期阶段，应该考虑尽可能多的细节和一些特别的信息。根据规范化的范围和程度的要求不同，需求的描述也大不相同。

对联邦需求的明确和明确的陈述对于联邦开发人员之间的交流和理解至关重要。若未能建立对所需产品的共识，则之后的 FEDEP 开发阶段会导致代价高昂的返工。

这一阶段可能的输入包括总体计划（从利益相关者的角度）、现有的领域描述和关于可用资源的信息。可能需要进行的工作包括：分析项目目标，以确定激励联邦发展和执行的具体目的和目标；确定可用资源和已知的开发和执行约束；将上述信息记录在需求声明中。可能的活动输出包括：联邦目的，确定的需求（如领域/问题描述，重要系统的高级描述，逼真度的粗略要求以及被仿真实体的行为要求），联邦场景中必须表示的关键事件，输出数据要求，支持联邦开发的资源需求（如资金、人员、工具、设施），任何可能影响联邦开发和执行方式的已知约束（如到期日、安全要求）。以上内容不是完全详尽的，也不是所有联邦所必需的。

3.8.1.2　活动 1.2：开发联邦目标

这项活动的目的是将联邦主办单位需求描述转化为具体的联邦目标。联邦目标声明是生成联邦要求的基础，即将高级用户/主办单位期望转化为更具体、可测量的联邦目标。这项活动需要联邦用户/主办单位和联邦开发团队之间的密切合作，以确保正确分析和解释原始需求声明，并确保最终目标与所述需求相一致。

联邦可行性和风险的早期评估也应作为这项活动的一部分。特别是考虑到实际限制（如成本、进度、人员或设施的可用性），甚至所需技术的最新水平受到限制，某些目标可能无法实现。尽早发现这些问题，并在联邦目标声明中考虑这些限制和约束，将为联邦的开发和执行工作设定适当的期望。

最后，在"开发联邦目标"活动结束之前，应该解决支持场景开发、概念分析、验证和确认（Verification and Validation，V&V）、测试活动和配置管理的工具选择问题。这些决策是由联邦开发团队根据工具可用性、成本、对给定应用程序的适用性以及参与者的个人选择做出的。给定工具集交换联邦数据的能力也是一个重要的考虑因素。

这一阶段可能的输入包括需求陈述。可能需要进行的工作包括：分析需求陈述；评估联邦的可行性和风险；定义并记录一组优先的联邦目标，与需求声明保持一致；与联邦主办单位会面，审查联邦目标，并协调任何分歧；定义并记录初始联邦开发和执行计划；确定可能支持初始计划的工具。可能的活动输出包括：联邦目标优先级评估表；对关键联邦特性（可重复性、可移植性、时间管理方法、可用性等）的概要描述；相关领域的限制，包括对象操作/关系；地理区域和环境条件；识别联邦执行约束，包括功能（如联邦执行控制、联邦成员执行控制）、技术（如站点、计算和网络操作、联邦健康/性能监控）、经济（如可用资金）和政治（如组织责任）；确定安全需求，包括可能的安全级别和可能的指定审批机构；确定适用于联邦的关键评估措施；初步规划文件，包括联邦发展和执行计划、所需设备、设施和数据的估计、VV&A、测试、配置管理和安全的初始规划文件、支持场景开发、概念分析、验证与确认、测试活动和配置管理的工具选择。

3.8.2　步骤2：开发联邦概念模型

FEDEP 这一步的目的是开发具体联邦问题空间所涉及的真实世界域的适当描述，并开发联邦场景。在这一步中，联邦目标被转化为一组高度具体的联邦需求，并将用于联邦设计、开发、测试、执行和评估。图 3.15 说明了 FEDEP 这一步中的主要活动。

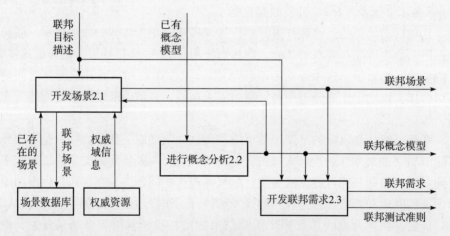

图 3.15　开发联邦概念模型（步骤2）

3.8.2.1　活动 2.1：开发场景

此活动的目的是开发联邦场景的功能定义。根据联邦的需要，联邦场景实际上可以包括多个场景，每个场景由一个或多个事件和行为的临时有序集合组成。此活动的主要输入是联邦目标声明（步骤 1）中指定的领域范围，现有场景数据库也可以重用作为场景开发的起点。在适当的情况下，应该在场景构建之前确定描述主要实体及其能力、行为和关系的官方来源。联邦场景包括必须由联邦表示的主要实体的类型和数量、随时间变化的主要实体之间的能力、行为和关系的功能描述，以及影响或受联邦中实体影响的相关环境条件的规范，还应提供初始条件（如实体的地理位置）、终止条件和特定地理区域。此活动的产品是一个或多个联邦场景，它为概念建模活动界定了一个范围。

场景构建过程中使用的表示风格由联邦开发人员决定。文本场景描述、事件跟踪图以及物理对象和通信路径的地理位置的图形说明都可作为传递场景信息的有效手段。支持场景开发的软件工具通常可以配置为生成这些表示形式。重用现有的场景数据库也可以提高场景开发活动的效率。

这项活动的可能输入包括联邦目标声明、现有场景、联邦概念模型、官方领域信息。可能需要进行的工作包括：选择适当的工具/技术来开发和记录联邦场景；使用官方域信息确定需要在联邦场景中表示的实体、行为和事件；定义一个或多个代表性联邦事件，一旦执行，将产生实现联邦目标所需的数据；定义感兴趣的地理区域；确定感兴趣的环境条件；定义联邦方案的初始条件和终止条件；确保选择了适当的场景（或场景集），或如果要开发新的场景信息，则确保其为联邦主办单位接受。可能的输出为联邦场景，包括：必须由联邦体表示的主要实体/对象的类型和数量，实体/对象功能、行为和关系的描述，活动时间表，地理区域，自然环境条件，初始条件，终止条件。

3.8.2.2　活动 2.2：进行概念分析

在这项活动中，联邦开发团队根据他们对用户需求和联邦目标的解释，生成问题域的概念描述。此活动产生的产品称为联邦概念模型。联邦概念模型提供了一个独立于具体实现的表示，将目标信息转化，为功能和行为性的活动，为联邦目标到联邦实现的设计提供依据。该模型可以用作许多联邦设计和开发活动（包括场景开发）的结构基础，并且在用户/主办单位验证时，可以在联邦开发过程的早期突出可纠正的问题。

联邦概念模型首先描述为了实现所有联邦目标而需要包含在联邦中的实体和操作。在这一点上，实体和动作描述与将在联邦中使用的仿真应用无关。联邦概念模型还包含约束模型的假设和有限的说明列表。在 FEDEP 的后续步骤中，联邦概念模型通过额外的增强转换为适合联邦设计的参考产品。

联邦概念模型开发的早期焦点是确定联邦对象，实体之间的静态和动态关系，以及识别每个实体的行为和转换（算法）方面。静态关系可以表示为普通的关联，也可以表示为更具体的关联类型，如泛化（"is-a" 关系）或聚合

（"部分—整体"关系）。动态关系应该包括（如果合适）具有相关触发条件的、有时序关系的实体交互顺序。实体属性和交互参数也可以在这个过程早期阶段尽可能确定。虽然可以使用不同的符号来记录概念模型，但是概念模型必须能揭示真实世界领域的问题本质。

在开始下一步（设计联邦）之前，需要仔细评估联邦概念模型，包括用户/主办单位对关键过程和事件的审查，以确保领域描述的充分性。作为反馈的结果，可以定义和实施对原始联邦目标和联邦概念模型的修订。随着联邦概念模型的发展，它从现实世界领域的一般表示转换为受联邦成员和可用资源约束的联邦能力的更具体表达。联邦概念模型将作为许多后续开发活动的基础，如联邦成员选择、联邦设计、实现、测试、评估和验证。

这项活动的可能输入包括联邦目标声明、官方领域信息、联邦方案、现有概念模型。可能的工作包括：选择联邦概念模型的开发和文档的技术与格式；识别和描述感兴趣领域内的所有相关实体；定义联邦之间的静态和动态关系；识别域中感兴趣的事件，包括时间关系；记录联邦概念模型和相关决策；与联邦主办单位合作，验证概念模型的内容。可能的输出包括联邦概念模型。

3.8.2.3　活动 2.3：开发联邦要求

随着联邦概念模型的开发，它将定义一组详细的联邦需求。这些需求基于最初的联邦目标声明（步骤1），应该是可测试的，并且应该提供设计和开发联邦所需的可行性指导。联邦要求应考虑所有联邦用户的具体执行管理需求，如联邦执行控制、联邦成员和联邦监视、联邦数据记录等。此类需求还可能影响活动2.1中开发的场景。联邦要求还应明确解决保真度问题，以便在选择联邦参与者时考虑保真度要求。此外，对联邦的任何方案或技术限制都应足够详细，以指导联邦的实施。

这项活动可能的输入包括联邦目标声明、联邦方案和联邦概念模型。可能需要进行的工作包括：定义联邦的必需行为和联邦事件的必需特征；定义实时、虚拟和构造性仿真的需求；定义人或硬件在环需求；定义联邦性能要求；定义联邦评估要求；定义时间管理需求（实时、超实时或欠实时）；定义主机和网络硬件要求；定义支持软件需求；定义硬件、网络、数据和软件的安全要求；定义联邦输出需求，包括数据收集和数据分析需求；定义执行管理要求；确保联邦需求是明确的、唯一的和可测试的；证明联邦需求和项目目标、联邦目标、联邦场景和联邦概念模型之间的可追溯性；记录所有联邦要求。可能的输出包括联邦要求和联邦测试标准。

3.8.3　步骤 3：设计联邦

FEDEP 的这一步的目的是生成将在第 4 步中实现的联邦的设计，选择可以重用的成员，开发新的成员和成员组件，分配成员的功能，制订联邦开发和实现的详细计划。图 3.16 展示了 FEDEP 这一步中的主要活动。

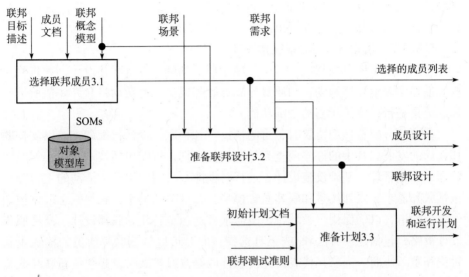

图 3.16　设计联邦（第 3 步）

3.8.3.1　活动 3.1：选择联邦成员

本活动的目的是确定各个仿真系统是否适合成为联邦的成员，通常通过考察仿真系统对联邦概念模型中确定的对象、活动、交互等的表示能力。管理因素（如可用性、安全性、设施）和技术限制（如 VV&A 状态、可移植性）也可能会影响联邦成员的选择。

在某些联邦中，至少一些联邦参与者的身份将在过程的早期已知。例如，联邦主办单位可以明确要求使用联邦中的某些联邦成员，或根据需要重用和扩展现有的联邦（具有完善的联邦成员），以满足一组新的要求。由于所需的联邦成员能力在联邦开发的开始阶段并不完全已知，建议将联邦成员的选择推迟到这一步。

HLA OMs 的库可以搜索候选联邦成员，关键实体和感兴趣的动作。为了支持最终的联邦成员选择决策，通常需要额外的信息资源（如设计和合规性文档）来充分理解所需行为/活动的内部仿真表示以及联邦成员利用的其他实际方面。

这项活动的可能输入包括联邦目标声明、联邦概念模型和联邦成员文档（包括仿真对象模型）。可能进行的工作包括：定义联邦成员选择的标准；确定现有的、可重用的联邦体是否满足或部分满足联邦体需求；确定候选联邦成员，包括预定义的联邦参与者；分析每个候选联邦成员表示所需联邦/对象和事件的能力；审查所选联邦成员的联邦宗旨和目标以及资源的可用性；记录选择联邦成员的理由（包括假设）。可能的输出为选定（现有）联邦成员的列表，包括记录联邦成员选择理由。

3.8.3.2　活动3.2：准备联邦设计

一旦确定了所有联邦成员，下一项主要活动就是准备联邦设计，并将联邦概念模型中表示实体和动作的职责分配给联邦成员。此活动将允许评估所选联邦成员集是否提供了所需的全部功能。

在协商分配责任的协议时，可酌情进行各种联邦设计权衡调查，以支持联邦设计的发展。其中的许多调查为早期执行计划，可能包括技术问题，如时间管理、联邦管理、基础设施设计、运行时性能和实现方法。此活动的主要输入包括联邦需求、联邦场景和联邦概念模型。在这项活动中，联邦概念模型被用作一个管道，以确保用户领域特定的需求被适当地转化为联邦设计。高层联邦设计策略，包括建模方法和/或工具选择，此时可以根据联邦成员的输入重新讨论和重新协商。当联邦代表对先前联邦的修改或扩展时，必须使新联邦成员了解该先前联邦内所有先前协商的协议，并给予重新讨论相关技术问题的机会。初步的安全风险评估和行动概念可能会在这个时候得到完善，以明确安全级别和操作模式。

如果现有的一组联邦成员不能完全满足所有联邦成员的需求，则可能需要在联邦成员一级执行一组适当的设计活动。这可能涉及对一个或多个选定的联邦成员的增强，甚至可能涉及设计一个全新的联邦成员。联邦开发团队在评估可行的设计选项时，必须平衡长期重用潜力与时间和资源限制。

这项活动的可能输入包括联邦概念模型、联邦方案、联邦要求、选定（现有）联邦成员的列表。可能需要进行的任务包括：分析选定的联邦成员并确定最能提供所需功能和保真度的联邦成员；将功能分配给选定的联邦成员，并确定是否需要对联邦成员进行修改和/或是否需要开发新的联邦成员；为所需的联邦成员修改开发设计；为新成员开发设计（如有必要）；确保早期的联邦决策不会与选定的联邦成员冲突；评估可供选择的联邦设计选项，并确定最能满足联邦需求的设计；开发联邦基础设施的设计；开发支持数据库的设计；评估联邦性能，并确定是否需要采取措施来满足性能要求；分析并在必要时完善初始安全风险评估和操作概念；记录联邦设计；可能的输出为联邦设计，包括联邦成员的责任；联邦架构（包括支持基础设施设计）；支持工具（如 RTI、性能测量设备、网络监视器）；联邦成员修改和/或开发新联邦成员的隐含要求；联邦其他设计。

3.8.3.3　活动 3.3：准备计划

第 3 步（联邦设计）中的另一个主要活动是制订一个协调的计划来指导联邦的开发、测试和执行。这需要所有联邦参与者之间的密切合作，以确保对联邦的目标和要求有共同的理解，并根据公认的系统工程原理确定（并同意）适当的方法和程序。在联邦目标制定过程中准备的初始规划文件为这项活动提供了基础。计划应包括每个联邦成员的具体任务和里程碑，以及完成每个任务的建议日期。

该计划还可以确定将用于支持联邦生命周期的软件工具。例如，RTI 选择、联邦运行时工具、计算机辅助软件工程（Computer Aided Software Engineering，CASE）、系统配置管理、V&V、测试。对于具有随机特性的联邦（如蒙特卡罗技术），计划应该包括实验设计。对于新的联邦，还需要设计和开发网络配置的计划。指定的计划必须文档化以作为后续开发的参考以及将来的重用。

这项活动的可能输入包括初步规划文件、联邦要求、联邦设计、联邦测试标准。可能需要进行的任务包括：完善和扩充最初的联邦开发和执行计划，每个联邦成员的具体任务和里程碑；确定所需的联邦协议和确保这些协议的计划；制订联邦整合的方法和计划；根据需要修改 VV&A 和测试计划；最终确定数据收集、管理和分析计划；完成配套工具的选择，制订工具的获取和安装计划；制订建立和管理配置基线的计划和程序；将联邦需求转化为联邦执行和管理的计划；如果需要，准备实验设计。

可能的输出为联邦发展和执行计划，包括：联邦计划，包括详细的任务和里程碑标识；整合计划；VV&A 计划；测试和评估计划；安全计划；数据管理计划；配置管理计划；所需支持工具的标识。

3.8.4　步骤 4：开发联邦

FEDEP 的这一步的目的是开发 FOM，在必要时修改联邦成员，并为联邦集成和测试做准备（如数据库开发、安全程序实现等）。图 3.17 展示了 FEDEP 这个阶段的主要活动。

3.8.4.1　活动 4.1：开发 FOM

通过确定满足联邦要求的联邦成员，以及联邦概念模型中实体和动作在这些联邦成员之间表示的责任分配，开发了 FOM，以支持联邦成员之间为满足

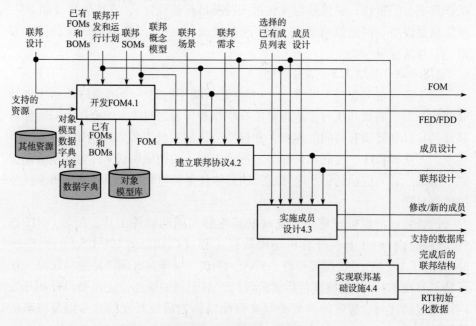

图 3.17　开发联邦（步骤 4）

联邦目标所需的数据交换。FOM 开发可以采用几种不同的基本方法，根据具体情况，这些方法都具有独特的优势，具体包括：

（1）使用自下而上的方法来构造 FOM，具体就是使用联邦场景和联邦概念模型，同时使用一些已有的标准，如数据字典中的标准。HLA OM 开发过程如图 3.18 所示。

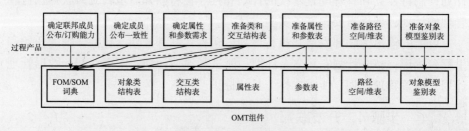

图 3.18　HLA OM 开发过程

（2）将所有成员的 SOM 进行合并，去掉其中不感兴趣的部分。

（3）从与希望开发的 FOM 最接近的 SOM 开始，去掉其中不感兴趣的部分，并融合其他 SOM 中感兴趣的部分。

（4）从一个以前的类似 FOM 开始，按需要对其进行修改或增加。

（5）从为指定用户提供公共参考框架的 FOM 开始，去掉 FOM 中不适用的部分，并根据需要进行修改或增加。

（6）使用可重用 OM 部件进行构造或修改得到 FOM。

虽然在某些情况下，最后五种方法中的每一种都可能代表一种更有效的 FOM 开发策略（相对于完全从头开始），但所有这些方法都需要对 HLA OM 开发过程中描述的基本活动进行使用和适当的裁剪。联邦安全人员必须始终掌握与每个联邦成员 SOM 中适用条目相关的任何机密信息，以及将这些数据合并到单个 FOM 中时的含义。

建议使用 HLA 对象模型库和自动化工具来促进 OM 开发过程。此外，OM 库可以为用户提供重用 OMS 的访问，这些 OMS 可以作为开发新的 FOM 的模板或共同基础。这些相同的库还可能包含 OM "工件部件"（例如，单个类、整个 BOM 表），它们可以用作构建或扩充 FOM 的构建块。自动化工具可用于修改或扩展现有 OM 或构建全新的 FOM。这些工具提供诸如一致性检查、语法检查、联邦执行数据生成、FOM 文档数据（FDD）生成和在线用户手册等功能。

这项活动的可能输入包括联邦设计、联邦 SOM、联邦发展和执行计划、OM 数据字典元素、现有 FOM 和 BOM、支持资源（如对象模型开发工具、对象模型库、字典）、联邦概念模型。可能需要进行的任务包括：选择 FOM 开发方法；确定适当的 OM 或 OM 子集以供重用；查看适用的数据字典，以确定相关的 OM 元素；使用适当的工具开发和记录 FOM；验证 FOM 是否符合联邦概念模型。可能的输出包括 FOM、FED/FDD。

3.8.4.2　活动 4.2：建立联邦协议

尽管 FOM 定义并记录了联邦成员之间为实现联邦目标而交换的全套数据，但联邦成员开发人员和管理人员之间（实施前）必须达成的其他操作协议不一定记录在 FOM 中。这样的协议对于建立一个完全一致、互操作的分布式仿真环境是必要的。虽然建立联邦协议的实际过程在 FEDEP 早期就开始了，但可能不会产生一整套正式记录的协议。正因此，联邦开发人员需要明确考虑需要哪些附加协议，以及如何记录这些协议。

有许多不同类型的联邦协议。例如：

（1）联邦成员开发者必须以联邦概念模型为标准，对所有联邦对象的行为特性及这些对象在联邦执行期间如何交互的理解达到完全一致。

（2）联邦执行过程中的数据库、算法等必须相同（至少保证一致），以保证各联邦成员之间各种交互的有效性；如为了保证不同的联邦成员所有的对象之间的交互和行为特性具有真实感，被仿真的环境特性在整个联邦范围内必须一致。

（3）一旦确定了支持联邦的各种官方数据资源（Authoritative Data Sources,

ADS），就可以利用这些数据把只是进行功能性描述的联邦场景转化为一个可执行的场景实例，依据该场景实例，直接对联邦进行测试或驱动联邦执行。

（4）涉及各联邦成员的一些操作问题也必须提出并加以解决，如为了保证对联邦进行合适的操作，必须对联邦的初始化程序、同步点、保存/恢复政策等做出规定。

最后，联邦开发人员必须认识到，某些协议可能需要激活 FEDEP 外部的其他进程。例如，某些联邦成员的使用和/或修改可能需要联邦成员之间或联邦用户/主办单位与受影响联邦成员之间的配合。即使不需要，成员之间也可能需要正式的协议备忘录。此外，需要处理机密数据的联邦通常需要在联邦安全机构之间建立安全协议。这些外部过程中的每一个都有可能在资源和进度限制范围内对联邦体的开发和执行产生负面影响，应尽早纳入项目计划。

这项活动的可能输入包括联邦方案、联邦概念模型联邦设计、联邦发展和执行计划、联邦要求、FOM。可能需要进行的任务包括：决定所有联邦对象的行为以及它们在执行期间应该如何交互；确定对所选联邦成员（以前未确定）进行的必要软件修改；决定哪些数据库和算法必须是公共的或一致的；确定联邦成员和联邦数据库的官方数据源；构建所有必需的联邦成员和联邦数据库；决定如何在联邦中管理时间；为联邦体建立同步点；建立联邦启动程序；决定如何保存和恢复联邦的策略；决定如何在整个联邦体中分发数据；将功能场景描述转换为可执行场景；审查安全协议，建立安全程序。可能的输出为联邦协议，包括：建立安全程序；时间管理协议；数据管理和分发协议；定义的同步点；定义的联邦初始化过程；联邦保存/还原策略；关于支持数据库和算法的协议；官方数据源协议；出版和订购责任协议；场景实例。

3.8.4.3　活动 4.3：实施联邦成员设计

实施联邦成员设计是对联邦成员进行各种必需的修改，以便保证它们能依据联邦概念模型完成分配给它们的表示各种联邦对象及其行为特性的功能，能依据 FOM 产生联邦数据并与其他的联邦成员交换联邦数据，能遵守建立的联邦协定。

有时可能需要对成员内部进行修改，以便完成分配给它的功能；或者是修改或扩展联邦成员的 HLA 接口，以便它能支持新的 FOM 数据结构或 HLA 服务。在某些情况下（如非 HLA 兼容的联邦成员），甚至需要为联邦成员开发 HLA 接口（此时，既需考虑资源如时间、费用等的限制，先满足目前的应用，还要考虑长远的重用问题）。

这项活动的可能输入包括联邦发展和执行计划、选定（现有）联邦成员的列表、联邦成员设计、联邦设计、联邦协议、场景实例。可能需要进行的任务包括实现联邦成员修改以支持分配的功能，对所有联邦成员的 HLA 接口进行修改或扩展，为不符合 HLA 的联邦成员开发 HLA 接口，根据需要设计新的联邦成员，实现支持数据库和场景实例的设计，完成 HLA 合规性认证过程（如果需要）。可能的输出包括修改的和/或新的联邦成员以及支持数据库。

3.8.4.4　活动 4.4：实现联邦基础设施

此活动的目的是实现、配置和初始化支持联邦所需的基础设施，并验证它是否能够支持所有联邦组件的执行和相互通信。这涉及网络设计的实施，如广域网（Wide Area Network，WAN）、局域网；网络元件的初始化和配置，如路由器、网桥；以及在所有计算机系统上安装和配置支持软件。这还涉及支持集成和测试活动所需的任何设施准备。

在联邦性能特别关键的情况下，可能需要修改与联邦中使用的特定 RTI 实现相关联的 RTI 初始化数据。尽管对 RTI 初始化数据的广泛修改通常是不必要的，并且应该仅在充分了解它们对整个联邦体的可能影响的情况下进行，但是在某些情况下，微小的修改可以提高联邦体的性能。

这项活动的可能输入包括联邦设计、联邦发展和执行计划。可能需要进行的任务包括：确保基本设施服务（空调、电力等）正常运行，确保集成/测试设施中所需硬件/软件的可用性，执行所需的系统管理功能（建立用户账户、建立文件备份过程等），安装和配置所需的硬件元件，安装和配置 RTI 和其他支持软件；测试基础设施以确保正常运行。可能的输出包括实施联邦基础设施和修改 RTI 初始化数据（如有必要）。

3.8.5　步骤 5：计划、集成和测试联邦

FEDEP 的这个步骤的目的是计划联邦执行，在联邦成员之间建立所有必需的互联，并在执行之前测试联邦。图 3.19 说明了 FEDEP 这一步中的主要活动。

3.8.5.1　活动 5.1：计划执行

此活动的主要目的是全面描述联邦执行环境并开发执行计划。例如，联邦成员/联邦性能要求以及将在联邦中使用的主机、操作系统和网络的显著特征都应在此时进行记录。完整的信息集与 FOM 和相关的 FED/FDD 一起，为联邦开发的集成和测试阶段提供了必要的基础。

此步骤中的其他活动包括对联邦测试和 VV&A 计划进行任何必要的改进，以及（对于安全的联邦）开发安全测试和评估计划。后一项活动要求审查和验证迄今为止在联邦开发中完成的安全工作，并最终确定安全设计的技术细节，如信息降级规则、正式做法等。该计划是联邦必需文档的一个重要元素。

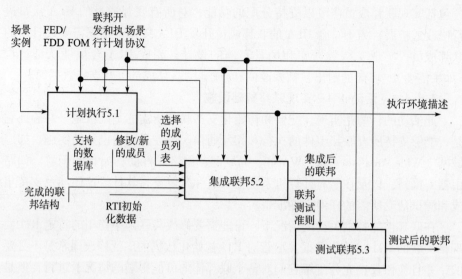

图 3.19　计划、集成和测试联邦（步骤5）

操作规划也是这项活动的一个关键方面。该计划应说明谁将参与每次执行运行，包括支持和操作角色。它应该详细说明执行运行的时间表和每次运行前的必要准备。必要时，应对联邦支持人员和操作人员进行培训和演练。应记录启动、执行和终止每次执行运行的具体程序。

这项活动的可能输入包括 FOM、FDD/FED、场景实例、联邦协议、联邦发展和执行计划。可能需要进行的任务包括在 VV&A、测试和安全方面完善/增强联邦开发和执行计划；将联邦组件分配给适当的基础结构元素；识别风险，并采取措施降低风险；记录与联邦执行相关的所有信息；制订详细的执行计划。可能的输出包括联邦运行环境描述。

3.8.5.2　活动 5.2：集成联邦

此活动的目的是将所有联邦参与者联合成一个统一的操作环境。这要求所有联邦成员的硬件和软件都正确安装，并以一种能够满足所有 FOM 数据交换要求和联邦协议的配置相互连接。

由于 WAN/LAN 问题通常很难诊断和纠正，因此应首先建立 WAN/LAN 连接，尤其是在处理安全连接时。联邦开发计划指定了此活动中用于联邦集成的方法，联邦场景实例为集成活动提供了必要的上下文指导。

联邦集成通常与联邦测试密切配合执行。迭代的"测试—修改—测试"方法在实际应用中被广泛使用，并被证明是非常有效的。

这项活动的可能输入包括联邦发展和执行计划、执行环境描述、联邦协议、FOM、RTI 初始化数据、联邦成员（现有选定、修改和/或新开发的联邦成员）、实施联邦基础设施、支持数据库。可能需要进行的任务包括确保所有联邦成员软件都已正确安装和互联；建立管理已知软件问题和"解决方法"的方法；根据计划执行增量联邦集成。可能的输出为完整的联邦。

3.8.5.3　活动 5.3：测试联邦

此活动的目的是测试所有联邦体参与者的互操作是否达到实现联邦体目标所需的程度。HLA 应用程序定义了三个测试级别：

（1）联邦成员测试：分别测试各个联邦成员以保证成员软件正确实现了 HLA FOM、执行环境描述及其他一些联邦执行协议。

（2）集成测试：将联邦作为一个整体，测试其互操作性，主要观察各个联邦成员与 RTI 之间正确交互并按 FOM 规定交换数据的能力。

（3）联邦测试：测试联邦互操作的程度是否达到联邦目标，查看联邦成员之间的交互能力是否达到场景规定和逼真度要求，同时验证安全性能。

测试的程序和执行过程必须在联邦开发者中达成协议，并形成正式的测试文档，同时制订数据收集计划，保证测试阶段能精确收集并存储支持联邦目标的数据。测试阶段可以利用 MOM 提供有关 RTL 各联邦成员及整个联邦的执行信息。

此活动的预期输出是一个集成的、经过测试、验证的、经认可的联邦体（如果需要），表明可以开始执行联邦体。如果早期的测试和验证发现了联邦集成和认证的问题，联邦成员或联邦开发人员必须采取纠正措施。在许多情况下，这些纠正措施只需要相对较小的软件修复（或一系列修复）或对 FOM 进行较小的调整。然而，测试也可能发现更严重的软件、互操作性或有效性问题。在这些情况下，可能需要确定选项及其相关成本和进度估计（包括安全和 VV&A 影响），并应在采取纠正措施之前与联邦用户/主办单位讨论。

最后，当联邦成员修改其 HLA 接口以满足联邦需求时，应该测试（或重新测试）该联邦成员是否符合 HLA。尽管此时可以执行此任务，但合规性测试也可以作为联邦后活动执行。

这项活动的可能输入包括联邦发展和执行计划、联邦协议、执行环境描述、完整的联邦、联邦测试标准。可能需要进行的任务包括：执行联邦成员级测试，执行联邦级连接和互操作性测试，分析测试结果（对照测试标准进行比较）。与联邦用户/主办单位一起审查测试结果。可能的输出为经测试的联邦，包括联邦成员测试数据、测试联邦成员、联邦测试数据、纠正措施。

3.8.6　步骤6：执行联邦并准备输出

FEDEP 这一步的目的是执行联邦并预处理联邦执行的输出数据。图 3.20 展示了 FEDEP 这一步中的主要活动。

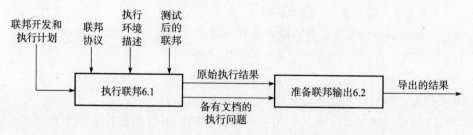

图 3.20　执行联邦并准备输出（步骤6）

3.8.6.1　活动 6.1：执行联邦

这项活动的目的是使所有的联邦参与者作为一个联邦整体产生所需的输出，从而实现既定的联邦目标。只有成功测试联邦，才能开始此活动。

执行管理和数据收集是成功执行联邦的关键。执行管理包括通过专用软件工具（视情况而定）控制和监视执行。可以在硬件级别监视执行（例如，中央处理器（Central Processing Unit，CPU）使用情况、网络负载），和/或可以针对单个联邦成员或整个联邦监视软件操作。在执行过程中，应监控关键的联邦测试标准，以立即评估联邦的成功执行。

数据收集的重点是收集所需的输出集，以及收集评估联邦执行有效性所需的任何其他支持数据。在某些情况下，还收集数据以支持联邦执行的回放（即"回放"）。基本联邦数据可以通过联邦成员本身的数据库收集，也可以通过直接与 RTI 接口的专用数据收集工具收集。在任何特定联邦中收集数据的特定策略完全由联邦开发团队决定，并应记录在联邦要求、联邦开发和执行计划以及联邦协议中。

对于安全的联邦，必须严格注意在执行期间保持联邦的安全态势。清晰的操作概念、训练有素的安全人员和严格的配置管理都将保证这一过程。重要的是操作授权（认可）通常是为特定的联邦成员配置授予的。对联邦成员或联邦组成的任何更改肯定需要进行安全审查，并且可能需要重新进行部分或全部安全认证测试。

这项活动的可能输入包括：测试联邦，联邦开发和执行计划，联邦协议，执行环境描述。可能需要进行的任务包括运行确定的执行和收集数据，根据联邦开发和执行计划管理执行，文档化执行过程中检测到问题，确保按照决策和需求持续安全运行。可能的输出包括原始执行输出（数据）和文档运行化问题。

3.8.6.2　活动 6.2：准备联邦输出

此活动的目的是在对步骤 7 中的数据进行正式分析之前，对联邦执行期间收集的输出进行预处理。这可能涉及使用数据简化技术来减少要分析的数据量并将数据转换为特定格式。在从许多来源获得数据的情况下，可能必须采用数据融合技术。应审查数据，并在怀疑数据丢失或错误时采取适当措施。这可能需要进一步的联邦执行。

这项活动的可能输入包括原始执行输出（数据）、文档运行化问题。可能需要进行的任务包括合并来自多个源的数据、减少/转换原始数据、检查数据的完整性和可能的错误。

3.8.7　步骤 7：分析数据和评估结果

FEDEP 的这一步的目的是分析和评估在联邦执行期间获得的数据，并将结果报告给用户/主办单位。此评估是必要的，以确保联邦完全满足用户/主办单位的要求。结果将反馈给用户/主办单位，以便他们可以决定是否达到了联邦的目标，或者是否需要进一步的工作。在后一种情况下，有必要再次重复FEDEP 的一些步骤，并对相应的联邦产品进行修改。图 3.21 说明了 FEDEP这一步中的主要活动。

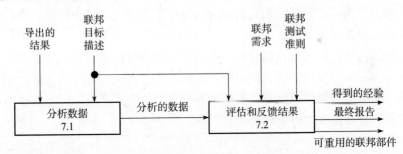

图 3.21　分析数据和评估结果（步骤 7）

3.8.7.1　活动 7.1：分析数据

此活动的主要目的是分析步骤 6 的导出输出。这些数据可以使用一系列不同的媒体（如数字、视频、音频）提供，并且需要适当的工具和方法来分析数据。这些工具可以是商业的或政府部门普遍使用的工具，也可以是为特定联邦开发的专用工具。所使用的分析方法将针对特定的联邦，并且可以在简单的观察和复杂算法之间变化。除了数据分析任务外，此活动还包括为联邦执行定义适当的"通过/失败"评估标准，并定义向用户/主办单位呈现结果的适当格式。

这项活动的可能输入包括联邦运行输出、联邦目标声明。可能需要进行的工作包括对数据应用分析方法和工具、定义适当的表示格式、以选定的格式准备数据。可能的输出为分析过的数据。

3.8.7.2 活动7.2：评估和反馈结果

此活动的目的是确定是否已达到联邦目标，并归档可重用的联邦产品。这项活动有两项主要任务。在第一个任务中，将评估来自上一个活动的派生结果，以确定是否满足了所有联邦目标。这需要将执行结果追溯到最初在概念分析（步骤2）期间生成并在后续步骤中细化的可度量的联邦需求集。此步骤还包括根据联邦测试标准评估结果。在绝大多数情况下，在早期的联邦开发和集成阶段，已经确定并解决了完全满足联邦要求的任何障碍。因此，对于设计良好的联邦来说，这个任务仅仅是最后的检查。在少数情况下，某些联邦目标在整个过程的后期阶段没有完全实现，必须确定并实施纠正措施。这可能需要重新访问FEDEP的先前步骤并重新生成联邦结果。

假设所有联邦目标都已实现，此活动中的第二个任务是将所有可重用联邦产品存储在适当的存档中，以便在更广泛的HLA领域中进行重用。这包括归档FOM和对联邦参与者SOM的任何修改。但是，可能还有其他联邦产品也可以重用，如联邦场景和联邦概念模型。事实上，在某些情况下捕获再现联邦执行所需的全套联邦产品可能是有用的。联邦开发团队决定哪些联邦产品有可能在未来的应用程序中重用。

这项活动的可能输入包括分析过的数据、联邦目标声明、联邦要求、联邦测试标准。可能需要进行的工作包括：确定是否已实现所有联邦目标；如果发现缺陷，采取适当的纠正措施；归档所有可重用的联邦产品。可能的输出包括经验教训、最终报告、可重用的联邦产品。

第4章
TENA 体系结构及其开发过程

虽然美国的靶场具有很强的测试和试验能力，但由于历史问题，各靶场采用的传感器、网络、软硬件没有统一的标准，即"烟囱式"的开发模式，如何有效地统筹利用当前及未来的靶场资源成了一个关键问题。未来的测试和训练都需要将多个靶场的系统、硬件在环的设施、先进的模拟训练集成在一起，这就需要一种机制来克服目前的"烟囱式"的发展，这个机制就是"逻辑靶场"。

TENA 旨在以快速、高效的方式实现试验和训练的靶场、设施和仿真设备之间的互操作，促进这些资源的重用和可组合。TENA 提出了"逻辑靶场"的概念，以促进集成测试和开展基于仿真的物资采办，从而实现联合构想 2020 需求。"逻辑靶场"集成了测试、训练、模拟，具备高性能的计算技术，采用了分布式设计，使用一个公共体系结构将这些功能联系在一起。

4.1 需求和愿景

在未来的几十年里，随着国家力量的碰撞，美国军队的需求会发生持续演变，信息技术等先进科技也将持续发展，为了应对这种情况，《2020 年联合构想》（JV 2020）对《2010 年联合构想》做出改进，为"在和平中创建具有说服力、在战争中创建具有决定性、在任何形式的冲突中都能创建卓越的军事行动力量"提供了路线图。

随着军事行动被信息技术所改变，军事采办也在发生变化。基于仿真的采办（Simulation Based Acquisition，SBA）大幅减少了采办过程的时间、资源和风险，并通过采用"模型—模拟—修复—测试—迭代"的采办方法生产更高质量的产品。虽然这些转变影响整个军队，但主要集中在测试和评估领域。靶场试验和训练必须通过联合测试来支持 JV 2020，必须推动 SBA 的发展，促进测试和训练的整合，并实现成本的控制。

为了完成这些挑战，美国国防部长办公室（Office of the Secretary of Defense，OSD）理事会作战测试和评估办创建了基金会并提出了倡议项目（FI 2010），制订了中央测试和评估投资计划（Central Test and Evaluation Investment Plan，CTEIP），建立了底层体系结构和技术，使靶场试验和训练能满足未来数十年的军事需要。FI 2010 项目的主要产品就是 TENA，它定义了未来靶场的软件开发、集成和互操作性的总体架构。

4.1.1　基金会倡议 2010 年愿景

目前，美国军方在世界各地的多个靶场测试新武器和作战概念。一般来说，每个靶场已经能够满足军方的重要需求，虽然体现了很强的能力，但这些靶场往往拥有不同的传感器技术、通信技术和计算机硬件与软件套件，这导致了"烟囱式"发展。需要对这种现状进行改进，以适应未来的测试和训练。

首先，为了与 JV 2020 的"信息优势"（Information Superiority）保持一致，国防部正在基于"网络中心战"（Network-Centric Warfare，NCW）的概念进行转型。其中，信息域与物理域同等重要。NCW 的基础是创建和共享高水平的感知能力，并利用这种能力实现快速同步的效果，从而实现信息到作战能力的提升。当然，NCW 要求从不同方面来处理信息，特别是传播信息的方式，更多体现在多系统或多组织之间的信息交互；而在以前，信息很难传递到边缘组织的问题，也能得以解决；军事指挥方法也将随之改变，方案可以由信息链的底端部队提供，作为备选方案之一。这种改变对于靶场应该测试什么，以及如何测试有深远的影响。将新的软件、武器、传感器和网络中心战概念集成到测试和训练中，需要多个靶场的能力，也需要硬件在环设施的能力，并通过模拟手段进一步增强，因此迫切需要一种机制来克服目前的"烟囱式"设计。

其次，用于训练和测试的资金普遍减少，这意味着必须更加有效地利用现有靶场。正如武器系统和交战过程正变得越来越复杂，所需的测试和训练能力也变得越来越多样。为了应对这些挑战，需要整合美国多年来建立的测试和训练资产，以及充分利用先进的信息技术和仿真技术。

FI 2010 将这样的集成环境称为"逻辑靶场"，它是通过集成测试、训练、模拟设备以及利用高性能计算技术而创建的。在一个"逻辑靶场"内，真实的军事设备，如船舶、飞机或地面车辆可以相互作用，无论这些部队实际存在于世界何地，都可以与模拟的武器和部队一起训练或测试。

FI 2010 是为实现逻辑靶场而创建的技术基础设施。逻辑靶场概念扩展到训练演习和测试事件的整个生命周期。FI 2010 通过定义一系列工具和实用程序（如协作工具和重用仓库）来支持事件计划工作，这些工具和实用程序帮助靶场人员计划并设计复杂的测试和训练事件。FI 2010 通过提供软件基础设施，以点对点的方式在靶场内连接资源，从而支持事件的执行。最后，FI 2010 通过提供多种数据收集机制，对这些分布式的数据，采用近乎实时的访问来支持事件后的数据分析。

美国国防部实施了三个计划，创造了使能技术和体系结构。联合高级分布式仿真（Joint Advanced Distributed Simulation，JADS）项目是一个联合试验，目的是在测试环境中确定使用仿真的可行性，研究新的评估方法，并确定集成仿真技术的经济和性能效益。JADS 验证了将模拟与实时系统相结合用于 T&E 的可行性。由 DMSO 赞助的 HLA，为所有 DoD 的仿真创建了一个技术体系结构，促进仿真程序之间的互操作性和可重用性。最后，FI 2010 项目由 OSD 倡导，充分吸收 1.3.3 节所述的四个项目成果，共同创建一个公共 TENA 体系结构、一个公共软件基础设施原型以及工具集。

逻辑靶场没有地理边界，当某些用户需要互操作性、共享或重用资源时，可以创建逻辑靶场的实例。资源或资产可能包括平台、测试设备、软件模块、测试或训练演习计划或数据产品、模型、模拟器、环境、计算机和模拟器。当创建一个动态实体时，逻辑靶场为满足用户需求，可以调度和集成各项资源、计划并执行事件，最后交付用户结果数据包。它允许测试或训练靶场扩大其能力，并提供更全面的资源和服务，以满足用户的需求。

TENA 以 JADS 和 HLA 的概念为基础，支持现场测试/训练靶场和较大 M&S 领域之间的互操作性。

4.1.2　挑战与解决方案

迄今为止，国防部的靶场、测试设备和模拟系统都是自主发展的，不仅导致部分工作和资源重复，还存在许多异构之处。例如，不同的过程和程序、不同的测试和训练资源（如测试设备、计算机、软件、通信系统和数据显示），它们的使用时间、类型和能力都存在很大不同。所以，TENA 必须通过集成测试流程、测试机制等方面，来创建一个可随需求而变化的逻辑靶场，从而满足用户的目标。

靶场不是静态、独立的环境。靶场必须通过重用和组合它们的资源来相互合作，以创建更有效的测试和培训环境。这些环境是硬件、软件和人员的组合。当前，为了设计出更有效的测试和训练环境，靶场面临着以下的挑战：

（1）如何让技术和管理人员，以一种互操作的思考方式整合其多样化的技术能力，避免"烟囱式"建设，以及避免系统功能单一化。

（2）如何提供一个环境，促进新技术的使用及组合，从而提供多种解决方案。

（3）如何以新的方式，快速重新配置和使用已有的技术与系统，以应对新出现的挑战。

（4）如何快速减少概念化、设计、构建、测试和部署新系统所需的时间。

（5）如何将众多靶场及其系统集成为一个体系，并产生超过单个靶场能力的总和。

（6）如何充分利用商业技术来设计硬件和软件系统，以便持续利用商业科技领域的巨大进步。

（7）靶场如何解决系统化和全球化的问题，以消除靶场在测试上的严重缺陷，进而在测试过程中能快速建立对被测系统的知识体系。

为了应对这些挑战，靶场管理和运营结构等各个层面都将发生变化。新工艺、新思维方式和新技术对于建立 21 世纪的靶场都是必要的。其中的一个实际问题是靶场的开发需要一个公共体系结构，它将确保靶场应用程序和系统之间的互操作性、重用性和可组合性，永远消除"烟囱式"思维，由此，TENA 应运而生。

4.2　TENA 体系结构概述

体系结构是从功能层面对系统（或体系）的分析，进而分析确定系统的主要部分，以及各部分的目的、功能、接口和相互关系，明确系统未来发展的指导方针。同时，体系结构对设计和开发人员的工作也做出了规定。许多学术团体和政府机构都致力于体系结构的描述工作。TENA 是基于 C^4ISR 框架开发的，国防部在 1996—1997 年颁布的原始 C^4ISR 框架上进行了扩展。扩展的 C^4ISR 架构框架（Extended C^4ISR Architecture Frame，ECAF）如图 4.1 所示。该图本身并不是一个体系结构，而是采用可视化方式，描述了组成体系结构的各种"视图"之间的关系。TENA 组织遵循扩展的 C^4ISR 框架的逻辑结构，本节将详细介绍图中所示的八个"视图"。

ECAF 体现了架构对愿景的支持。为了实现愿景，需要解决技术和操作需求问题（这种依赖关系用箭头表示），从而得到操作架构视图、技术架构视图、特定领域的软件架构、组件架构视图、应用程序架构视图、产品线架构、系统架构视图和体系架构视图八个组成部分。

（1）操作架构视图：代表了参与者、流程和信息流。

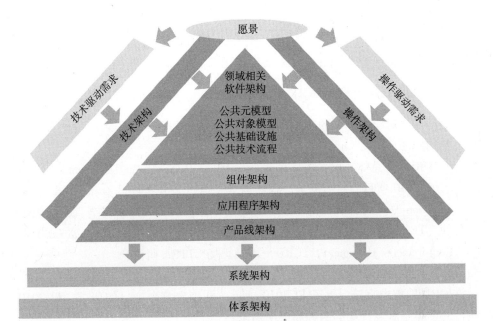

图 4.1　扩展的 C⁴ISR 架构框架

（2）技术架构视图：代表了应用于任何与 TENA 兼容系统的技术规则和标准。

（3）特定领域的软件架构：通过指定公共元模型、公共对象模型、公共基础设施和公共技术流程，专门解决互操作性的实现。

（4）组件架构视图：解决原 C⁴ISR 架构存在的规模定义，以及解决如何构建兼容组件的问题。由于 TENA 重点关注应用程序级，所以目前没有指定组件架构。

（5）应用程序架构视图：依赖于以上各个视图，解决如何构建应用程序的问题，并确保与特定领域软件架构、技术和操作架构规范一致。

（6）产品线架构：解决要构建哪些组件和应用程序的问题。

（7）系统架构视图：解决如何构建单个系统。依赖于上述所有规范。TENA 不指定系统架构视图。由靶场系统开发人员依据上述架构视图中的指导，创建符合自己需求的系统架构，以响应特定靶场的任务和需求。

（8）体系架构视图：每个靶场本身就是一个体系，并由开发人员负责创建自身的体系架构视图。美国国防部根据任务需要，会创建多个逻辑靶场，而每个特定的靶场或项目负责人会根据 TENA 规定创建体系架构。

组件架构视图、系统架构视图、体系架构视图不属于 TENA 范畴。TENA

117

主要关注应用程序级的互操作性和可组合性，因此它没有对组件体系结构（Component Architecture）进行规定。类似地，TENA 没有为靶场系统指定系统体系结构，该部分由系统的设计人员根据靶场需求确定这些视图。

4.2.1　TENA 的驱动需求

驱动需求对应图 4.1 的愿景、技术驱动需求、操作驱动需求，它们直接影响各架构视图。

FI 2010 联合总体需求文档（Joint Overarching Requirements Document，JORD）确定了 FI 2010 项目的总体需求。这些需求是通过公共靶场试验和训练靶场架构（Common Test and Training Range Architecture，CTTRA）研讨会、靶场内部收集的。TENA 的驱动需求是源于 JORD 技术能力需求文件（Technical Capabilities Requirements Document，TCRD）以及靶场 CTTRA 研讨会。

4.2.1.1　JORD 的需求

JORD 的需求直接促进了 FI 2010 项目，并确定整个项目的要求。FI 2010 项目的重点是满足靶场的四种高层次需求：

（1）支持新兴的作战概念。

（2）支持新武器系统的全面测试。

（3）降低靶场成本，特别是在试验设备方面。

（4）支持 M&S 集成到基于模拟的采购环境中。

JORD 列出了更详细的需求，主要分为两种类型：

（1）关键性能特征。

① 具有经济效益的互操作性。

② 具有经济效益的测试设备开发和维护。

（2）详细设计与实施需求。

① 操作需求：流程和活动分为事件前、事件中和事件后。相关需求用于定义 TENA 的操作架构。

② 功能需求：主要包括与靶场环境、数据采集及处理、信息显示、操作控制、信息传输和基础设施相关的需求。这些需求主要用于 TENA 产品线的设计。

③ 技术需求：主要包括互操作性、可重用性、可组合性、可共享性、效率、灵活性和兼容性。在这些技术需求中，最重要的是前三项：互操作性、可重用性和可组合性。

JORD 附件列出了以下更详细的需求：

（1）技术参考架构。CTTRA 研讨会参与者对 TENA 提出总体技术要求，

TENA 必须满足 35 项需求。

（2）产品需求。与 TENA 架构产品、TENA 产品线以及软件开发过程相关的详细需求。TENA 架构产品有 19 个要求。

4.2.1.2　TENA 的技术驱动需求

TENA 的技术驱动需求主要包含以下三项：

（1）互操作性。独立开发的组件、应用程序或系统所具有的特征，表示它们可以作为某些业务流程的一部分，进行协同工作，以实现用户定义的目标。

（2）可重用性。给定组件、应用程序或系统所具有的特征，表示可以在超出其设计范围的情况下使用。

（3）可组合性。从可重用、互操作软件元素池（如组件或应用程序）中，选择部分进行快速组装、初始化、测试，并完成一个逻辑靶场需求的能力。

互操作性关注的是软件元素之间的共性，可重用性关注的是给定元素的使用，可组合性侧重于如何从元素池中构造出更高级的逻辑靶场。

4.2.1.3　TENA 的操作驱动需求

JORD 文件强调了若干关键的业务问题，在分析后得出六个最基本的操作驱动需求：

（1）TENA 必须支持逻辑靶场的实现，包括整个事件生命周期中对软件和数据的管理。

（2）TENA 必须支持 2010/2020 联合构想，为网络中心战环境的测试和训练提供基础。

（3）TENA 必须支持快速的应用程序和逻辑靶场的开发、测试和部署，同时保持一定的经济性。

（4）TENA 必须支持易于集成的建模和仿真，以推进国防部基于仿真的采购和联合分布式工厂概念。

（5）TENA 必须逐步部署，并在不中断当前靶场操作的情况下与非 TENA 系统交互。

（6）TENA 必须支持各种通用靶场系统，满足其运行性能要求，包括传感器、显示器、控制系统、安全系统、环境表示、数据处理系统、通信系统、遥测系统、分析工具、数据档案等。

4.2.2　实现互操作性

4.2.2.1　互操作性的研究

互操作性是独立开发组件的一个特征。一组人为相同目的而一起构建的组件，能够自然而然地一起工作。但是，新的功能和革命性技术的使用前提是需要一个庞大的、异构性开发小组，他们可以自由地、创造性地、独立地开发新产品。因此，为了解决这方面的互操作性，TENA 必须支持广泛的异构开发人员、用户，同时支持广泛的异构技术。

互操作性发生在多个尺度上。组件可以在组件框架的上下文中互操作；应用程序可以给定的计算机或多台计算机之间互操作；系统可以在系统的上下文中协同工作。TENA 关注应用程序（以及系统）之间的互操作性，这是实现 FI 2010 愿景的第一步。组件之间的互操作性是一个更加困难的问题，需要长期的工作才能解决。

互操作性意味着需要协同工作，只有当系统能够在给定的上下文或领域中就重要主题进行有效的通信，同时在设计好的工作流程中完成自己分配的工作，系统才能协同工作。

TENA 的互操作性实现了以下几个不同类型系统间的互操作：

（1）靶场系统之间及其子领域（空中、海上、海下、陆地、空间、硬件在环等）的互操作。

（2）靶场系统在基于模拟采办过程中各阶段的互操作（保证 SBA 计划）。

（3）靶场系统与 C^4ISR 系统的互操作（在网络中心战争中测试和训练）。

4.2.2.2 互操作性的实现

在明确互操作性的概念之后，需要了解实现互操作性需要什么，如何使独立开发的应用程序在一起有意义地工作？具体来说，主要依赖以下几种技术：

1. 公共架构

架构是关于如何构建系统的指导方针，公共架构是系统互操作性要求的一个明显特征。架构不需要包罗万象，一个好的架构只指定实现目标所需的最小要求。TENA 即是这样的一个架构，它指定了实现互操作的关键特性，而将大部分应用程序或系统的开发留给靶场的开发人员。

2. 沟通能力

沟通能力主要包括两个部分：公共语言和通用的通信机制。

（1）公共语言：当不同的系统和机制将这些信息组合成复杂的、有意义的句子或概念时，为了保证含义相同，需要采用公共对象模型实现公共语言。

（2）通用的通信机制：即交换信息的方式。设计一个公共的软件基础设施，采用多种底层通信公共框架，从而实现有效的通信。

3. 公共背景

公共背景主要包括三个方面：对环境的共识、对时间的共识和对技术流程的共识。

（1）对环境的共识：系统在何处运作，靶场环境具有哪些特点。

（2）对时间的共识：现在是什么时间，时间是如何流逝的，以及对于任何给定的系统，何时需要完成它的任务。

（3）对技术流程的共识：只有当系统能够理解其自身在整个工作流程中所处的位置、所扮演的角色，才能实现互操作。

实现互操作性的一个关键工具是公共对象模型。对象是具有状态、行为和身份的软件构造，是类的实例。而类是用于创建对象的基础模式，描述对象必须具有类型的接口和内部状态，但不指定接口背后的实际功能或内部状态变量值。

一些领域使用术语"对象模型"来表示定义的对象可能拥有的特性，如继承、组合、关联、引用等。这个概念在 TENA 上下文中被称为 TENA 元模型。在 TENA 架构中，对象模型指的是一组相关的类定义，这些类定义充分描述了靶场的重要相关语义结构。所有实现互操作性的机制——公共元模型、公共对象模型、软件基础设施和公共技术流程都是特定领域软件架构中所包含的元素。这就是为什么 TENA 中必须含有特定领域软件架构（Domain-Specific Software Architecture，DSSA）。TENA 的 DSSA 是实现互操作性的主要机制，将在 4.3.3 节中介绍。

4.2.2.3　互操作性的层次

实现互操作性的架构，允许用户在语义统一的"体系"中使用大量异构系统。然而，任何一组软件元素所需的互操作性程度是不同的。用下面创建的互操作性层次概念，来描述上述程度的不同，如图 4.2 所示。从下至上，每一层描述两个或多个元素之间的关系，随着层次的上升，互操作性程度也随之增加。

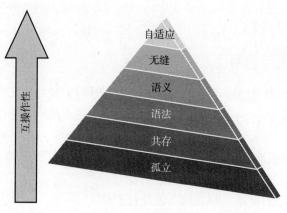

图 4.2　互操作性层

从底层（互操作性最低）到顶层（互操作性最高）依次为孤立、共存、语法、语义、无缝和自适应。

1. 孤立

软件功能是独立的，相互隔离的元素不能共享网络等公共资源，基础设施之间存在潜在的冲突。

2. 共存

软件元素在使用某些公共基础设施服务时，共享平台及网络基础设施，并且在同时执行时，不会因使用这些共享资源而相互冲突。

3. 语法

通过公共数据模式、消息和共享数据库，实现应用程序级可组合性，但只有有限的功能融合和全局互操作性。

4. 语义

共享一个公共对象模型和一组公共服务，完全定义了领域内容，实现了功能的融合，在领域内的元素可以互相组合。应用程序可能存在功能重叠。

5. 无缝

元素实现了集成的功能，在领域内完整地定义了对象和技术流程。在这个层次上操作的一组软件元素，各组件功能之间不存在重叠，从而产生有效的端到端功能和流程的集成。

6. 自适应

元素在运行时自组织，以响应变化的条件、资源、威胁等，即以基于环境当前状态的方式执行它们的功能。

真正实现互操作性的第一级是语法层，但功能相当有限，这是目前大多数靶场内的系统所处的层级。下一级的互操作性（语义）意味着组件和应用程序之间交换的信息在适当的上下文中可以充分地理解。语义级别的互操作性是TENA的目标，即TENA可以在任何给定靶场内提高互操作性。

4.2.3　实现可重用性

如果软件元素可以在不同于其设计初衷的环境中使用，那么它就是可重用的。在TENA环境中，可重用性意味着一个给定的产品可以在多个靶场或设施中使用。

实现可重用性的方法与实现互操作性的方法类似，要求如下：

（1）根据定义良好的公共架构进行构建。

（2）在重用的设施上与其他系统能互操作。

（3）具有定义良好的接口。

（4）对于不兼容公共架构的系统，需要对其进行封装，以便兼容公共架构。

需要注意的是，上面的最后一点意味着，即使系统本身不是可互操作的，但是可以构建网关或封装器使其适应公共架构，从而实现可重用性（详见4.3.6.5 节）。

4.2.4　实现可组合性

可组合性是指从可重用、可互操作的软件元素池的成员中，快速组装、初始化、测试和执行逻辑靶场的能力，其可以发生在许多级别。例如，可以从一个组件库构建应用程序，或者从一个应用程序库构建系统或逻辑靶场，也可以是各种规模的集合，这样一个逻辑靶场就由一些预定义的系统（包括软件和特定的硬件）、一些预定义的应用程序和一些从组件池构建的应用程序组成。虽然组件级的可组合性也很重要，但 TENA 更关注应用程序级的可组合性。有了这种级别的可组合性，逻辑靶场则可通过由预先设计的应用程序和工具库组合而成（都符合 TENA）。要完全实现应用级的可组合性，必须满足以下标准：

（1）应用程序必须通过体系结构来构建。

（2）应用程序必须是可互操作的。

（3）必须构建支持组合过程的仓库，包括：

① 一个包含应用程序信息的仓库，如它们运行在什么平台上，它们使用什么通信机制，以及它们使用公共对象模型中的哪些类。

② 一个包含互操作性信息（如公共对象模型）的仓库。

③ 一个包含应用程序可执行程序本身的仓库，这样用户可以根据逻辑靶场的需要从中选择合适的版本。

（4）必须构建支持组合过程的实用程序，包括：

① 用于管理仓库的实用程序。允许用户在仓库中插入、删除和查看信息，以控制、管理和安全地使用仓库。

② 用于规划逻辑靶场的实用程序。因为当要组合一个新的靶场时，需要对集成靶场的目标进行分析，并确定靶场系统的组成，然后从仓库中选取符合目标的实用程序。

③ 用于组合逻辑靶场的实用程序。人工组装（在特定计算机上安装应用程序，并初始化它们）可能非常耗时，TENA 必须提供一种方法，使逻辑靶场的组合，对试验设备操作员和用户来说，尽可能容易。

④ 用于测试逻辑靶场的实用程序。因为根据 T&E 和训练领域的要求任何未被测试过的新的配置，在使用之前，都必须进行验证和测试。

综上所述，可组合性不仅仅需要互操作性，还要求配套设施，如仓库和实用程序。从应用程序池中组合逻辑靶场，这意味着需要库来存储应用程序，而且该库可以被访问、关联和分析，开发仓库的应用功能，而且需要配套实用程序，以使组合过程变得简单和自动化。

应用程序级的可组合性会影响 TENA 的产品线，这是因为它需要对仓库和一组实用程序进行规范。

4.3　TENA 的组成

TENA 的核心是 TENA 公共基础设施（TENA Common Infrastructure），包括 TENA 中间件（Middleware）、TENA 仓库（Repository）和 TENA 逻辑靶场数据档案（Logical Range Data Archive）。TENA 还定制了许多工具（Tools）和实用程序（Utilities），主要包括创建逻辑靶场的必要工具。靶场测试设备系统（Range Instrumentation Systems）（也称靶场资源应用（Range Resource Applications））和所有工具通过 TENA 对象模型这一媒介与公共基础设施进行交互。在靶场事件期间，TENA 对象模型对靶场系统之间传输的所有信息进行编码，它是所有 TENA 应用程序通信的通用语言。TENA 体系结构如图 4.3 所示。

靶场资源应用，是由靶场开发人员进行创建的，然后部署在每个靶场，以执行每天测试和训练所需的所有重要功能。这些系统包括显示系统、传感器系统、硬件在环试验系统等。一些可重用的靶场资源应用，被确定为 TE-NA 工具。所有应用程序都使用 TENA 中间件的公共软件基础设施进行通信。TENA 中间件负责逻辑靶场内应用程序间的通信，需要在逻辑靶场对象模型（Logical Range Object Model，LROM）定义的一组对象中实现通信，这些对象大多是可重用的。LROM 对象需要在靶场资源、工具和实用程序中进行描述说明，因为这些应用程序负责实例化对象，并在靶场活动执行时进行修改。靶场资源应用、工具和实用程序等，都使用 TENA 中间件来发布并订阅 TENA 对象。

在应用程序之间通信的信息有两种不同的处理方式：

靶场间重复使用的信息都存储在 TENA 仓库中，并不局限于特定的逻辑靶场 TENA 仓库。这类信息包括对象模型定义、与 TENA 兼容的应用程序的信息，甚至应用程序可执行程序本身。

在靶场活动执行期间，逻辑靶场的数据永久存储在逻辑靶场数据档案中，并分布在多个站点的计算机中。集成模式允许像访问单个"逻辑"数据库一样访问分布式数据档案。逻辑靶场的数据档案，包括状态的时间演进、逻辑靶

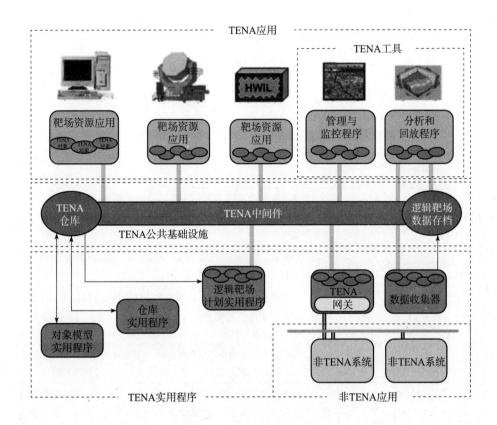

图 4.3　TENA 体系结构

场内的所有 TENA 对象、发送的所有消息和数据流，以及由事件分析人员指定收集的所有其他信息。仓库和逻辑靶场数据档案，可以使用 TENA 中间件进行访问，也可以使用其他标准的机制进行访问。

　　图 4.3 的下半部分，显示了部分 TENA 实用程序和 TENA 产品线。这些实用程序，能够帮助用户在靶场活动生命周期内，更容易地管理 TENA 基础设施，并与之交互。最后，图的右下角说明了各种 TENA 网关所扮演的角色，即完全兼容 TENA 的系统和不兼容 TENA 的系统之间的桥梁，负责标准和协议的转换，包括基于 HLA 的模拟仿真。所以，网关具有双重特征，它们既是 TENA 逻辑靶场的一部分，又是其他非 TENA 应用程序的一部分。网关还可以在 TE-NA 逻辑靶场和其他网络之间提供物理连接。

　　根据前文提到的 TENA 驱动需求，结合 TENA 架构图，对实现驱动需求的机制进行了概括，如表 4.1 所示。

表 4.1　驱动需求及其实现机制

序号	驱动需求	实现需求的机制
1	互操作性	通用的 TENA 对象模型，作为更全面的 TENA DSSA 的一部分，使用标准的 TENA 中间件进行通信
2	可重用性	使用 TENA 中间件作为公共基础设施，使兼容 TENA 的应用程序能够轻松配置到不同的逻辑靶场；使用 TENA 网关，允许对非 TENA 系统进行包装，使之能在更多 TENA 逻辑靶场重复使用
3	可组合性	TENA DSSA 确保应用程序可以互操作。TENA 仓库、工具和实用程序，确保这些应用程序可以快速组合成符合用户需求的逻辑靶场
A	整个事件周期中支持逻辑靶场概念	详见 4.3.1 节描述的 TENA ConOps、TENA 仓库、中间件、逻辑靶场数据档案、实用程序和工具，在整个事件生命周期中，都支持逻辑靶场
B	支持网络中心战	TENA 系统可以使用适当的 TENA 网关，与当前的 C^4ISR 系统和模拟设备进行交互
C	支持快速应用和逻辑靶场开发	仓库管理器、逻辑靶场规划实用程序和对象模型实用程序，支持快速的应用程序和逻辑靶场开发，标准的 TENA 中间件和标准的 TENA 对象模型也是如此
D	支持与 M&S 集成	TENA-HLA 网关应用程序支持与 M&S 的资源进行集成。更重要的是，TENA 中间件提供的服务，使与 HLA 模拟的互操作尽可能透明
E	渐进式布置	TENA 网关允许靶场同时使用新的 TENA 应用程序和现有靶场系统，从而使 TENA 系统能够在给定的靶场逐步部署。在 4.4.1 节中进行更深入的讨论
F	支持大范围靶场系统	TENA 资源应用程序的概念非常广泛，可以包含目前美国靶场内使用的任何类型的软件应用程序。TENA 中间件的设计良好，足以涵盖目前所有类型的数据传输

4.3.1　TENA 的操作架构

　　TENA 操作架构主要用于描述逻辑靶场的概念，首先对 TENA 对象模型进行概述。

　　TENA 对象模型的建立和标准化的过程非常严谨，在不同层次上对 TENA 对象都进行了标准化，以便在 TENA 对象模型完全定义之前，靶场就可以开始使用 TENA。逻辑靶场对象模型，由这些对象定义组成。LROM 包含渐进式的四级标准化定义：

　　（1）非标准对象定义：仅用于特定的逻辑靶场。

　　（2）候选对象：在多个逻辑靶场活动中进行过测试，这些对象作为候选对象提交给 TENA 架构管理团队（Architecture Management Team，AMT）。

（3）AMT 批准的对象：基于适当的候选对象，AMT 审核并消除与其他候选对象的冲突，然后批准并转发给靶场指挥委员会（Range Commanders Council，RCC），以进行标准化。

（4）RCC 标准化的 TENA 对象：RCC 认可的标准对象定义。

4.3.1.1　逻辑靶场概述

逻辑靶场定义为一组共享公共对象模型的 TENA 资源，这些资源在给定靶场活动中一起工作。

TENA 资源是使用 TENA 公共基础设施进行通信和交互的应用程序，其内容包含：

（1）TENA 中间件和一系列 TENA 对象的靶场应用程序。

（2）网关应用程序，TENA-HLA 网关、靶场协议网关、C⁴ISR 系统网关和靶场实体网关等。

（3）为事件设计的 TENA 工具和实用程序。

"逻辑靶场"在抽象上表示了一组 TENA 资源。"逻辑靶场运行"指的是该逻辑靶场实例在特定靶场活动中的给定靶场内运行。

这些 TENA 资源在逻辑靶场内会共享公共对象模型，这些公共对象模型被称为逻辑靶场对象模型，它与标准的 TENA 对象模型不同。在 4.3.3.3 节将详细讨论与 TENA 对象模型相关的对象模型。每个逻辑靶场运行，都是通过它的 LROM，在语义上绑定在一起。因此，为特定逻辑靶场运行定义 LROM，需要在逻辑靶场实际操作之前完成一项重要任务。使用 4.3.1.3 节中 ConOps 描述的流程来开发逻辑靶场，分为三个阶段，包括五个活动。逻辑靶场是在 TENA 应用程序之间，以点对点的方式连接的。每个应用程序都可以作为逻辑靶场中对象和数据的生产者（服务器）和消费者（客户端）。当应用程序作为服务器，应用程序为 TENA 对象实例服务，从而称为"服务者"。当应用程序作为客户端，应用程序订阅 TENA 类，并通过 TENA 中间件提供代理（Proxies），每个代理代表另一个应用程序的服务。原则上，特定服务的服务器和该服务的客户端都能够更新该服务的状态信息。实际上，几乎在所有情况下，只有执行服务的服务器会更新服务的状态。特定服务的服务器和客户端，都能够调用该服务上的方法。服务器在本地调用这些方法，客户端通过代理远程调用这些方法。

靶场资源开发人员将开发的应用程序、TENA 中间件和特定的 LROM 链接到一个单独的可执行文件中（见 4.3.4 节）。TENA 提供实用工具，帮助靶场资源开发人员，使应用程序在逻辑靶场上下文环境中工作（见 4.3.6.3 节）。如图 4.4 所示，显示了用户编写的应用程序代码、LROM 对象和 TENA 中间件等之间的关系。

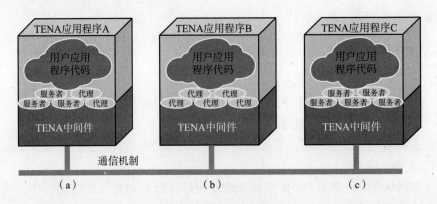

图 4.4　逻辑靶场实例

TENA 中间件将 LROM 中的对象，以及用户的应用程序代码都链接在一起。应用程序可以是 LROM 定义对象中的服务器或客户端，也可以同时是两者。图 4.4 所示的逻辑靶场内的三个应用程序，都是由用户编写的应用程序代码构建的，并与特定的 LROM 和 TENA 中间件链接。图（b）的应用程序仅作为逻辑靶场对象的客户端，因此只有在其进程空间中进行实例化的代理。图（c）的应用程序仅通过 LROM 中的对象创建信息，因此是服务者。图（a）的应用程序同时是 LROM 中对象的生产者和消费者。每个应用程序都可以选择它想要实例化的对象类型（如果有），以及选择它想要订阅的对象类型，从而获得它们的代理。应用程序设计人员可以自由地使用 LROM 中的对象定义，来编写自己的应用程序。关于如何构建应用程序的详细信息，见 4.3.4 节。

4.3.1.2　功能分类

在由 CTTRA 成员创建的 JORD 文档中，按照不同的功能确定了测试设备的需求，以产生兼容 TENA 的候选系统。功能分类如图 4.5 所示。

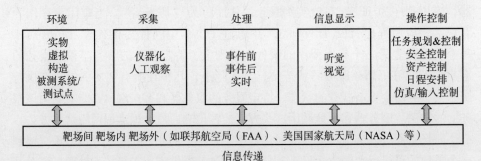

图 4.5　CTTRA 定义的靶场测试设备功能分解

这六个功能区域代表了靶场使用的各种测试设备：

（1）环境：模拟或创造环境的系统。这些系统可以模拟天气，创建适当的电磁环境，或在靶场内作为目标或诱饵，包括被测系统或参与训练的所有人员。

（2）采集：对靶场内活动进行测量并产生相关数据的系统，包括各种传感器、遥测系统等。

（3）处理：用于融合、排序、处理和存储信息（由采集系统所创建）的系统。

（4）信息显示：为事件指挥人员提供靶场活动信息的系统。

（5）操作控制：支持计划、调度、指挥、初始化、配置和控制靶场资源的系统。

（6）信息传递：一种动态管理逻辑靶场内所有成员之间通信的机制。对于 TENA，这个功能将由 TENA 中间件执行（见 4.3.3.4 节）。

TENA 是针对这些系统而设计的，并隐含了这些功能分解，直接响应了操作驱动需求（支持多种靶场系统）。

4.3.1.3　逻辑靶场的操作概念

逻辑靶场的操作概念（The Logical Range Concept of Operations，ConOps）描述了如何使用 TENA 执行靶场活动。许多靶场工程师应该都熟悉 ConOps，因为它包括了靶场上执行的许多任务流程，不管是否受到 TENA 的影响。ConOps 通过对靶场操作的描述，从而确定 TENA 具体在何处能够起作用。4.3.4 节详细介绍了创建逻辑靶场所必需的技术过程。

TENA 逻辑靶场 ConOps 的设计需要通用性，以涵盖每个事件的进程。T&E 事件和训练的过程惊人的相似，只是术语上的差异可能会掩盖这种相似性。由于术语上的差异性，尽管 ConOps 是抽象的，但它应该能让开发人员理解 TENA 所处理的基本活动。目前，主要有四种关于进程描述的文档，这些进程描述是逻辑靶场操作概念的基础：靶场指挥委员会通用文档系统（Universal Documentation System，UDS）流程，HLA 联邦开发与执行过程，记录在 TENA 基线报告中的逻辑靶场流程和记录在 TENA JORD 中的流程（与 TENA 基线报告稍有不同）。

RCC UDS 流程是一个标准流程，包含了靶场活动必要的需求文档，并将它们与适当的响应文档链接起来。因此，UDS 流程主要关注发生在事件前的活动。HLA FEDEP 过程主要集中在创建 HLA 联邦的必要步骤。TENA 基线报告提出了包含五个阶段的进程，其中事件前活动分为三个独立阶段：场景定义、逻辑靶场调度和计划。但是，这些活动并不总是以时间顺序发生的。所以，当

JORD 的制定者们认识到这个问题时，将阶段划分为事件前、事件中和事件后。下面提出的逻辑靶场进程将基线报告和 JORD 开发过程调整为一个统一的方法，其中有三个时间阶段（如 JORD），五个基本的活动，如图 4.6 所示。

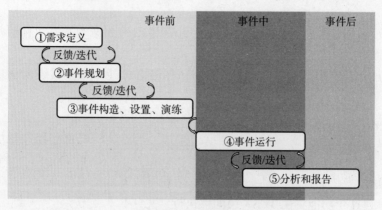

图 4.6　ConOps 逻辑靶场中的阶段和活动及其关系

　　三个阶段分别是事件前、事件中和事件后。事件是指正在发生的测试被测系统的活动或者是训练演习活动。在这些阶段中共包含五项基本活动：

（1）需求定义：定义靶场活动的目标。

（2）事件规划：完成事件的所有计划，包括场景的定义。

（3）事件构造、设置和演练：事件的所有物理准备工作都已完成，包括软件开发、LROM 创建、硬件和通信系统设置以及测试。

（4）事件运行：执行预定设想，并收集数据。

（5）分析和报告：根据事件目标，分析收集的数据，并生成报告。

　　下面详细介绍上述五项活动。这五项活动有些是并行执行的，有些是需要迭代完成的，活动的结果反馈到其他活动的迭代工作中。在这些活动中，逻辑靶场活动参与者主要包含以下六类：

（1）用户：提供活动的目的、成本和时间限制。

（2）事件分析师：事件收集和评估。

（3）逻辑靶场开发人员：为事件设计配置资源，并与资源所有者协作，以确定资源的最佳选择。

（4）资源所有者：提供资源以支持事件，并维护其资源的配置管理。

（5）靶场资源开发人员：为资源所有者开发必要功能或者提供升级服务。

（6）事件指挥人员：在事件执行时负责管理监督工作。

　　逻辑靶场活动每一项都可由以下五个方面构成：目的、输入、主要参与者、基本流程（或步骤）以及创建的产品。

1. 需求定义活动

需求定义活动重点是系统地分析用户需求，并将其转化为详细的需求，共包含五个步骤：

（1）确定任务和需求：如时间要求、安全问题、设备可用性、成本、关键操作问题、有效性措施、性能测量措施和关键性能参数。

（2）确定事件目标。

（3）设计顶层方案：首先，确定参与事件的部队、战术系统和设备，确定操作线程和事件流；其次，确定操作环境；最后，给出所有实体及其行为。

（4）逻辑靶场概念分析：忽略实体与模拟的差异性，设计事件，建立逻辑靶场概念模型。

（5）定义事件需求：形成正式文档，包括任务需求、事件目标、方案、概念模型等需求。用于逻辑靶场开发人员设计和实现逻辑靶场，进而实现用户目标。

该活动中创建了六种产品，以供其他活动使用：

（1）事件需求文档。

（2）顶层方案文档：顶层方案是通过用户需求（如组织行为、参与规则等）指定的操作进行约束。通过该文档可以详细了解包含哪些操作实体，以及这些实体在事件中是如何交互的。

（3）逻辑靶场概念模型：包含实现逻辑靶场的操作实体类型、数量和交互方式等信息。概念模型是靶场资源支持计划的基础，由此，可以深入了解靶场试验设备、数据收集、通信和靶场资源调度。

（4）计划分析文档：根据用户需求、方案和靶场概念模型等，来确定事件期间收集的数据，以及对这些数据进行运行、分析和操作，进而得出用户所需的结论。

（5）成本估算。

（6）日程安排。

2. 事件计划活动

事件计划活动重点是确定执行逻辑靶场所需的详细计划，共包含七个步骤：

（1）确定所需资源：将完成靶场活动所需资源的对象形式化，资源包括人员、计算机、软件、网络、靶场资源应用、测试系统和/或训练观察者。

（2）研究历史事件信息：寻找对事件有帮助的经验数据，这些信息包含在 TENA 仓库中。

（3）制定事件日程：制定日程，协调多个靶场之间的活动，包括资源的签出和验证时间、网络和组件集成和测试时间、事件演练时间以及实际事件运行时间等。在此步骤中可以使用事件规划工具套件辅助逻辑靶场开发人员创建时间表。

（4）开发详细方案：借助事件规划工具套件进一步细化顶层方案，包括军事力量和操作概念、组成较大测试和/或训练事件的时间线，以及正在使用的靶场资源的角色。

（5）确定数据分配：确定产生数据和/或收集数据的资源。

（6）分析逻辑靶场概念，并确定逻辑靶场：借助逻辑靶场计划实用程序对逻辑靶场概念进行完整的分析，开发和模拟逻辑靶场的"信息架构"。该架构详细地描述了靶场资源应用在网络中的角色，如信息提供者和消费者，并与给定的逻辑靶场配置相关联。

（7）建立详细的事件程序和计划：完成所有相关事件的详细计划，包括安全程序（包括物理和网络）、通信协议、接口控制文档、靶场的安全计划、操作程序、详细的测试过程或训练战斗命令、资源的协议备忘录、配置管理计划、环境影响分析、活动人员的安排计划和事件的分析计划等。

该活动中创建了四种产品，以供其他活动使用：

（1）详细的方案：用操作术语描述了事件中的物理实体、组织实体和人员参与者等的解决方案、数量、操作事件的时间跨度、信息流以及因果关系等操作的上下文环境，并指定如何实现该方案（例如，哪些实体是活动的，哪些实体是模拟的）。

（2）逻辑靶场的详细描述：用标准软件设计术语描述逻辑靶场的运行，并用于网络配置、软件进程、通信网络拓扑和信息/事件流、序列图和软件对象类图的描述。对网络处理能力、链路带宽、特定计算机系统和通信要求（如进程间通信延迟要求）等进行说明。

（3）事件运行计划：确定靶场所需要的资源，以及在执行事件前配置检查和验证所需的人员支持。

（4）事件分析计划：确定在每个网络位置要收集的数据、收集数据的方法以及在分析计划中，分析目标实现所需的数据类型、数量、算法以及分析操作的时间和事件流，并给出评估分析数据有效性的方法。

3. 事件构造、设置和演练活动

事件构造、设置和演练活动的重点是开发执行事件所需的软件、数据库和配置，共包含六个步骤：

（1）定义逻辑靶场对象模型。

（2）升级。对靶场资源应用的配置添加新功能、更新算法，或与新的靶场硬件进行集成；当 LROM 中描述了新的对象定义，也需要进行必要的升级工作。

（3）创建初始化数据（场景、环境）。借助事件规划工具套件等应用程序创建场景信息、合成环境信息、运行参数等。

（4）设置和测试逻辑靶场。集成逻辑靶场的硬件、软件、数据库和网络，并进行测试，确保能够正确通信和运行。

（5）处理突发问题。处理事件前阶段出现的问题。

（6）事件演练。可选活动，主要对测试事件进行不同程度的演练。

该活动的产品是可正常运行的逻辑靶场，主要产品有：

（1）逻辑靶场对象模型。

（2）数据集：该产品包含逻辑靶场配置数据以及在测试和演练中需要用到的数据。

（3）升级后的靶场资源应用。

（4）初始化数据库。

（5）准备好执行的逻辑靶场：该活动的最终产品是一个完整的、可运行的、经过测试的逻辑靶场，包括其所有靶场资源应用、工具和网关。

4. 事件运行活动

事件运行分六个步骤实施：

（1）事件初始化：所有逻辑靶场资源，从逻辑靶场数据仓库读取初始化信息，并进入操作状态。

（2）控制和监视靶场资源：在事件执行期间控制并监视各靶场资源应用，确保正确执行。

（3）执行方案。

（4）获取和归档数据：按照数据收集计划（分析计划的一部分）获取相关数据。数据大部分由数据收集器收集，存储在逻辑靶场数据仓库中，数据收集器由数据档案管理器工具管理。

（5）管理和监视逻辑靶场：借助事件管理器和事件监视工具管理、监视并根据实际情况调整逻辑靶场，确保满足用户目标。借助通信管理器工具监控和管理逻辑靶场内使用的网络，确保正常通信。

（6）评估正在进行的事件：对正在进行的事件进行评估，确保满足用户目标。

该活动的主要产品是事件运行期间收集的事件数据。该数据的一部分可用于实时分析，另一部分用于执行后分析。

5. 分析和报告活动

分析和报告活动重点是对执行过程收集的数据，以及事件运行过程进行详细的审查和分析，并结合测试目标，找到解决问题的方法，进而确保完全实现用户的目标。对于训练事件来说，在事件运行活动的过程中，就体现了训练的价值，而分析活动，对训练受众和其他事件参与者，都提供了重要的反馈，从而提高了事件的训练价值。通过对事件运行的回顾，可以从事件运行期间观察到的问题中，获得经验教训，并解决这些问题。

该活动包含七个过程：

（1）快速生成可查看的报告/训练回顾（Hot-Washes）：该过程是在事件进行过程中开展的，报告内容或者训练回顾是基于用户、事件指挥或者训练观察者的要求，在事件分析计划中确定的。

（2）合并数据：由于事件数据来自不同地理位置上的系统，所以需要综合所有数据才能进行有效的分析。

（3）再处理和精简数据：将事件数据转化为知识，具体表明事件中发生了什么，以及为什么以这种方式发生。需要对数据进行分析，进而确定被测系统的执行情况，或者是训练对象的行为，并确定事件期间体现出的重大问题。

（4）测试任务/回放/演习训练的简报：借助 TENA 回放实用工具选择事件某部分进行回放，以更好地理解所发生的状况，并进行总结。

（5）存储新 TENA 资源：将前期的产品存储到 TENA 仓库，诸如靶场资源应用、网关和工具。

（6）生成最终事件报告和事件数据包：编写最终事件报告（包含与事件目的相关的所有信息的总结和分析）、汇总事件数据分发给用户。

（7）在 TENA 仓库中记录、分发和存档"经验教训"：通过测试/训练，每个 TENA 逻辑靶场都生成了相关技术、配置、问题、解决方案等的知识库。这些经验教训对其他用户有着重要的指导意义。存储在 TENA 仓库中，供逻辑靶场设计人员查看学习。

该活动的主要成果是关于事件的最终报告，主要包括：

（1）快速查看报告：这些报告是对逻辑靶场运行活动进行快速而粗略的分析结果。

（2）最终事件报告：首先，根据事件计划和收集到的事件数据，评估实际事件运行情况；其次，根据分析计划中制定的原则，最后得出结论。

（3）事件数据包：事件期间生成的所有信息。对于测试事件，代表整个逻辑靶场数据存档的内容。对于训练事件，代表训练规则描述的信息，训练观察者将这些信息带回分析，强化演习期间的训练效果。

（4）经验教训报告：包含从构造事件到实现事件以及在逻辑靶场计划和执行过程中碰到的任何问题及解决方案。

（5）可重用的 TENA 资源：主要是在事件构造、设置和演练活动中创建的各种软件应用程序。

4.3.2　TENA 的技术架构

技术架构是由管理系统部件或元素排列、交互和相互依赖关系的最小规则集组成的，其目的是确保系统满足指定的需求。对于 TENA，有两个指定的规则：

（1）规则列表：指定了兼容 TENA 的组件、应用程序和系统必须遵守的内容。

（2）政府、商业或技术标准的列表：在明确定义的技术领域，确定了如何构建与 TENA 兼容的应用程序。

4.3.2.1　规则

最低限度兼容规则如下：

（1）所有靶场资源应用必须使用标准 API 接口，并通过 TENA 公共基础设施进行交互。

（2）每个逻辑靶场必须有一个标准方式确定 LROM，该对象模型包含了所有对象定义，并由所有靶场资源应用在逻辑靶场运行中产生或者使用。

（3）LROM 中的所有对象都必须符合 TENA 元模型。

扩展兼容性规则如下：

（1）逻辑靶场运行时，靶场资源应用之间的所有信息交换，都应该使用 TENA 中间件，与 LROM 所描述的信息进行通信。

（2）每个靶场资源应用必须用标准格式，实现生产和使用的信息，对象实现必须遵守其定义中包含的协议。

（3）所有靶场资源应用都可使用 TENA 中间件所提供的标准时间相关接口，来实现时间测量的功能，每个应用程序开发人员都必须明确应用程序的时间测量及其测量精度。

完全兼容性规则如下：

（1）所有靶场资源应用必须实现并发布一个 TENA 应用程序管理对象。

（2）靶场资源应用不能使用与 AMT 或 RCC 核准的 TENA 对象定义相冲突的对象定义。

（3）靶场资源应用必须使用逻辑靶场数据档案（通过其标准接口）进行所有数据存储和持久通信。

4.3.2.2 标准

TENA 必须遵守国防部联合技术架构（Joint Technical Architecture，JTA）的适用条款。JTA 是国防部实现互操作性总体战略的关键部分，制定了一组商用性能标准，并规定了系统服务、接口、标准以及它们之间的关系。JTA 目前主要包含用于信息传输（内容和格式）和信息处理的接口标准和协议。这些标准和协议涵盖了电子、机械、电气、液压和其他物理接口。

下面列举对 TENA 实现非常重要的部分 JTA 标准。

（1）软件标准。

DoD 建模和仿真的高级架构——通过网关与仿真交互。

合成环境数据表示和交换规范——用于表示环境。

公共对象请求代理架构——作为应用程序间集成的首要标准。

（2）人机界面（Human-Computer Interface，HCI）标准。要求 HCIs 是以商业标准构建的。

（3）硬件标准。硬件标准能够在各靶场异构的平台上使用。

（4）通信标准。TENA 主要使用 Internet 协议的应用程序。例如，以太网（802.x）、异步传输模式（Asynchronous Transfer Mode，ATM）等。但同时包含其他通信机制，如各种军用无线电通信、共享内存、反射内存（如 SCRAM-NET）和本地 ATM（即不使用 IP 的 ATM）。

（5）TENA 中间件 API。TENA 中间件是逻辑靶场内所有应用程序交换信息的标准方式。

（6）对象建模标准。TENA 对象模型中的对象和每个 LROM 都将以下述方法之一来表示：通用建模语言（Unified Modeling Language，UML）、可扩展标记语言（eXtensible Markup Language，XML）、元数据交换（Metadata Interchange，XMI）或 TENA 定义语言（TENA Definition Language，TDL）。对象建模应根据 TENA 元模型进行。

（7）元数据标准。元模型将根据对象管理组织的 UML 和元对象实用工具（Meta-Object Facility，MOF）标准来定义。MOF 是分布式对象仓库的最新技术，将元数据（包括 UML 元模型）表征为 CORBA 对象。

XMI 是元数据交换的标准，它是在 MOF 元模型和 XML 数据类型定义（Data Type Definitions，DTDs）之间以及在 MOF 元数据和 XML 文档之间的并行映射，从而将元数据从一个仓库转移到另一个仓库。使用这些商业标准，提高了 TENA 应用程序与商业建模工具之间的交互和互操作的能力。

（8）安全标准。

4.3.3　特定领域 TENA 软件架构

解决互操作性驱动需求的架构视图，是 TENA 特定领域软件架构。本节描述相关的技术规范。由于讨论的是特定领域软件架构，所以首先简要概述 TENA 的领域，其次讨论 DSSA 的四个不同部分：公共 TENA 元模型、公共 TENA 对象模型、公共 TENA 基础设施，以及 TENA 公共技术流程。

4.3.3.1　领域概述

特定领域的软件架构对该领域的公共软件构建块进行了规范，以此构建基于领域的模型，从而得到一个可重用、可互操作、可组合的应用程序池。TENA 领域包括所有信息处理系统、测试设备和通信系统的软件部分，这些系统已经用于美国所有的靶场试验和训练靶场、硬件在环设施或系统测试设施。请注意，TENA 是特定于软件系统或测试设备中的软件部分。

4.3.3.2　TENA 元模型

元模型是对特征的描述，用来构建一个对象模型。由于 TENA 对象模型本身（见 4.3.3.3 节）是一种基于元模型的"语言"，而元模型足够精巧，可以描述靶场中编码的所有信息。

1. 元模型支持的服务

TENA 元模型支持三种主要服务，这些服务为需要编码和标准化的靶场信息提供了底层功能。这三种服务可以总结为：

（1）在逻辑靶场内，具有确定生存期的对象（状态分布式对象）。

（2）瞬态对象（消息）。

（3）信息流（数据流）。

TENA 元模型具有必要的构造能力，可以描述使用这三种服务传输的所有信息。

（1）状态分布式对象（State Distributed Object，SDO）。状态分布式对象是在靶场活动期间具有非零生存期的对象，并且在事件执行期间，状态随事件的推进而改变。它们具有可远程调用的接口和发布状态，并将其发布到客户端应用程序。

SDO 是两个强大概念的组合：分布式对象范例（如 CORBA 中使用的范例）、分布式发布和订阅范例。分布式面向对象系统和发布—订阅系统，都为用户提供了强大的编程抽象能力，而且双方的能力充分互补。传统的分布式面向对象系统不直接支持用户将数据从一个源传播到多个目的地，而传统的发布—订阅系统不提供对象的抽象及其接口中的方法。结合这两种功能强大的编程范式，能够产生一种功能更加强大的新范式，新范式提供了两种范式各自的优点，同时将程序员从发布—订阅系统的数据显式存储工作中解放出来。SDO为该方法提供了位置透明的接口对象，以及发布状态的概念。SDO的数据是从SDO实例创建的，发布到对该SDO数据感兴趣的订阅者。感兴趣的订阅者接收到SDO的引用（代理），使用该SDO引用，订阅者可以调用其接口上的方法，就像使用分布式对象的CORBA引用一样。此外，SDO引用为程序员提供了读取SDO发布状态的能力，就像读取本地数据一样，如同在许多分布式共享内存系统中的方法一样。

　　一个SDO只存在于单个应用程序、单个进程空间中。此应用程序称为此特定SDO的"服务器"或"所有者"。在任意时刻，任何特定SDO实例只有一个所有者应用程序。SDO实例本身称为"服务"，具有发布状态的本地缓存（称为"代理"）服务的引用，可能存在于逻辑靶场内的任何应用程序中，包括服务器应用程序，如图4.7所示。

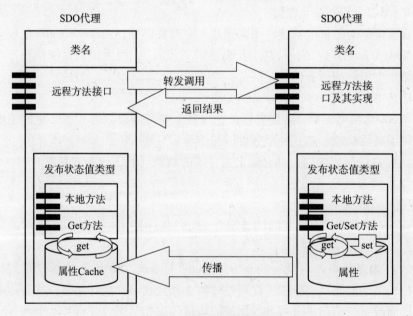

图 4.7　SDO 代理和服务

　　一个SDO可以继承另一个SDO，SDO还可以实现多个接口。接口（如Java编程语言中的接口）被命名为操作集。SDO可以实现它需要的任意多个接口。这些方法的实现是由逻辑靶场开发人员在LROM中定义和创建对象时完成的。SDO实现了一种"元对象协议"，这种能力可以构建出SDO的结构和接口，而无须将SDO编译到应用程序中。因此，SDO既支持"内省"（查询接口仓库，找到SDO结构和接口的能力），也支持"动态调用"（对于未编译到应用程序中的 SDO，可以调用代理上的方法，并从该代理接收结果）。

组合是 TENA 元模型最重要的能力。可以构造一个 SDO，来包含其他 SDO，进而可以创建可重用 TENA 对象定义的标准集，因此是至关重要的。由于 TENA 元模型允许组合，TENA 对象模型开发人员可以将精力集中在标准化小型、可重用的"构建块"对象上，而不必一次定义整个对象模型。一个对象的远程方法调用，是用于一对一通信，其中，对象或应用程序希望与特定的单个对象通信。另外，发布状态用于一对多通信，其中一个对象的发布状态被传播给多个接收者。

（2）消息。单个临时信息"包"，是由应用程序发布，并由订阅消息的应用程序使用，是可以在发布者和订阅者之间传输的单个瞬时对象。在 TENA 元模型中，消息被定义为值类型（见 4.3.3.2 节），并像 SDO 一样支持实现继承、接口的多继承和组合。消息用于一个应用程序到多个应用程序的通信。对于单应用程序到单应用程序的通信，将使用应用程序管理对象（见 4.3.3.3 节）。

（3）数据流。数据流表示重复的、同步的信息流，如音频、视频或遥测。数据流既可用于一个应用程序到多个应用程序的通信，也可用于一个应用程序到一个应用程序的通信。它们在元模型中，作为 SDO 发布状态的特殊 Stream Buffer 属性实现。SDO 的其他发布状态属性，包含与数据流关联的所有元数据，而 Stream Buffer 属性表示发布和接收实际数据流信息的端点。流本身由一系列"帧"组成，可能有许多类型的帧与一个流相关联。每一帧都被编码为一个或多个值类型或向量（4.3.3.2 节）。最简单的框架类型是无类型的八位元向量，LROM 开发人员可以构造更详细的框架。单独数据流服务的目的是为流信息的交换提供高性能及服务质量管理机制。

2. 元模型的组成

TENA 元模型如图 4.8 所示。该图展示了一个类 UML 图，它描述了元模型的所有元素以及它们之间的关系。图中的每个概念在 TDL 中，都有对应的关键字，在后面的 4.3.3.3 节中讨论。下面详细介绍图中涉及的概念。

图中状态分布式对象是以黑色部分显示；消息被定义为值类型；数据流信息内容被定义为一系列向量或值类型，而数据流的端点被定义为一个特殊的 SDO 属性——Stream Buffer。

（1）类。类是有状态的分布式对象服务。类的特性有：

① 类可以从零类继承而来，也可以从另一个类继承而来（没有多重继承）。

② 类可以包含其他类（组合），以满足用户需要。

③ 类可以包含一个向量，该向量可以包含任意数量的类型相似的类。

④ 类可以实现用户需要的接口。

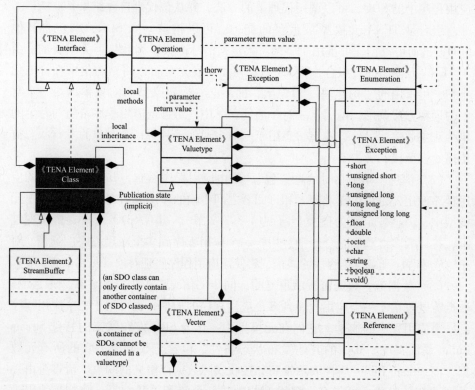

图 4.8　TENA 元模型组成

⑤类可以包含许多操作（方法签名）。

⑥类可以通过引用来引用。

⑦类可以包含一个 Stream Buffer，一个特殊的属性，作为传播数据流的端点。

⑧类可以包含一个特殊的值类型，称为"发布状态"，它被分发给该类的所有订阅者。

（2）Stream Buffer。Stream Buffer 是 SDO 类的一个特殊属性，它提供了传播数据流的端点。数据流包含的信息被分成帧，每帧被编码为向量或值类型。

（3）接口。接口是一个或多个用于表示类型的操作（方法签名）的集合。一个接口可以扩展（继承）多个其他接口。它可以通过 SDO 类或值类型来实现。当一个接口由值类型实现时，该接口被称为"本地接口"。继承被称为"本地继承"，因为方法会在包含应值类型的任何地方执行，要么在服务器上作为服务的一部分，要么在客户端上作为代理或消息体的一部分。

（4）操作。操作是方法签名，包含返回类型和一系列参数。参数可以指定为"in"（仅输入）、"out"（仅输出）或"inout"（同时输入和输出）。返回类型和参数可以是枚举、基本类型、引用、向量或值类型。操作可能会抛出异常，表明发生了错误或意外情况。操作可以包含在类、接口或值类型中。在后一种情况下，包含在值类型中的操作被称为"本地方法"，因为它们在值类型所在的任何地方执行。

（5）异常。操作可能会抛出异常，以指示错误或意外情况。异常可以包含枚举、基本类型或对 SDO 的引用。

（6）枚举。枚举表示用户定义的类型，该类型可以接受多个预定义值中的一个。枚举可以包含在异常、值类型或向量中。枚举可以用作操作的参数和返回值。

（7）基本类型。基本类型表示不可分割的信息类型。基本类型可以包含在异常、值类型和向量中。基本类型可以用作操作的参数和返回值。TENA 元模型支持以下基本类型：

① short——有符号的 16 位整数。

② unsigned short——无符号 16 位整数。

③ long——有符号的 32 位整数。

④ unsigned long——无符号的 32 位整数。

⑤ long long——有符号的 64 位整数。

⑥ unsigned long——无符号的 64 位整数。

⑦ float——32 位浮点值。

⑧ double——64 位浮点值。

⑨ octet——未类型化的、未解释的 8 位值。

⑩ char——被解释为 ASCII 字符的 8 位值。

⑪ string——作为基本类型的字符序列。

⑫ boolean——一个 8 位的值，表示两个值中的一个：TRUE 或 FALSE。

（8）引用。引用表示指向 SDO 类的分布式"指针"。通过使用对 SDO 的引用，用户可以直接导航到该 SDO。当用户使用（解除引用）引用时，它将获得 SDO 的代理，包括 SDO 发布状态的当前版本。引用可以包含在值类型、向量和异常中。它们可以用作操作的参数和返回值。单个引用，引用的是特定类型的 SDO。

（9）向量。向量代表一个元素序列，所有元素都是相同类型。向量可以由其他向量组成，因此向量支持逻辑靶场开发人员所需的任意级别的组合。向量可以是值类型、基本类型、枚举或引用等的序列。一系列相似类型的 SDO 类的向量，可以包含在另一个类中。向量可以用作操作的参数和返回值，也可以包含在值类型中，还可以用作数据流的帧。因为值类型也可能包含向量，所以逻辑靶场对象模型开发人员可以创建相当复杂的属性。例如，一个特定值类型的向量包含另一个值类型的向量，该值类型包含基本类型、枚举、引用以及另一个基本类型的向量等。

（10）值类型。值类型是一个只存在于给定进程空间的局部对象，但可以通过值从一个进程传输到另一个进程。最重要的值类型，是隐式地包含在 SDO 类发布状态中的值类型。值类型也可以用作消息体和数据流的帧，具有以下属性：

① 值类型可以包含其他的值类型（组合）。

② 值类型可以包含任意数量的枚举。

③ 值类型可以包含任意数量和类型的基本类型。

④ 值类型可以包含对 SDO 类的任意数量的引用。

⑤ 值类型可以包含有任意数量元素的向量。

⑥ 值类型可以包含在向量对象中。

⑦ 值类型可以继承另一个值类型（单继承实现）。

⑧ 值类型可以实现任意数量的接口，被称为"局部继承"。

⑨ 值类型可以有任意数量的操作，这些操作也称"局部方法"。

⑩ 值类型可以用作操作的参数和返回值。

⑪ 值类型可以用作 SDO 类的发布状态。

4.3.3.3　TENA 对象模型

本节介绍 TENA 对象模型，包括表示和存储方法，以及创建和标准化过程。

1. 目的

TENA 对象模型是为所有靶场资源应用提供通信用的公共语言，从而在靶场资源应用之间实现语义互操作性。TENA 对象模型最终将编码靶场资源应用之间通信的所有信息。对象模型显然包含许多不同类型的信息。专家认为，所有这些不同类型的信息都可以用 TENA 元模型中的元素来表示。TENA 对象模型的创建和标准化工作是 TENA 架构工作中最重要的部分，并且将对未来靶场资源的互操作性、可重用性和可组合性产生最积极的影响。

2. 前期努力

1997 年，FI 2010 项目开启，TENA 对象模型的设计工作也随之启动，TENA 架构工作组最终构建了 TENA 对象模型的自顶向下视图，如图 4.9 所示。在构建视图的同时，获得的第一个经验是形成了许多有用的见解。首先，在构建过程中，发现自底向上的方法（而不是自顶向下的方法）更适合于逐步创建一个通用的 TENA 对象模型，因为互操作性是基于真实细节存在的，而这些细节不存在于自顶向下的设计方法中。

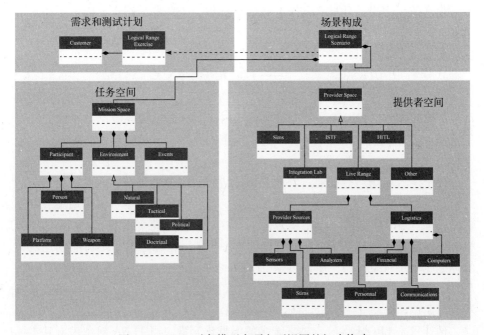

图 4.9　TENA 对象模型自顶向下视图的初步构建

从早期的 TENA OM 工作中得到的第二个经验是，在一个靶场内通信的信息存在两种类型：

（1）由靶场资源和测试设备产生的信息，或是产生关于靶场资源和测试设备的信息（"提供者空间"信息）。

（2）由被测系统或训练观察者产生的信息，或是产生关于这两者的信息（"任务空间"信息）。

人们很早就认识到，与任务空间信息相比，靶场具有更多的能力来描述和标准化提供者空间的信息。靶场标准——靶场指挥委员会，有一个特定的章程来标准化提供者空间的信息。然而，却没有相关信息来规范任务空间。但是，这些信息必须标准化，以达到国防部的互操作性目标。在这个问题上，模拟领域正在努力，试图标准化任务空间，这些工作包括实时平台联邦参考对象模型（Real-Time Platform Reference Federation Object Model，RPR-FOM）、海军训练联邦对象元模型（Naval Training Meta-FOM，NTMF）。上述模型属于 HLA 范畴，不幸的是，模拟领域使用的 HLA 元模型与 TENA 元模型功能有所差异，因此必须对这些对象建模工作的结果进行一些调整，使其与 TENA 兼容。

在构建图 4.9 的过程中，获得的第三个经验是，为给定测试事件创建方案与对象模型中正在标准化的对象是分开的，即使它们之间存在依赖关系。方案很大程度依赖用户的目标和需求，其中目标是处于任务空间中，而不是处于提供者空间。方案本身就是一个值得研究的领域，包括理论基础和组成部分，所以需要做很多工作以创建一个标准化的方案描述。

3. 运行中的 TENA 对象模型——逻辑靶场对象模型

逻辑靶场对象模型用于给定逻辑靶场的运行，以满足特定用户对特定靶场活动的直接需求。LROM 是一个逻辑靶场内的所有靶场资源应用共享的公共对象模型。它可能包含标准的 TENA 对象模型的元素，也可能包含非标准的对象定义。

每个逻辑靶场运行都通过它的 LROM 进行语义上的绑定。因此，为特定的逻辑靶场运行定义 LROM 是最重要的任务，它将单独的靶场资源应用集成到逻辑靶场中。LROM 是由逻辑靶场开发人员在计划逻辑靶场时定义的。4.3.4 节将详细讨论如何创建 LROM。由于在创建一个逻辑靶场之前，不可能创建所有的标准 TENA 对象模型，所以创建 LROM 是非常必要的。正如下面所讨论的，TENA 对象模型的开发是一个渐进的、迭代的过程，所以需要 LROM 概念来表示在特定逻辑靶场上使用的特定对象模型。随着 TENA 对象模型创建趋向完整，预计每个 LROM 将包含越来越多的标准化元素。当 TENA 对象模型基本标准化后，LROM 将表示为 TENA 对象模型的子集。虽然如此，但是允许包含其他尚未完全标准化的对象，因为随着技术的进步，会有新的功能不断引入。

4. 描述和存储 TENA 对象模型

TENA 对象模型使用 UML 进行描述。UML 是一种通用、开放的标准，可以表示 TENA 元模型中的所有特性。UML 也是表示对象模型的商业标准。TENA 设计一组规则，将上述 TENA 元模型定义编码到 UML 中。

根据出现在靶场活动中的不同阶段，TENA 对象模型的实现可能会有所不同，如图 4.10 所示。例如，在执行期间，从一个靶场资源应用传输到另一个靶场资源应用的对象，可能只有一个实现；相同的对象，当存储在仓库或逻辑靶场数据档案中时，可能具有完全不同的实现，包括不同的行为，而这些实现必须相互兼容。

从技术角度出发，期望 TENA 对象模型中对象的 UML 描述可以编译或转换为软件或数据库模式。逻辑靶场技术流程（图 4.15）的两个编译步骤，在 TENA 对象模型与 TENA 基础设施兼容上，是不可或缺的。当用两种或两种以上不同的编程语言（如 Java 和 C++）实现单个 SDO 时，也会出现类似的问题。在这种情况下，就像管理数据库模式一样，TENA 依赖于一个标准代码生

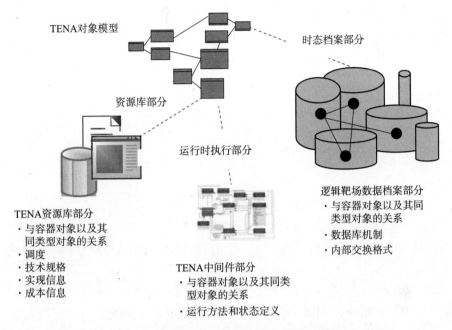

图 4.10　TENA 对象模型的不同取决于对象存储的时间和位置

成器，即 4.3.6.3 节中描述的逻辑靶场对象模型实用程序之一，以保持每种表示之间的兼容性。

　　TENA 对象模型，是由靶场标准化的所有类、值类型和相关信息的定义组成的。这些定义包括对象在所有不同方面的潜在关系，见图 4.10，这些关系可能会在整个逻辑靶场生命周期中发生变化。这些定义存储在 TENA 仓库中（见 4.3.3.4 节）。对于定义在其接口（远程或本地方法）中的操作，TENA 对象也可能有标准的实现，而这些实现也可以存储在仓库中。并非所有 SDO 方法的实现都需要标准化，TENA 的一个显著优势是能够使用标准接口与许多非标准接口的测试设备进行通信，每个系统都有自己独特的方法实现。

　　这种基于文本的表示称为 TENA 定义语言（TDL），用于正式定义 LROM 中的对象，然后将其编译为可执行代码。TDL 是基于 OMG 的接口定义语言（Interface Definition Language，IDL），但是添加了一些关键字（用于 SDO 的类、向量），使对象的定义符合 TENA 元模型。

　　5. TENA 对象模型的开发

　　在 TENA 对象模型的开发过程中，得到了许多有用的经验教训。其中之一是认识到标准的 TENA 对象模型只能采用自底向上的方法逐步构建。自底向上方法的一个基本特征是，开发过程首先必须创建构建块对象，即几乎所有靶场内使用的小对象。这种信息的一个例子，是无处不在的时间—空间—位置信息（Time-Space-Position Information，TSPI）。靶场为实现靶场之间的互操作性，必须首先构建诸如 TSPI 信息包中的所有元素，并完成标准化。一旦将每个构建块对象定义为 SDO 并进行了标准化，就可以通过组合将它们包含到其他需要此类信息的对象中。所以，TENA 对象模型开发过程首先关注的是这些小的、永远存在的、可重用的对象，而不是关注更深奥的或大规模的信息建模问题。

TENA 没有给出 TENA 对象模型定义对象的技术过程，因为这一过程需要对当前或未来存在的靶场系统有着深入的理解，以及需要掌握对象建模技巧和方法。

创建 TENA 对象模型的过程依赖于四类人员：

（1）靶场指挥委员会是靶场的正式标准机构。

（2）TENA 架构管理团队—— 一个由 TENA 架构中所有利益相关者组成的组织。

（3）AMT 对象模型构建组织（AMT Object Model Working Group，OM-WG）——AMT 的一个下属团队，负责 TENA 对象模型开发的日常管理和技术工作。

（4）逻辑靶场开发人员——根据需要为逻辑靶场创建对象定义，并将其提交标准化。

TENA 对象模型开发过程是迭代的，每一步的成果和经验都会反馈到前面的步骤中，基本过程包括以下步骤：

（1）逻辑靶场开发人员将 TENA 兼容的应用程序与 TENA 中间件集成，并为逻辑靶场确定一个 LROM。

（2）LROM 被编译成源代码，输入 TENA 仓库，以便将来重用，并在一个或多个逻辑靶场运行中进行测试。

（3）OMWG 与逻辑靶场开发人员合作，消除对象定义的冲突。当建议使用新的或修订的对象定义时，将在逻辑靶场运行中测试它们。

（4）经过不同逻辑靶场的多项测试之后，当对某个对象定义有足够信心了，逻辑靶场开发人员代表赞助该对象定义的赞助商，将其提交给 AMT 审查，以待标准化。

（5）鼓励新的逻辑靶场采用候选对象来进行测试，并验证实用程序。

（6）当 AMT 对某对象定义获得足够的信心时，AMT 投票批准该对象的标准化，并将批准的对象转发给 RCC 进行审核。

（7）RCC 将批准的对象定义分配给它的下属团队进行研究。根据团队的报告，进行投票表决是否能成为标准，当被拒绝后，给出存在的问题，并返回

AMT。AMT 针对问题执行特定操作，包括对对象定义的修订。

从上述过程可以看出，构建和标准化 TENA 对象模型，是一个非常慎重和渐进的过程。以上提到的不同标准化级别也是必要的，以便在定义完整的 TENA 对象模型之前，靶场就可以开始使用 TENA。上述过程中所提及的标准化可以分为四个层级：

（1）非标准化对象。非标准化对象定义不属于下面三个类别中的任何一个，仅为给定逻辑靶场而定义。

（2）候选对象。候选对象在多个靶场活动中作为众多逻辑靶场的一部分进行测试，并被 OMWG 作为候选标准提交给 TENA 架构管理团队（Architecture Management Team，AMT）。

（3）AMT 批准的对象。AMT 已经验证了某对象定义，并已经完全消除了与其他候选目标的冲突，经 AMT 批准，提交靶场指挥委员会进行标准化。

（4）RCC 标准化的 TENA 对象。经 RCC 审核为标准的对象定义，可以组成标准的 TENA 对象模型。

每个 LROM 都可以包含上述四个层级中的任一对象。

6. 应用程序管理对象

为了在一个逻辑靶场中，完全集成诸如 TENA 工具、TENA 控制和管理应用程序（见 4.3.6.4 节），靶场资源应用必须向逻辑靶场公开一个接口，以便它们可以被访问。在某些情况下，出于安全考虑，甚至可以直接控制。这个接口是通过应用程序管理对象（Application Management Object，AMO）来实现的。AMO 表示逻辑靶场内的应用程序，每个靶场资源应用必须发布一个表示自身的 AMO，因此 AMO 是每个 LROM 的一部分。AMO 是一种 SDO，具有用于初始化、控制和向应用程序传递消息的远程调用接口。AMO 还具有描述应用程序运行状况和发布状态属性。在所有靶场资源应用中，AMO 定义是唯一的。每个靶场资源应用开发人员，都必须提供 AMO 接口背后的底层功能，并且必须定期更新 AMO 的发布状态。从这个意义上说，每个 AMO 实例都是为其特定的应用程序定制的。然而，AMO 的定义是整个 TENA 的标准。

7. 环境

互操作性的一个关键方面是公共上下文。这意味着，需要对靶场操作的发生环境有一个共同的理解。如果没有这种公共环境表示，就不可能实现完全的互操作性。但是，以一种标准的、计算机可理解的方式来表现自然环境是一项艰巨的任务。环境的每一个元素，如地球的形状、地形、地形特征、城市地区、水深、海况、大气条件和天气，都必须用标准的方式来表示。将如此大量的信息标准化的过程非常复杂，DMSO 启动了合成环境数据表示和交换规范

（Synthetic Environment Data Representation and Interchange Specification，SEDRIS）项目，对该过程进行研究。尽管 SEDRIS 起源于模拟领域，但同样适用于靶场。

SEDRIS 包含两个关键问题：①环境数据的表示；②环境数据集的交换。

为了实现第一个目标，SEDRIS 提供了一个数据表示模型（Data Representation Model，DRM），并编制了环境数据编码规范（Environmental Data Coding Specification，EDCS）和空间参考模型（Spatial Reference Model，SRM），这样工程师就可以清晰地表达自己的环境数据，同时也可以使用相同的表示模型来明确地理解其他数据。因此，SEDRIS 解决了语义问题。

对于第二部分，从实践中可以发现，仅仅是能够清楚地表示环境数据是不够的，还必须能够以有效的方式与他人分享这些数据。因此，SEDRIS 的第二个方面是如何使用数据表示模型来描述交换的数据。交换的部分，即 SEDRIS API，在语义上与数据表示模型耦合。在这方面，SEDRIS 并不试图判断、支持、区分不同领域是如何使用环境数据的。相反，它为所有用户提供了一种统一的机制来描述这些数据。

在使用 SEDRIS 作为其表示环境信息的模型时，TENA 存在一个问题：由于 SEDRIS 中元模型与 TENA 的元模型稍有不同，SEDRIS 关注非运行时（Non-runtime）的信息交换，所以对其进行修改，以使 SEDRIS 元模型适应 TENA 元模型，以便 SEDRIS 信息可以在执行期间进行交换，这些工作由 OMWG 与 SEDRIS 项目组一起来完成，定义符合 SEDRIS DRM、EDCS 和 SRM 的 TENA 对象，调整环境 SEDRIS 模型，以便在靶场活动的执行阶段使用它。除了执行时间之外，标准的 SEDRIS API、工具和实用程序都被 TENA 整体采用。

8. 时间

对于互操作性所需的公共环境，另一个关键部分是时间的度量。由于所有靶场都有不同的接口来从外部硬件源检索时间，所以没有用于测量正确时间的 TENA 标准机制。相反，TENA 指定了一个用于检索正确时间的公共软件机制，一个在 TENA 中间件中定义的框架，该框架定义了这个底层硬件机制公共接口。这种对时间的理解，不同于任何时间 SDO，后者也可能被定义为 TENA 对象模型的一部分。时间 SDO（可能是 TSPI 对象的一部分）可能是对该 TSPI 对象的有效时间进行编码，以便传输到其他靶场资源应用，而不是测量当前时间。要测量当前时间，可以使用中间件定义的适当接口，该接口的实现由靶场资源开发人员创建，以匹配其平台的硬件时间测量功能。这个公共接口提供了必要的标准化，以支持所有应用程序以某种方式访问正确时间，以及支持这些应用程序之间的互操作性。TENA 技术架构的规则 6 要求所有靶场资源开发人员实现接口，并指定靶场资源开发人员记录如何度量时间和度量的准确性。

9. 场景

如上所述，场景代表了靶场活动的初始条件，包括对用户目标和需求的理解、靶场资源应用和被测试系统列表以及这些资产的初始条件。场景并没有定义为 SDO（尽管它可能包含关于 SDO 的信息），因为它是用于初始化靶场活动的，并且在执行期间不进行通信。该场景是使用事件规划工具套件开发和编写的，然后存储在逻辑靶场数据档案中。靶场资源应用，从存储在逻辑靶场起始部分的场景中，检索它们的初始化信息。

10. 元数据

TENA 对象模型中的对象定义，在仓库中存储时，都与元数据列表相关联，包括其历史和谱系、标准化状态以及依赖于它的其他对象定义。这样做的目的是让逻辑靶场开发人员（或 TENA 工具和实用程序的用户）能够方便使用，让构建 LROM 和场景变得更简单、更快捷。

4.3.3.4　TENA 公共基础设施

TENA 元模型和 TENA 对象模型为 TENA 应用程序提供了公共语言和公共上下文。TENA 公共基础设施为这种通信提供了一套标准通信机制。该基础设施被设计为支持 TENA 事件生命周期所有阶段的通信，并包含两种主要的通信范式：

（1）在不同时间运行的应用程序间通信。需要使用某种形式的持久存储，来存储它们正在通信的信息。

（2）在相同时间运行的应用程序间通信。以时间作为主要考量因素，传递大量信息。

TENA 公共基础设施包含三个部分：

（1）TENA 仓库。该仓库包含了不特定于给定逻辑靶场的所有信息，包括 TENA 对象模型、TENA 实用程序和工具的可执行文件、TENA 基础设施软件、TENA 文档、经验教训和其他必要信息。

（2）逻辑靶场数据档案。该部分包含运行逻辑靶场所需的所有数据，如场景数据、初始化信息、事件期间收集的数据和汇总信息。它是逻辑靶场内应用程序之间非实时（持久）通信的主要手段。

（3）TENA 中间件。TENA 中间件负责在执行时将逻辑靶场捆绑在一起，在事件期间靶场资源应用之间提供高性能、低延迟、实时通信。它还提供了在运行期间访问逻辑靶场数据档案的功能。

上述部件在整个 TENA 事件的生命周期中提供了实现互操作性所需的所有功能。

1. TENA 仓库

1）目的和要求

TENA 仓库包含与 TENA 相关的、不特定于给定逻辑靶场的所有信息。从本质上讲，它是一个大型的、统一的、安全的数据库。对于用户来说，它是一个统一接口的仓库，从中可以使用 TENA 所需的不同类别信息。仓库包含的每一类信息都可以单独存储。可能有许多底层物理数据存储机制能容纳仓库的信息——关系数据库、面向对象数据库、层次数据库甚至平面文件。然而，从用户的角度来看，仓库就是所有 TENA 信息的统一容器。

仓库必须能够包含以下信息：

（1）TENA 对象模型——类、值类型等的定义。

（2）SDO 方法的标准实现（易于标准化的方法，如坐标转换）。

（3）关于对象定义和实现的元数据，包括它们的谱系、标准化状态、安全状态、先前的使用、与其他对象和应用程序的潜在不兼容性和不一致性等。

（4）所有 TENA 工具的可执行版本。

（5）TENA 中间件的对象代码和库。

（6）TENA 相关文档。

逻辑靶场历史运行有关的存档信息，主要包括场景信息、收集的数据、汇总数据、经验教训等。所有这些信息，对于实现应用程序级的可组合性来说都是必要的，通过 TENA 仓库，用户可以很轻松地得到。特别是，对象和应用程序可以一起使用的元数据。

仓库的最后一个要求是安全性，即只有被授权的人，才能访问或更改信息。按照设想，仓库的非密版本将公布在公共 Internet 上，且安全可控，以防止未经授权的访问。仓库的涉密版本托管在各种涉密网络上，以支持秘密、机密或以上信息存储。或者，资料库的内容可以不时地发布在一套涉密数字通用光盘（Digital Video Disc，DVD）上，供不接入外部网络的安全设施使用。

整个 TENA 仓库由 Fl 2010 项目管理，鼓励各个领域创建他们自己的（子）仓库，这些仓库最终将集成到整个 TENA 仓库中。

2）分层设计

仓库的分层设计如图 4.11 所示。

图 4.11 中，第一层包含数据库中的原始数据，每个数据库都配有一个数据库服务器。数据库服务器可以是关系数据库、多媒体数据库、面向对象数据库或任何其他持久存储服务。

第二层对数据进行统一化处理。其主要是将底层信息融合，创建联邦数据库。联邦代理组件负责以一致的格式或模式代理底层数据。它们互相通信，以

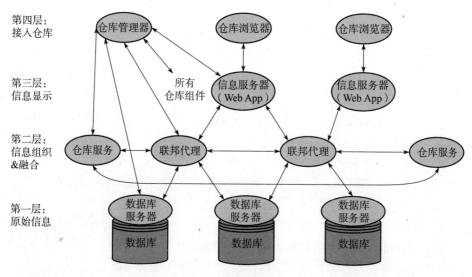

第四层：
接入仓库

第三层：
信息显示

第二层：
信息组织
&融合

第一层：
原始信息

图 4.11 多级仓库设计

合理地融合第一层提供的信息。见图 4.11，代理不一定与所有底层数据库服务器通信，而是专门与一个或几个底层数据库进行通信。

第三层负责向用户提供信息。其包括与客户端（如第四层所示）交互的信息服务器。在某些情况下，如果信息服务器是简单的 Web 服务器，则客户端是 Web 浏览器。它们也可以是更复杂的应用服务器，为更复杂的用户机提供重要的活动功能。一般来说，无论如何实现，信息服务器根据仓库服务的限制和策略，由代理（Broker）负责将融合后的信息提供给用户。用户使用仓库客户端应用程序，如仓库管理器或仓库浏览器（见 4.3.6.3 节），查看和/或更改和重新安排底层 TENA 仓库中的信息。请注意，仓库浏览器只与信息服务器交互（因此可作为真正的 Web 浏览器实现），而仓库管理器（因为它负责保持整个仓库系统正常运行）必须与仓库系统中的所有组件交互。

2. 逻辑靶场数据档案

1）目的和要求

逻辑靶场数据档案（Logical Range Data Archive，LRDA）的目的是存储信息并提供信息检索功能，这些信息是与逻辑靶场运行相关的所有持久信息。LRDA 必须提供以下关键功能的服务：

（1）存储场景和其他重要的事件前的（Pre-event）信息和计划。

（2）存储和提供初始化信息，使靶场资源应用可以初始化，分析应用程序在执行分析时，可以检查这些初始化信息。

（3）在事件执行期间支持快速数据收集，能够存储逻辑靶场运行期间所创建的所有相关数据，并对其进行分析，以满足事件的目标。

（4）在可能存在的多个收集点存储信息，因为许多靶场资源应用需要在本地存储关键信息，同时逻辑靶场开发人员也采用集中式收集功能。

（5）支持对所收集信息的临时性分析，这样分析应用程序就可以理解逻辑靶场的状态以及所有参与者的活动。

（6）支持事件执行期间的查询，因为许多靶场活动要求分析应用程序在出现某一类行为时及时地进行反馈。

（7）支持事件后分析查询。

（8）支持安全设置，只有授权的应用程序，才能按照预定好的安全权限来访问信息。

（9）在事件的整个生命周期中，支持 TENA 对象模型的概念，见图 4.10。

（10）支持靶场操作员管理整个 LRDA 的能力。

（11）支持应用程序在事件前的阶段使用标准机制和 API 来交换信息。

换句话说，LRDA 需要高性能、分布式、临时性组织的数据库，支持实时查询。在一台计算机上运行的单个数据库，是不可能同时满足上述所有要求的。因此，几乎在所有情况下，它都是某种联邦多数据库，在逻辑靶场内的许多计算机上运行。

2）分层设计

LRDA 的分层设计如图 4.12 所示。与 TENA 仓库一样，逻辑靶场数据档案的这种设计，不包含在单个计算机上运行的单个数据库，而是包含在整个逻辑靶场内的多个计算机上运行的联邦多数据库。

在这种设计中，有三种类型的底层数据库组成了逻辑靶场数据档案：

（1）本地（靶场资源应用程序）数据档案。应用程序并不公开发布这些信息，但是需要进行收集分析工作。这些信息可能包括关于 SDO 上远程方法调用的信息、TENA 中数据档案管理器性能的信息、其他应用程序定义的信息。

（2）公共（数据收集器）LROM 数据档案。这些数据档案由数据收集器（见 4.3.6.3 节）写入，收集公共 LROM 信息，包括 SDO 发布状态、消息和数据流。根据逻辑靶场的性能要求，数据收集器及其相关的数据存档，可以与靶场资源应用在同一台计算机上运行，也可以在不同的计算机上运行。

（3）数据档案索引服务器。数据档案索引服务器包含全部 LRDA 的逻辑靶场场景数据，并能工作在管理者模式下。在执行过程中，它包含指向上述数据档案中正在收集的数据的指针，以及包含上述数据档案中正在收集的数据的元数据，如果需要，可以访问这些数据。在靶场活动之后，上述存储中的数据

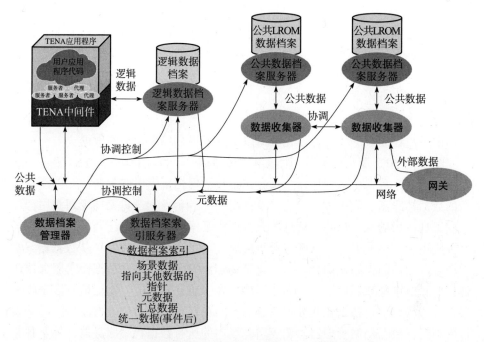

图 4.12　逻辑靶场数据档案的分层设计（斜体部分）及其
与 TENA 应用程序（黑体部分）之间的关系

可以统一到数据档案索引中，以获得更快的分析和查找能力。如果逻辑靶场的
性能满足要求，那么这种统一数据的操作可以在事件执行期间完成。

　　图 4.12 中，每个靶场资源应用都有一个内置在 TENA 中间件本地副本中
的小型数据收集器。使用 TENA 中间件 API，靶场资源应用可以指定信息类
型。在执行过程中，TENA 中间件将指定的信息转发到本地计算机上的数据库
服务器。本地数据档案服务器负责定期将本地收集的信息的元数据转发到数据
档案索引服务器。这个元数据不是数据本身，而是必要的最小信息，以便数据
档案索引服务器可以从需要的数据库请求记录或表数据。默认的操作是在每个
靶场资源应用中设置本地数据存档服务器。

　　数据收集器是记录公共 LROM 信息的主要工具，这些信息是 SDO 的发布
状态更新、消息和来自靶场资源应用与来自网关的数据流。根据逻辑靶场的需
求和逻辑靶场开发人员所做的决策，可以在每个逻辑靶场中运行一个或多个数
据收集器。如果只有一个数据收集器，则在执行过程中收集所有 LROM 信息。
如果有多个数据收集器，那么可以分工各收集 LROM 信息的一部分。在简单系
统中，可以根据一些预先定义的标准收集数据。在复杂系统中，可以基于预测
数据收集负载的算法，在运行时平衡负载。在这种情况下，数据收集器属于

153

"联邦"，因为它们在执行期间相互协调，以提供最佳（或次最佳）自适应收集策略。每个数据收集器都有一个公共的数据档案服务器，以区别于本地数据档案服务器和数据档案索引服务器。与本地数据档案服务器一样，公共数据档案服务器定期向数据档案索引服务器发送元数据，以便知道任何信息的位置，并可以在运行时检索它。

数据档案索引服务器提供数据档案索引信息，其中包含场景、指向其他数据档案所收集的数据的指针、元数据以及在逻辑靶场中收集的数据。

图 4.12 中，逻辑靶场数据档案的生命周期，可以看作一对多、多对一的过程。首先，数据档案管理器工具会初始化数据档案索引服务器，并创建一个新的数据档案索引。在执行之前，事件规划工具套件和逻辑靶场规划实用程序中的工具使用场景、初始化信息填充数据档案索引。在初始化期间，每个靶场资源应用和 TENA 工具，直接或者间接地（通过 TENA 中间件）从数据档案索引中获取它们的初始化信息。初始化靶场资源应用时，本地数据档案服务器创建一个新的本地数据档案，并向数据档案索引服务器注册。类似地，数据收集器在开始操作时也初始化其数据存档，并向数据存档索引服务器注册。随着执行的临近，数据档案管理器协调逻辑靶场内的所有数据档案服务器，并监视它们的运行状况和性能。

此时，逻辑靶场数据档案处于一对多、多对一过程的"多"阶段，因为此时，逻辑靶场数据档案由许多单独的数据档案服务器组成，这些服务器由数据档案索引服务器绑定在一起。随着执行的展开，每个附属数据档案服务器将适当的元数据（或者，如果性能允许，可用真实数据）发送到数据档案索引服务器。事件分析器工具套件中的工具，可以在执行过程中直接查询数据档案索引服务器。数据档案索引服务器从附属数据档案服务器中整理查询结果，并将结果返回到查询应用程序。执行结束后，数据档案管理器启动一个受监管的合并进程，通过这个进程，每个附属数据库的数据都被注入数据档案索引中。有时，这种合并可以通过使用网络上的标准机制来实现。有时，性能满足的情况下，可将附属数据档案文件在网络上整体转移，然后加载到数据档案索引中。这种合并的机制必须由逻辑靶场数据档案系统设计人员决定。

合并阶段完成后，逻辑靶场中的所有数据现在都包含在单个数据档案索引中，现在进入一对多、多对一流程的第二个"一"阶段。合并所有数据，使分析变得更加快捷方便。但有时由于信息量太大，无法合并。在这些情况下，数据档案索引服务器继续工作，并作为底层分布式联邦数据库系统的中心，但是在查询性能上存在明显的下降。随着分析的进行，事件分析工具套件中的工具，可能会将"减少的"或"处理的"数据存入数据档案索引中。在所有分析完成之后，所有具有价值的可重用信息都被输入 TENA 仓库中，数据存档索引被备份到可移动媒体中，这个过程就可以重新开始。

各种数据档案服务器与 TENA 中间件集成在一起，但在独立运行时，还拥有 TENA 中间件之外的标准接口（ODBC、JDBC、SQL、CORBA）。该特性确保可以获得对信息的最高性能访问，并简化 TENA 中间件的设计，因为它不需要被设计成高性能的联邦数据库引擎以及高性能的实时数据分发系统。

（4）分阶段设计方法。上述分层设计中，所描述的 LRDA 原型的构建不可能立即完成，可以采用一种分阶段的方法，首先从包含在平面文件中的单个未连接日志开始，通过增加支持单独数据库的功能，从而进行反复的构建，链接到数据库，其次形成一个安全的联邦式的多数据库系统。因此，LRDA 建立在许多原型中，每个原型将处理上述不同方面的需求，直到它们都可以实现。在原型设计过程的每个阶段，都要征求靶场用户的反馈，以便最终产品能够满足靶场的绝大多数需求。调整 LRDA 以满足单个靶场需求的能力，这对这些项目或靶场也很重要，因为无论出于何种原因，都不能脱离靶场使用 LRDA。

3. TENA 中间件。

1）目的和要求

TENA 中间件在靶场资源应用和工具执行期间使用，TENA 中间件是高性能、实时、低延迟的通信基础设施，并用于与对象相关的所有通信，其中，这些对象都是基于逻辑靶场对象模型。TENA 中间件与 LROM 对象定义一起链接到每个 TENA 应用程序中。TENA 中间件支持 TENA 元模型，是 TENA 对象模型中所有对象的通信机制。TENA 中间件的目的是提供一个统一的应用程序编程接口来支持 SDO、发布和订阅消息、数据流以及到逻辑靶场数据档案的链接。

TENA 中间件必须实现创建、管理、发布和删除 SDO、消息和数据流的功能。它必须具有支持管理 LROM 对象的服务，如对象级别的安全性、数据完整性（以维护已发布的对象状态信息之间的一致性）和对象之间的正式关系。它必须基于 TENA 元模型支持多种不同的通信策略，包括 SDO 上的远程方法调用、基于订阅的 SDO 发布状态传播以及基于订阅的消息和数据流传递。每一个策略都可以有多个与之相关联的服务质量，因此，SDO 发布状态的传播可以用"尽力而为"的方式来完成。可靠的交付可以保证给定的更新能到达预期的目的地，但可能需要额外的处理或延迟才能实现。"尽力而为"通信不能保证交付，但可以更有效地实现，特别是一对多通信。

TENA 中间件必须支持许多不同的通信方式，如传统的 IP 网络、共享内存和反射内存。与传统网络一样，在将信息从一个媒介转移到另一个媒介时，网关（路由器）是必要的。

TENA 中间件支持用于创建和管理逻辑靶场的基本服务，包括逻辑靶场内的障碍同步、对象身份验证和安全性。

由于 TENA 中间件必须连接到所有靶场资源应用中，而且必须运行在各种各样的平台上，并支持靶场中使用的各种编程语言。它还必须适应各种应用程序的线程和进程管理策略，从单进程、单线程应用程序到多进程、多线程应用程序。它必须通过提供内省和动态调用服务，来支持不具有 LROM 或不具有部分 LROM 的应用程序。

TENA 中间件 API 是所有靶场资源开发人员在构建应用程序时使用的标准。TENA 中间件 API 标准化过程，是以类似于 TENA 对象模型标准化过程的方式进行处理，首先必须得到 AMT 的批准，然后再由 RCC 进行标准化。

TENA 中间件的设计必须满足与 HLA 模拟之间的互操作，并使过程尽可能透明。在 TENA-HLA 网关应用程序的设计和实现中，难点是 HLA 时间管理功能的实现（见 4.3.6.5 节）。

2）分层设计

TENA 中间件的分层架构如图 4.13 所示。

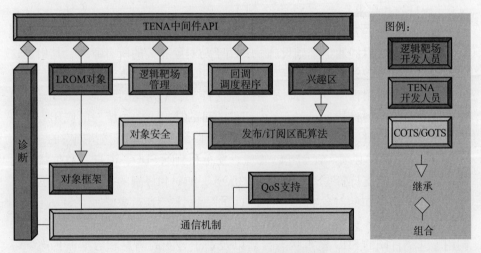

图 4.13　TENA 中间件的分层架构

图 4.13 中，TENA 中间件 API 是许多独立服务的组合，这些服务处理并管理 LROM 对象、管理逻辑靶场、提供从中间件到靶场资源应用的回调，以及为应用程序提供声明方法（用于感兴趣数据的订阅请求）。设计出专门的分布式算法，完成发布者和订阅者之间的映射功能。其还包括其他一些算法，支持不同级别和类别的服务质量（Quality of Service，QoS）。最后，需要一组底层通信机制在网络上传输和接收信息。图中，TENA 中间件的某些部分，如通信

机制和提供对象安全的服务，都是基于商用现货或政府现货的软件组件。LROM 对象定义以及订阅兴趣，都是由逻辑靶场开发人员定义的，并继承自 TENA 中间件 API 中定义的框架。

4.3.4　TENA 公共技术流程

公共技术流程主要集中在逻辑靶场操作概念中的事件前和事件后两个阶段，分别对靶场资源开发人员和逻辑靶场开发人员的活动进行规范。

其中，靶场资源开发人员主要是指设计新的靶场测试设备的开发人员，靶场资源开发人员主要关心应用程序算法的功能和正确性，而不是分布式逻辑靶场的细节；同时，他们关心应用程序和逻辑靶场其余部分之间的互操作性。

逻辑靶场开发人员主要针对给定靶场设备及用户目标设计靶场事件、逻辑靶场对象模型、兴趣管理声明和数据库，并负责定制和优化 TENA 软件性能（TENA 中间件、TENA 工具、网关等）。

4.3.4.1　准备活动

逻辑靶场的开发涉及靶场测试设备及逻辑靶场对象模型的开发，为实现用户需求，前期准备工作包括以下几个方面：

（1）靶场人员和开发人员参加 TENA 架构管理团队会议，细化 TENA 架构，审查 AMT 工作组的报告，批准候选对象模型。

（2）靶场人员参与 TENA 对象模型标准化过程，帮助创建和消除对象定义的冲突。

（3）靶场资源开发人员创建和/或修改软件和测试设备。

（4）靶场资源开发人员将应用程序、TENA 中间件和现有的 TENA 工具集成，确保与 TENA 兼容。

（5）利用 TENA 仓库，靶场人员审查现有靶场资源应用、对象模型定义，以及使用仓库浏览器工具获取资源文档。该仓库还将包含 TENA 工具、TENA 中间件、其他 TENA 基础架构组件以及任何其他与 TENA 相关的软件和信息的可下载副本。

（6）仓库工具用于管理仓库，包括存储新的信息，淘汰旧的或过时的信息及应用程序，并执行"配置管理"和安全功能。

准备活动如图 4.14 所示，在准备过程中，TENA 仓库是创建、浏览和交换信息的中心资源。

4.3.4.2　构建活动

为使靶场各项资源应用能够在逻辑靶场范围内与 TENA 中间件和 TENA 对象模型一起工作，需要对应用程序进行重新设计或者更新。靶场资源开发人员

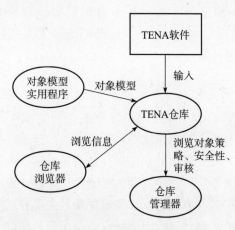

图 4.14　准备活动

根据 LROM 对象定义修改应用程序，并编写代码，实现满足靶场资源应用的需求。通过使用 TENA 代码生成器生成 LROM 对象定义，并转换成一致的源代码。逻辑靶场开发人员必须实现给定 LROM 对象定义接口的功能。通过使用程序编辑器，将应用程序代码和 LROM 源代码都编译成对象代码。对象代码与 TENA 中间件链接，以创建可执行应用程序。此外，代码生成器还可以创建逻辑靶场数据档案所需的数据库模式，而逻辑靶场数据档案本身由数据档案管理器创建并初始化。具体过程如图 4.15 所示。

图 4.15 中，用户应用程序代码是靶场资源开发人员编写的代码，LROM 对象定义、LROM 对象实现、逻辑靶场数据档案模式和生成 LROM 源代码表示逻辑靶场开发人员编写的 LROM；编译器、LROM 对象库、TENA 中间件、应用程序对象代码与链接器是由 TENA 提供、实用工具产生或者特定的计算机系统开发环境提供，数据档案管理器和对象模型实用程序是 TENA 实用工具；逻辑靶场数据档案和 TENA 中间件是 TENA 公共基础设施的部分。完成应用程序的编译和链接后，就可以对其进行测试和验证。

4.3.4.3　事件前活动

为了能够顺利执行设计的事件，为逻辑靶场开发人员提供创建逻辑靶场的技术指导，在事件执行前，首先完成以下工作：

（1）确定测试/训练目标和要求。

（2）确定所需靶场资源。

（3）确定非 TENA 规范的应用程序。

（4）确定交换的信息。

（5）确定应用程序需要的信息。

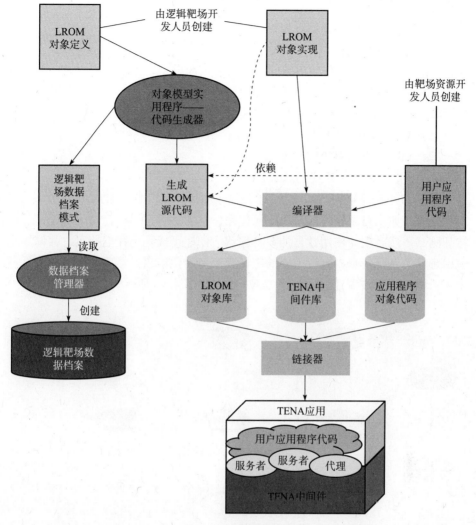

图 4.15　构建活动

（6）确定 TENA 存储库中是否包含上述信息的对象定义。

在逻辑靶场操作六项活动的前三项中，设计了特定测试或训练事件的信息架构（Information Architecture，IA）。IA 描述了事件中所有信息生产者和消费者的关系，包含了事件执行过程中所需的通信（网络）能力。逻辑靶场开发人员使用 TENA 逻辑靶场计划实用程序创建并分析逻辑靶场的 IA，并可以在不同配置下，模拟靶场资源的执行情况。每个"信息"映射成 TENA 对象定义，获得逻辑靶场语义全局图像。仓库浏览器用于查看 TENA 仓库，以了解与逻辑靶场的信息需求相关的 TENA 对象模型的状态。逻辑靶场开发人员使用逻辑靶场计划实用程序来收集信息，并使用对象模型实用程序构建 LROM。通过上述过程，完成逻辑靶场信息架构的实现。

在构建信息架构和 LROM 时，必须审核资源可用性。逻辑靶场开发人员通过查看 TENA 仓库，以确定哪些 TENA 靶场资源可用，包括应用程序、网关和其他工具。使用事件规划工具协助用户进行这些计划工作。当逻辑靶场整体设计完成后，逻辑靶场开发人员可以得到以下信息：

（1）参与靶场资源应用。

（2）LROM 中的对象及其来源。

（3）网关和其他 TENA 工具。

（4）应用程序之间的联通状态，包括使用的网络和预期的信息流速率。

此时，如果需要创建或修改应用程序，则需要对它们进行修改、编译、链接和测试。然后用户使用数据档案管理器，创建逻辑靶场数据档案，存储给定逻辑靶场的重要信息，包括重要的靶场资源初始化信息。最后，组装并测试整个逻辑靶场。这些事件前阶段的 TENA 状态如图 4.16 所示。

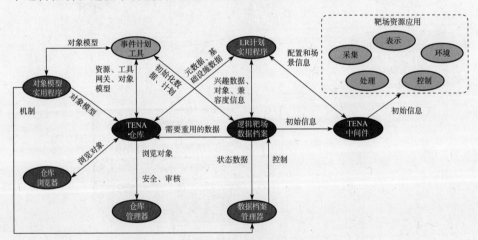

图 4.16　事件前活动

从图 4.16 中可以看出，在事件前的活动中，TENA 仓库和逻辑靶场数据档案非常重要。实用程序访问仓库中的信息进行必要的修改，最后将其存储到逻辑靶场数据档案。靶场资源应用使用 LRDA 中的信息进行初始化，使用 TENA 中间件 API，并作为访问持久初始化信息的标准机制。

4.3.4.4　事件中活动

在此阶段，启动靶场资源应用、非 TENA 应用程序、模拟、工具和网关，开始逻辑靶场的执行。事件管理器工具负责启动逻辑靶场的所有成员。按照计划展开场景，每个应用程序产生和/或使用与其功能对应的信息。事件管理器还负责管理和控制逻辑靶场，使用事件监视器监视逻辑靶场。数据收集器负责收集数据，存储于逻辑靶场的数据档案中。使用通信管理器工具监控和管理通信基础设施状态。使用事件分析器工具套件和靶场特定的分析应用程序，进行初步分析。模拟、C⁴ISR 系统和任何非 TENA 靶场系统可以使用网关应用程序将信息输入逻辑靶场。当测试或训练事件结束时，事件管理器工具关闭所有应用程序。

事件中 TENA 的活动如图 4.17 所示。该阶段，重点是 TENA 中间件，主要负责信息交换 TENA 工具（斜体部分所示）和实用程序（黑体部分所示）辅助用户管理逻辑靶场的运行。

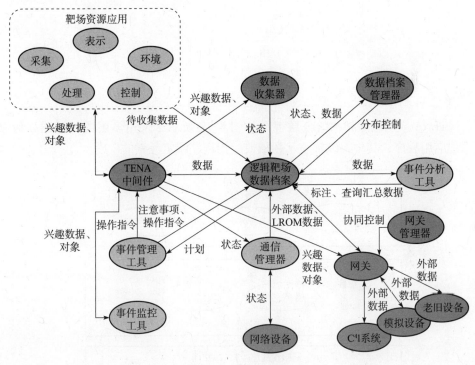

图 4.17　事件中活动

4.3.4.5　事件后活动

在此阶段，根据逻辑靶场数据档案中收集的信息，使用靶场资源和事件分析器工具套件执行分析操作。回放工具提供审查和回放功能，靶场操作员使用该工具为用户创建一个汇总数据包。待处理的和可以重用的数据存储在逻辑靶场数据档案中。实用程序的事件数据存储在 TENA 仓库中，以备将来重用。该阶段 TENA 的活动如图 4.18 所示。与事件前活动一样，重点是逻辑靶场数据档案和仓库。

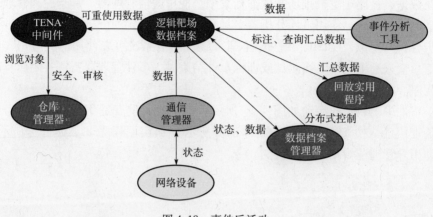

图 4.18　事件后活动

4.3.5　应用程序架构

TENA 应用程序架构的分层视图如图 4.19 所示，采用多层图例描述如何构建应用程序，其中，纵轴表示领域或应用程序特定元素的广度。

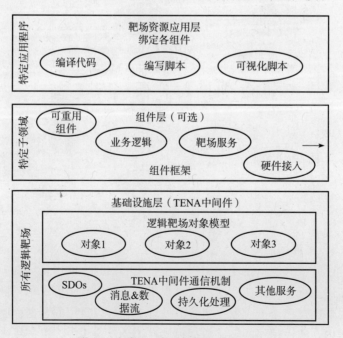

图 4.19　TENA 应用架构的分层视图

162

基础架构层定义逻辑靶场内的通信规范和服务。TENA 中间件代表通信机制，包括 SDOs、消息和数据流的发布和订阅、通过逻辑靶场数据档案进行持久化，以及逻辑靶场功能所需的任何其他中间件服务。LROM 框表示编译到应用程序中的对象。

组件层定义了子领域中的可重用组件。由于 TENA 定义了整个领域，子领域表示诸如 GUIs、处理算法或对硬件的访问等内容。可重用组件附加到开发人员选择的组件框架上，组件封装了该域业务逻辑的重要方面。

靶场资源应用层定义了特定于单个应用程序的所有软件。一般来说，在没有使用组件框架中组件的情况下，该软件包括为应用程序创建所需的所有功能。在使用组件的情况下，该应用程序将所有组件绑定在一起。

4.3.6　TENA 产品线架构

TENA 产品线架构解决了为实现 TENA 的愿景需要构建哪些可重用的应用程序的问题。产品线架构跨越了架构决策的所有方面，是基于操作架构得到的。在产品线架构中有四种基本的应用类别：靶场资源应用、TENA 实用程序、TENA 工具和网关应用程序。

4.3.6.1　产品线分析

通过分析 TENA 的驱动需求和操作架构，能够得到对工具和实用程序的实际需求。TENA 产品线的部分产品以及它们之间的关系，如图 4.20 所示。图中，TENA 仓库、TENA 中间件、逻辑靶场数据档案为基础设施部分，斜体部分为靶场资源应用和 TENA 工具，黑体部分为 TENA 实用程序，黑色阴影部分为外部（非 TENA）系统。

4.3.6.2　靶场资源应用

美国靶场内的所有资源应用都属于 TENA 产品线的一部分。JORD 在其需求中列出了几十个当前靶场的测试设备，这些系统都是兼容 TENA 的备用系统。

4.3.6.3　TENA 应用程序

TENA 应用程序提供辅助 TENA 靶场实现的功能。

1. 仓库管理器

仓库管理器用于管理、控制、保护和写入 TENA 存储库。它使用图形用户界面，帮助开发人员与存储库进行信息交互，并对数据进行维护管理。

2. 仓库浏览器

仓库浏览器用于检索应用程序、对象模型定义或其他信息。浏览器可以将信息（如 LROM 对象定义或经验教训）输入存储库。仓库浏览器与事件规划

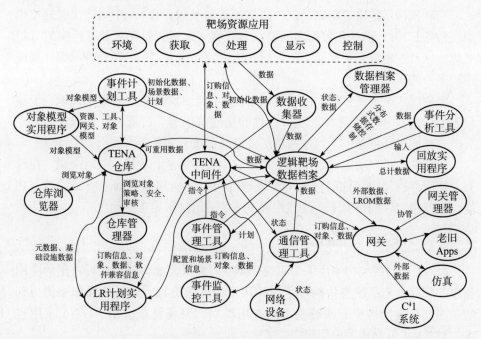

图 4.20　TENA 产品线的视图

工具套件和逻辑靶场对象模型实用程序套件中的工具协同工作，以帮助开发人员创建逻辑靶场。

3. 逻辑靶场对象模型实用程序套件

逻辑靶场对象模型实用程序套件是辅助创建和管理逻辑靶场的 LROM。套件中的工具如下：

（1）语法检查器：确保给定的 LROM 对象能满足 TENA 元模型的要求。

（2）代码生成器：从 LROM 对象定义中，生成 C++或 Java 源代码。

（3）模式生成器：为逻辑靶场数据档案生成数据库模式，该模式与 LROM、TENA 中间件的设计，以及与数据收集器的设计一致。

（4）逻辑靶场对象模型验证工具：验证应用程序是否使用了一致的 LROM。

4. 逻辑靶场计划实用程序套件

逻辑靶场计划实用程序套件是为 TENA 在靶场中工作而设计的应用程序。套件中的工具如下：

（1）事件信息架构分析工具：创建并模拟逻辑靶场的系统级视图，包括性能预测和网络建模。逻辑靶场设计者使用该工具对不同逻辑靶场配置的执行进行分析。

（2）应用程序验证器：测试和验证给定应用程序的 TENA 兼容度。

164

（3）应用程序配置工具：用于靶场操作员配置资源应用。

（4）逻辑靶场检出工具：提供了执行先前逻辑靶场测试的能力。

5. 数据档案管理器

TENA 的数据收集器是由一组复杂的分布式数据档案组成的。数据档案管理器工具负责管理这些不同的数据档案。

6. 数据收集器

数据收集器用来记录公共 LROM 信息——SDO 发布状态更新、消息和来自靶场资源应用和网关的数据流。

7. 回放实用程序

回放应用程序为训练或测试等事件提供回放功能。

8. 网关管理器

当多个网关用于逻辑靶场执行时，网关管理器用于协调和控制多个网关。

4.3.6.4　TENA 工具

TENA 工具是通用的、可重用的应用程序。逻辑靶场开发人员和事件计划人员可以借助 TENA 工具，管理计划、执行和分析逻辑靶场的运行。

1. 事件规划工具套件

逻辑靶场开发人员用来创建逻辑靶场，主要实现以下功能：

（1）训练目标分析——确定给定事件的目标，以及为这些目标匹配靶场内资源。

（2）场景定义——帮助用户确定参与者、测试系统，以及确定训练或测试事件中的事件序列。

（3）辅助完成各靶场事件所需的所有计划（安全计划、测试计划、数据收集计划等）。

（4）辅助完成成本预测，以及完成靶场事件计划的维护工作。

2. 事件管理器/监控器

在逻辑靶场执行期间监视和控制靶场资源应用（包括地图显示和信息架构显示），可以向事件指挥人员显示 SDO 发布的状态、消息或数据流的原始值。当出现系统崩溃等情况时，负责重启已崩溃的应用程序。

3. 通信管理器

通信管理器用以监视物理网络，并通知用户可能发生的影响逻辑靶场执行的问题。

4. 事件分析器工具套件

事件分析器工具套件提供逻辑靶场的所有分析功能。例如：

（1）实时分析逻辑靶场的重要方面，包括其操作条件。

（2）对收集到的数据进行事件后处理，包括删除冗余数据和统计分析。

（3）与预测结果进行对比分析。

4.3.6.5　TENA/非TENA网关应用程序

网关应用程序允许TENA靶场资源应用与非TENA应用程序的集成。美军当前使用的重要网关包括：

1. C^4ISR 系统网关

C^4ISR 系统能够为作战人员提供信息优势，C^4ISR 系统目前是基于JTA和DII COE的公共架构构建的。目前使用的 C^4ISR 系统有很多，包括全球指挥与控制站（Global Command and Control Stations，GCCS）、CEC、先进野战炮兵战术数据系统（Advanced Field Artillery Tactical Data System，AFATDS）等系统都需要集成到逻辑靶场中。

2. 靶场实体网关

"实体"指的是靶场上用于测试或训练目的的系统（如船舶、车辆、飞机等）。如果这些系统使用 C^4ISR 设备，则需要为战术接口（如JTID、Link-16、TADI-J、Link-11等）单独设置网关。每个网关都需要以灵活的方式构建，以便适应不同的LROMs。

3. HLA网关

HLA是国防部仿真建模和仿真的标准架构。HLA提供了一个公共机制，解决模拟的互操作性及可重用性。为了满足JORD的需求，必须实现TENA与HLA的集成。

网关应用程序还提供了一些复杂的功能，如可以智能地订阅特定网关所需的信息、多网关联合平衡网络负载。为了实现这些功能，设计了网关管理器实用程序来执行管理功能。

4.4　TENA的应用及发展

TENA是基于大量靶场操作员和工程师的实际经验，结合先进信息系统架构师和设计师的经验开发的，而其发展是基于联合愿景2010/2020文件中描述的需求，开发过程遵循以下三个基本原则：

（1）TENA对象模型需要经过靶场事件的测试。

（2）TENA软件，包括公共基础设施、工具和实用程序也需要经过靶场事件的测试。

（3）TENA体系结构不指定任何特定的商业软件产品。

4.4.1　靶场的迁移

靶场使用 TENA 的关键因素之一，是靶场参与了 TENA 的创建。TENA 架构管理团队实现了将靶场集成到 TENA 的开发过程。

驱动需求要求，TENA 必须逐步部署到靶场中。不能试图关闭靶场去部署 TENA。许多重要的靶场上，每天都在进行训练/试验，将 TENA 迁移到靶场的唯一方法就是逐步迁移，每次迁移一个靶场资源应用。如何通过使用网关来部署 TENA，使其对靶场活动的影响最小，如图 4.21 所示。

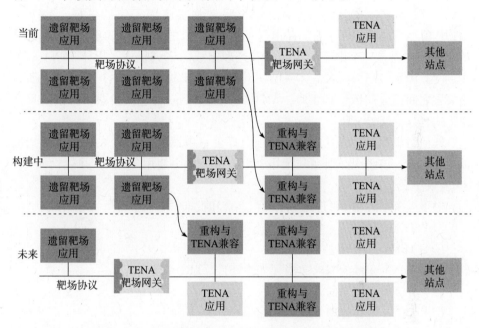

图 4.21　网关的使用——将 TENA 逐步迁移到现有靶场

图 4.21 的前三分之一显示了一个靶场的网络组成部分。TENA/Range 网关提供靶场协议，以及用于正在测试或部署的 TENA 应用程序之间的交互服务。这些 TENA 应用程序的部署不会对靶场操作产生任何负面或干扰作用。

图中间的三分之一显示了一些重要的应用程序，需要经过重新设计才能与 TENA 兼容。在这里，与 TENA 兼容的靶场资源应用和重新设计的应用程序，是在一个逻辑靶场内一起工作。那些尚未与 TENA 兼容的应用程序需要网关进行连接。

图的后三分之一显示了 TENA 完全兼容的靶场资源部署关系。在这种情况下，靶场的大部分活动是由与 TENA 兼容的应用程序执行的。由于成本或复杂性原因，可能存在一些遗留系统不能与 TENA 兼容。对于这些应用程序，仍然可以使用网关使之连接到逻辑靶场。

在图 4.21 所示的三个场景中，TENA 基础设施是靶场间融合的基础。

4.4.2 　TENA 管理结构及其标准化

TENA 是由中央试验和评估投资计划资助的，该计划由国防部长办公室、运行测试和评估理事会管理。

CTEIP 建立了 TENA 架构管理团队来协助定义 TENA。AMT 是一个组织，每 6~8 周召开一次会议，审查 TENA 定义和实施等工作的进展。AMT 由 CTEIP 项目副经理担任主席，并由与 TENA 相关的所有国防部组织代表一起管理。AMT 本质是一个由靶场工程师和经理组成的咨询机构，指导 TENA 的发展，使其满足靶场的需求。体系结构问题由 AMT 提出并讨论，目标是在所有相关方之间达成共识。必要时，AMT 成员就重要问题进行投票，投票结果作为正式建议提交给 CTEIP。

任何组织都可以通过向 CTEIP 项目办公室申请成为 AMT 的成员。申请成员的要求是，该组织必须在其靶场、设施或计划中使用 TENA，并能投入 TENA 发展中。

对下列事项，由 AMT 负责评议、审查和批准：

（1）TENA 文档。

（2）TENA 对象模型的元素。

（3）TENA 元素的需求文档（如中间件、LRDA 或工具）。

（4）TENA 存储库的内容。

（5）TENA 配置管理计划。

（6）TENA 的测试计划。

虽然 AMT 不是一个正式的标准机构，但它负责审批 TENA 的所有元素（包括 TENA 对象模型、中间件 API 等），这些元素必须提交给靶场指挥委员会或任何其他标准机构，进行正式的标准化。

4.4.3 　TENA 的改进和细化

TENA 的改进主要是在 4.4.2 节提到的组织所进行标准化工作上进行的，并将根据实际需求，进一步定义运营概念和产品线的发展。这两个领域是密不可分的，随着新工具的定义，需要创建新的流程，以便将这些工具有效地集成到靶场工程师、靶场操作员和靶场资源开发人员的工作中。同样，随着对操作概念更深层次的理解，也将拓展工具使用的新领域。TENA 工具的目的是解决逻辑靶场 ConOps 中使用困难、耗时或昂贵的问题。因此，ConOps 中的更改，将与 TENA 产品线中定义的工具的更改、修订和添加密切相关。

1. 构建和发展 TENA 公共基础设施

TENA 公共基础设施的设计，与具体技术无关，其底层功能（以及使用的商业产品）对绝大多数逻辑靶场和靶场资源开发人员都是隐藏的。基础设施功能被封装在标准的 TENA 中间件 API 中。这个标准保护用户不受底层 TENA 基础设施功能更改的影响。只要 TENA 中间件 API 能够以清晰、全面和高效的方式定义，任何底层技术都可以更新或修改，而不会影响绝大多数符合 TENA 的靶场资源应用。然而，在管理 TENA 中间件 API 标准的变化时，必须非常谨慎。一旦 TENA 中间件 API 完成并标准化，对这个 API 的任何更改，都必须按照正式的 TENA 中间件 API 管理流程进行。这个过程目前由 AMT 定义、记录并发布。

TENA 中间件或 TENA 公共基础设施的其他组件所使用的底层功能或算法并不重要，因为这些功能对绝大多数靶场用户都是隐藏的。

2. 构建和标准化 TENA 对象模型

如 4.3.3.3 节所述，构建和标准化 TENA 对象模型的过程将是渐进的和慎重的，在对象定义成为 RCC 标准之前，需要在许多逻辑靶场内进行测试。最终目标是，开发众多 TENA 对象模型，以满足各方面的需要。当完成这些工作后，OMWG 就可以开发兼容度标准，这样 AMT 就能确定有多少领域已经标准化，开发 TENA 对象模型的后续目标，需要对最重要的"构建块"对象定义并标准化，然后再对其余部分进行系统的标准化。

3. 构建和发展 TENA 工具

工具对 TENA 的实现至关重要，因为它们促进了 TENA 的操作概念。工具的原型必须在开发 TENA 的过程中实现。

4.4.4　TENA 的兼容性

体系结构的兼容性，是指给定系统遵循体系结构规则和实现体系结构功能程度的度量。只有当靶场完全接受该体系结构，TENA 的目标才能实现。逻辑靶场开发人员和靶场资源开发人员都需要 TENA 构建系统方面的指导。

本质上，TENA 的兼容性代表了 FI 2010 项目和靶场的共同承诺，即随着 TENA 的实现及部署，靶场系统能够显著提升互操作性和可重用性，并响应其他驱动需求。特别是建立新的靶场系统造价将更低，花费的时间将更少，同时为客户提供更多的功能。FI 2010 项目组实施并测试 TENA 架构，通过 AMT 向 FI 2010 项目反馈测试结果，并提供改进相关意见。

从广义上讲，只要使用了 TENA 公共基础设施，在不同靶场资源应用、TENA 工具间进行了通信，那么就可以说，它符合 TENA 架构，能参与到整个逻辑靶场的开发和操作中。TENA 是一个全面的体系结构，旨在通过解决和满足驱动需求，为靶场提供重大作用。TENA 提供了操作、规则和标准、公共对象模型、公共基础设施，并且支持强大逻辑靶场概念的工具和实用程序，而且各部分紧密相关。所以，部分遵守 TENA 可能导致只能实现部分驱动需求。TENA 架构师在设计时充分响应了靶场系统开发上的经济性要求，即靶场一次性采用 TENA 的所有方面是不可能的，并不是所有方面都需要立即采用。因此，TENA 试图以一种渐进的、可控的、可测量的和易于理解的方式，将不同的应用程序引入靶场。这种渐进式的部署方法，意味着需要对 TENA 兼容等级进行分类。但是，随着"兼容性等级"概念的提出，出现了明显意想不到的后果，可能会有人认为那些兼容级别较低的应用程序能获得被引入 TENA 架构的最大优势。读者应该注意这个错误，其实，TENA 最大优势只能体现在处于最高兼容级别的应用程序和逻辑靶场中。

TENA 的兼容性是基于 4.3.2 节中给出的最低限度兼容规则、扩展兼容性规则和完全兼容性规则发展的。其中，满足最低限度兼容规则，虽然能够提供一些互操作性，但这个级别并没有解决完整的驱动需求；满足扩展兼容性规则确保应用程序不会使用其他机制进行通信，所有执行时间的通信都是使用 TE-NA 中间件完成的。在这个层次上，时间也以一种标准的方式来处理，这样就不会因为对时间表述或理解的不同而产生不兼容性；满足完全兼容性规则实现了 TENA 的所有目标，应用程序完全集成到标准的 TENA 技术流程中。通过发布一个 AMO，实现 TENA 工具的管理和监视功能。而且，不能使用与其标准应用程序冲突的、不兼容的对象定义。最后，需要使用逻辑靶场数据档案，进行持久通信。这些完全兼容的应用程序的 LRDA 成为 TENA 中间件的一部分，用于创建和维护互操作性、可重用性、可组合性以及其他驱动需求。

4.4.5 体系结构和技术的发展

技术在不断发展，尤其是信息技术正在以前所未有的速度发展。所以，想要预见 10 年后的技术形态是不现实的。但是，只要理解了关键技术原理，可以在一定程度上预见未来的走势，TENA 也是如此。

尽管 TENA 架构定义了公共基础设施和工具，但它没有强制使用某一技术、数据库或对象/请求代理。尽管互操作性是最重要的，但 TENA 允许靶场资源开发人员最大限度地自由选择重要的技术。

TENA 不指定组件架构或靶场资源应用，这意味着不存在完全标准化的组件或应用程序，即使有，从长期来看也不一定有益。TENA 将组件和应用程序的选择留给了逻辑靶场的开发人员，所以在一定时期内，可能存在组件或应用程序功能上的重复。

　　TENA 的设计，是通过应用程序实现更高级的互操作性，所以鼓励靶场资源开发人员使用不同技术，来创建大量可重用的组件和应用程序，并将它们提交到存储库。由靶场来判断哪些值得重用，哪些不值得重用。靶场会将具有重用价值、能增强和改进构架功能的组件和程序保留下来，不合适的组件和应用程序将被废弃。虽然在增强及改进的过程中，可能会引入新的技术，而新的技术必然会对架构的实现带来一些问题，但是，TENA 仍然鼓励使用最新的技术，以便靶场能够打破特定于靶场的信息技术的瓶颈方面，取得更大进步。

第 5 章
单体系结构仿真环境开发与执行过程

DIS、HLA 和 TENA 作为 M&S 领域的三大体系结构，经过多年发展积累了大量用户，这些用户主要集中在训练、测试和系统评估领域。各领域中存在大量的实装、虚拟和构造模型和仿真设备，这些模型和仿真设备可以通过高速网络与先进的仿真服务进行组合和链接，从而建成一个非常强大的仿真集成系统。

在构建 LVC 仿真环境之初，需要根据应用类型，设备连接类型，校核、验证和确认以及安全和成本等问题，综合考虑选择哪种体系结构。然而，由于 M&S 领域的发展日新月异，新技术的出现使之与旧体系的融合越来越困难，不同用户之间的交流也存在困难。所以，为了解决这些问题，需要在这些协议、中间件技术和数据传输存储机制都各异的体系结构间寻找共同点，建立一套标准的、供 LVC 仿真系统构建人员参考的开发与执行通用过程。

IEEE 分布式仿真工程和执行过程推荐规程（IEEE Recommended Practice for Distributed Simulation Engineering and Execution Process，DSEEP）定义了分布式仿真用户开发和执行仿真时应遵循的过程和程序；设计了一个顶层框架，在此框架指导下，用户或组织可以管理低层次工作和系统工程实践工作，并可针对特定用途进行定制。本书前面章节已经介绍了 DIS、HLA 和 TENA 的开发过程，本章主要对 DSEEP 规程进行介绍，在此基础上结合 HLA、DIS 和 TENA 介绍了它们之间的映射关系。需要注意的是，DSEEP 规程并不是为了取代前述各体系结构开发过程，而是为 LVC 仿真系统的开发与执行提供一个更高层次的通用框架，可以根据具体环境定制更详细的过程。

5.1　顶层流程

由于分布式仿真用户群体的需求各异，所以在开发和执行分布式仿真环境过程时不能施加过多限制，需要保证高度的灵活性。例如，不同类型的应用环境在组织和规划方面存在很大不同。所以，需要在更高的抽象层次对分布式仿真环境的开发和执行流程进行规划，如图 5.1 所示。

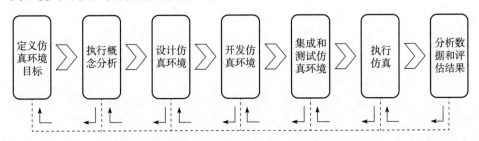

图 5.1　分布式仿真工程和执行过程顶层流程视图

步骤 1：定义仿真环境目标。

用户、主办单位和开发/集成团队定义并商定一组目标，确定为实现这些目标必须完成的工作。

步骤 2：执行概念分析。

开发/集成团队对场景进行开发和概念建模工作，并根据问题空间的特征开发仿真环境需求。

步骤 3：设计仿真环境。

确定现有可重用的成员应用程序，执行成员应用程序修改和/或新成员应用程序的设计活动，将所需功能分配给成员应用程序代表（Representatives），并制定仿真环境的开发与实现方案。

步骤 4：开发仿真环境。

开发仿真数据交换模型（Simulation Data Exchange Model，SDEM），建立仿真环境协议，实现新的成员应用程序和/或对现有成员应用程序的修改。

步骤 5：集成和测试仿真环境。

执行集成活动，并进行测试以验证是否满足互操作性需求。

步骤 6：执行仿真。

执行仿真，并对执行的输出数据进行预处理。

步骤 7：分析数据和评估结果。

对执行的输出数据进行分析和评估，并将结果报告给用户/主办单位。

　　上述七个步骤在不同应用环境下，开发和执行所需的时间和代价会有很大的不同。例如，一个项目可能需要几周到几个月的迭代，才能完全定义大型复杂应用程序的真实世界环境，而在较小、相对简单的应用程序中，相同的活动可能在一天或更短的时间内就能完成。

　　从图 5.1 中可以看出，每一个步骤可能都需要迭代进行，在开发过程中，如果发现当前方案不能输出足够的数据支持最后的分析工作，那么就应该立即停止当前方案。

　　根据分布式仿真环境的复杂度，人员需求也会有很大的不同。在某些情况下，可能需要由多人组成的团队。在大型复杂任务中，个体可能只负责某单一任务；而在小型简单任务中，个体可能承担上述多个步骤的工作。所以，根据所承担的任务，对个体可以分为以下五类：

　　（1）用户/主办单位：确定分布式仿真训练或事件的需求和范围，并确定资金和其他所需资源的人员、机构或组织。用户/主办单位还负责核准参与人员、目标、要求和规范。用户/主办单位指定仿真环境管理者和校核、验证与确认/验收（VV&A）代理机构。

　　（2）仿真环境管理者：负责创建仿真环境、在仿真环境中执行事件以及参与执行事件后活动的人员。任务期间，仿真环境管理者与 VV&A 代理机构协调，然后将事件结果报告给用户/主办单位。

　　（3）开发/集成团队：开发仿真环境的团队，将成员应用程序和系统集成到仿真环境中，规划流程的各个方面并负责确保仿真符合仿真环境协议。

　　（4）验证和确认代理机构：负责验证成员应用程序或仿真环境的人员、机构或组织。

　　（5）认证/验收代理：认证成员应用程序或仿真环境以用于特定目的或目的类别的人员、机构或组织；负责验证仿真环境已经过验证和确认；授权将仿真环境用于其预期用途。

5.2　详细流程

　　5.1 节对 DSEEP 的顶层流程进行了介绍，并对参与仿真环境构建的人员进行了分类，本节主要对顶层流程进行分解，重点分析七个步骤所涉及的信息流、数据流。首先给出 DSEEP 的详细流程视图，如图 5.2 所示。

　　下面对七个步骤进行展开描述。表 5.1 给出了每个步骤所包含的具体活动。

174

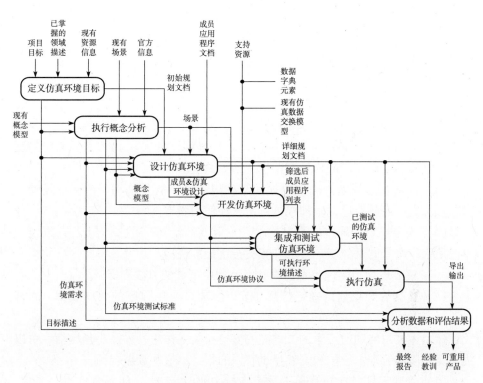

图 5.2   详细产品流程视图

表 5.1   DSEEP 的表格视图

步骤	定义仿真环境目标	执行概念分析	设计仿真环境	开发仿真环境	集成和测试仿真环境	执行仿真	分析数据和评估结果
活动	（1）确定用户/主办单位需求；（2）设定目标；（3）开始初始规划	（1）开发场景；（2）开发概念模型；（3）确定仿真环境需求	（1）选择成员应用程序；（2）设计仿真环境；（3）设计成员应用程序；（4）准备详细计划	（1）开发仿真数据交换模型；（2）建立仿真环境协议；（3）实现成员应用程序设计；（4）实现仿真环境基础设施	（1）计划执行；（2）集成仿真环境；（3）测试仿真环境	（1）执行仿真；（2）准备仿真环境输出	（1）分析数据；（2）评估和反馈结果

需要说明的是，上述图表有序地列出了各项活动，但在实践中却不一定如

175

此，这些活动有可能是并发的或者是迭代执行的。除了上述各个步骤所列举的活动之外，在执行各步骤活动之前，还需要对具体活动进行规划，形成文件，供参与人员查阅使用。以下给出了相关规划内容：

（1）开发和执行计划：确定仿真开发和执行的总体行动计划和里程碑，可以使用活动时间表来描述活动的进展。

（2）校核与验证计划：确定校核与验证仿真环境的方法和指南。

（3）测试计划：确定执行和评估仿真环境测试的方法和指南。确定仿真环境测试标准以及相应的成员应用程序的测试要求。

（4）配置管理规划：确定建立和管理配置基线的方法和指南。在设计上指导对仿真环境的改进，管理成员应用程序使用版本。

（5）安全规划：确定仿真环境的开发和执行应遵守的安全级别，以及成员应用程序所需的具体安全要求和相关指定批准机构。

（6）集成规划：确定整个仿真开发过程中集成的方法和指南。

（7）数据管理规划：确定仿真环境以及成员应用程序的数据收集、管理和分析策略。

除上述规划活动所产生的文件能够支持相关工作之外，一些领域信息可以为仿真环境的管理、维护和开发提供有用的指导。这些领域包括：

（1）管理工具。选择管理工具来支持 DSEEP 活动（如场景开发、需求、概念分析、VV&A 和配置管理）以及如何利用这些工具。

（2）可重用产品。在 DSEEP 活动中可使用的可重用产品，如设计、规范、源代码、文档、测试套件、手册、过程等。

（3）仿真环境支持工具。支持仿真环境构建的工具（如数据简化工具、可视化和仿真环境管理器）以及这些工具在仿真环境中的使用方式。

以下详细描述各 DSEEP 步骤的活动。

5.2.1　步骤1：定义仿真环境目标

DSEEP 第1步的目的是确定需求，然后通过开发和执行仿真环境来满足这些需求，并转化为更详细列表，该步骤主要活动如图5.3所示，图中以数据流的形式描述了各活动之间的输入输出关系，并用数字标识（X.Y）标记，以显示步骤（X）和活动（Y）之间的关系。

5.2.1.1　活动1.1：确定用户/主办单位需求

此活动的主要目的是确定仿真环境要解决的问题。需求的表现形式多种多样，取决于应用范围和规范化程度，具体应包括重要系统的高阶描述、仿真实体的保真度和所需行为的预估、场景中的关键事件和环境条件以及输出数据要

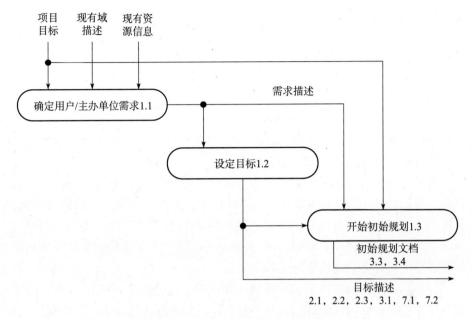

图 5.3　定义仿真环境目标（步骤 1）

求。此外，需求说明应包含可用于支持仿真环境的资源（如资金、人员、工具、设施）以及可能影响仿真环境开发方式选择的要素（如所必需的成员应用程序、截止日期、站点要求、安全要求）。一般来说，应在 DSEEP 的早期阶段确定尽可能多的细节和具体信息。明确用户/主办单位的需求，能够更好地促进仿真环境的开发/集成团队之间的沟通。

1. 输入

该活动的输入主要是启动项目所需的相关信息，这里只列举具有代表性的内容。

（1）项目目标。

（2）现有域描。

（3）关于可用资源的信息。

2. 推荐任务

该活动需要完成的任务包括：

（1）分析项目目标，确定仿真环境开发和执行的特定目的和目标。

（2）确定可用资源和已知的开发和执行约束。

（3）在需求声明中记录上述信息。

3. 结果

该活动的结果产生了需求描述，具体包含以下内容：

（1）仿真环境的目的。

（2）确定的需求（如领域/问题描述、重要系统的高阶描述、预估的所需保真度以及仿真实体的所需行为）。

（3）必须在场景中表示的关键事件。

（4）输出数据要求。

（5）可支持仿真环境的资源（如资金、人员、工具、设施）。

（6）影响仿真环境开发和执行方式的已知约束（例如，时间或安全要求）。

5.2.1.2　活动1.2：设定目标

此活动的主要目的是将需求申明细化，从而为仿真环境设定一组更详细的目标。目标描述明确了仿真需求（即将用户/主办单位高级、抽象的目的转化为更具体、可测量的目标）的基础。这项活动需要仿真环境的用户/主办单位与开发/集成团队之间密切合作，以验证是否正确剖析了原始抽象的需求描述，以及最终的目标是否与所表述的需求一致。

在该活动中，可以根据实际限制（如成本、进度和人员或设施的可用性）进行早期的可行性和风险评估，基于现有技术，判断目标是否可以实现。

1. 输入

该活动的输入主要是活动1.1产生的需求描述。

2. 推荐任务

该活动需要完成的任务包括：

（1）分析需求描述。

（2）根据需求描述确定目标，并按优先度排序。

（3）评估可行性和风险，并纳入目标描述。

（4）为每个目标制定指标。

（5）与主办单位会面，审查目标，并协调分歧。

（6）开始计划讨论仿真环境的开发和执行结果。

3. 结果

该活动的结果产生了目标描述，具体包含以下内容：

（1）可能的解决方案以及对应的最佳仿真环境。

（2）按优先度排序的仿真环境可测量目标列表。

（3）对关键仿真环境特性的顶层描述（可重复性、可移植性、时间管理方法、可用性等）。

（4）领域上下文约束或偏好，包括对象操作/关系和自然环境表示（如覆盖的地理区域、气候）。

（5）确定执行约束，包括功能（如执行控制机制）、技术（如站点、计算和网络操作、性能监测能力)、经济（如可用资金）和政治（如组织责任）。

（6）确定安全需求和潜在的安全风险，包括可能的安全级别和可能的指定审批机构。

（7）确定应用于仿真环境的关键评估指标。

5.2.1.3　活动 1.3：开始初始规划

本活动的主要目的是建立一个初步的仿真环境开发和执行计划，将目标描述以及相关风险和可行性评估转化为初始计划，并提供足够的细节以有效指导早期设计活动。该计划可以包括多个子计划，并应包括诸如校核和验证、配置管理和安全性等考虑因素。该计划还应根据可用性、成本、对给定应用程序的适用性、与其他工具交换数据的能力以及开发/集成团队的个人偏好等因素，为早期 DSEEP 活动提供支持工具。

该计划还应确定关键开发和执行事件的顶层时间表，并为所有预开发（即在步骤 4 之前）活动提供更详细的时间表。请注意，初始计划会在随后的开发阶段进行适当的更新和扩展（见 4.3.3.3 节）。

1. 输入

该活动的输入主要是项目目标和目标描述。

2. 推荐任务

该活动需要完成的任务包括：

（1）确定并记录初始仿真环境开发和执行计划、校核与验证计划、测试计划、配置管理计划、安全计划、集成计划和数据管理计划。

（2）确定支持初始计划的潜在工具。

3. 结果

该活动的结果是初始计划文件，具体包含以下内容：

（1）开发和执行计划，包括活动时间表、详细的任务和确定的里程碑。

（2）校核和验证计划。

（3）测试计划。

（4）配置管理计划。

（5）安全计划。

（6）集成计划。

（7）数据管理计划。

（8）支持场景开发、概念分析、需求、VV&A 和配置管理的管理工具。

（9）可重用产品，以促进跨 DSEEP 活动的重用，涵盖设计、规范、源代码、文档、测试套件、手册和程序、设计、规范的开发和更新领域。

（10）仿真环境支持工具，用于支持数据约简、可视化和仿真环境管理。

5.2.2　步骤2：执行概念分析

　　DSEEP 的第 2 步目的是开发适用于已确定问题空间在真实世界领域内的合理表示，并开发适当的场景。其中，仿真环境的目标被转化为一组高度明确的需求，这些需求将在设计、开发、测试、执行和评估期间使用。该步骤中的关键活动如图 5.4 所示，下面详细描述这些活动。

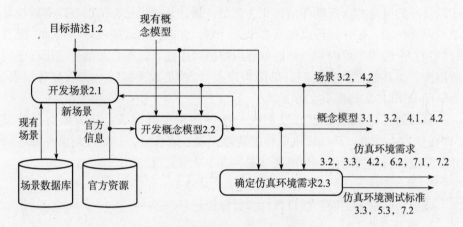

图 5.4　执行概念分析（步骤 2）

5.2.2.1　活动 2.1：开发场景

　　此活动的主要目的是开发场景的功能规范。根据仿真环境的需要，对一个或多个场景进行设计，每个场景由一个或多个具有时序逻辑的事件和行为集组成。此活动的主要输入是目标描述（步骤 1）中指定的约束以及场景数据库中导入的现有场景，虽然现有场景可以作为场景开发的起点，但是仍需要参照概念模型确定更多需求，并与场景同步开发。而在场景构建之前，需要确定从何处获取主要实体及其能力、行为和关系信息。场景信息包含了在仿真环境中必须出现的实体及其类型数量，实体不同时间所呈现的能力、行为和关系信息以及相关环境信息（如城市地形与自然区域），影响或受仿真环境中实体影响的环境类型（白天/夜晚、气候等），还应提供初始条件（如实体的初始地理位置）、终止条件和特定地理活动区域。此活动的产品是一个场景或一组场景，它对概念建模活动起到约束作用。

　　1. 输入

　　该活动的输入主要是目标描述、现有场景、概念模型、官方文档。

　　2. 推荐任务

　　该活动需要完成的任务包括：

180

（1）选择适当的工具/技术来开发和记录场景。

（2）使用官方文档确定需要在场景中表示的实体、行为和事件。

（3）开发一个或多个代表性事件和行为，通过执行产生所需数据。

（4）确定地理区域。

（5）确定环境条件。

（6）确定场景的初始条件和终止条件。

（7）选择适当的场景（或场景集），或者如果要开发新的场景信息，与用户确认新场景。

3. 结果

该活动的结果是场景，具体包含以下内容：

（1）必须在仿真环境中表示的主要实体/对象的类型和数量。

（2）实体/对象功能、行为和关系的描述。

（3）事件时间表。

（4）地理区域。

（5）自然环境条件。

（6）初始条件。

（7）终止条件。

5.2.2.2　活动 2.2：开发概念模型

在此活动期间，开发/集成团队根据用户需求和主办单位目标的解释，对问题空间的概念进行表示。此活动产生的产品称为概念模型（图 5.4）。概念模型作为一种工具，用于将目标转换为功能及行为描述，供系统软件设计人员使用。概念模型作为设计开发活动的基础，体现了目标与最终实现方案之间的联系，可供用户/主办单位验证，并在仿真环境开发的早期活动中发现问题。

概念模型升发阶段，早期需要确定实体及实体之间的静态和动态关系，确定每个实体的行为和转换（算法）。静态关系可以表示为普通的关联或更具体的关联类型，如泛化（"is-a"关系）或聚合（"部分—整体"关系）。动态关系包括具有相关触发条件的实体交互行为的时序序列。实体特征（属性）和交互描述（参数）也可以在早期阶段尽可能地确定。虽然概念模型可以使用不同的符号进行记录，但概念模型必须能够详尽表示一个真实的世界，并包含必要的假设条件和限制列表，从而准确地约束模型行为。

在设计仿真环境之前，还需要评估概念模型，用户/主办单位应对关键过程和事件进行审查，确认是否正确呈现了真实世界。对初始目标和概念模型的修订可作为反馈的结果加以定义和实施。随着概念模型的发展，它从真实世界领域的一般表示转换为仿真环境，并受仿真环境的成员应用程序和可用资源的约束。概念模型将作为后续开发活动的基础，如成员应用程序选择和仿真环境设计、实现、测试、评估和验证。

1. 输入

该活动的输入主要是目标描述、官方领域文档、场景、现有概念模型。

2. 推荐任务

该活动需要完成的任务包括：

（1）选择开发和记录概念模型的技术和格式。

（2）确定并描述领域内的所有相关实体。

（3）确定已知实体之间的静态和动态关系。

（4）确定域中事件及其时间关系。

（5）在概念模型中确定适用的操作概念。

（6）记录概念模型和相关决策。

（7）与用户合作，验证概念模型的内容。

3. 结果

该活动的结果是概念模型。

5.2.2.3 活动2.3：确定仿真环境需求

概念模型的建立隐含了其对仿真环境的需求。这些需求是基于最初的目标描述（步骤1），能够提供设计和开发仿真环境所需的指导。需求应考虑所有用户的具体执行管理需求，如执行控制和监控机制、数据记录等。此类需求还可能影响活动2.1中开发的场景。仿真环境需求还应明确保真度问题，以便在选择仿真环境成员应用程序时可以考虑保真度要求。此外，对仿真环境的程序或技术约束都应在此进行细化并描述，以支持指导实施其他活动。

1. 输入

该活动的输入主要是目标描述、场景和概念模型。

2. 推荐任务

该活动需要完成的任务包括：

（1）确定已知实体的行为和已确定事件的特征（属性）。

（2）确定自然环境表示的要求。

（3）确定实装、虚拟和构造性仿真的需求。

（4）确定人或硬件在环需求。

（5）确定仿真环境的性能要求。

（6）确定仿真环境的评估需求。

（7）确定时间管理需求（实时与慢于或快于实时）。

（8）确定主机、网络和其他硬件要求。

（9）确定支持软件需求。

（10）确定硬件、网络、数据和软件的安全要求。

（11）确定输出需求，包括数据收集、原始执行数据处理和数据分析的需求。

（12）确定执行管理要求。

（13）对上述需求进行审核，确定它们是唯一且可测试的。

（14）确定仿真环境测试标准。

（15）验证需求和项目目标、仿真环境目标、场景和概念模型之间的联系。

（16）记录仿真环境的所有要求。

3. 结果

该活动的结果是仿真环境需求以及仿真环境测试标准。

5.2.3　步骤 3：设计仿真环境

DSEEP 第 3 步的目的是根据步骤 2 中的要求选择成员应用程序，如果没有满足的候选应用程序，则需要重新创建，并与开发团队沟通，开发详细的规划文档。该步骤中的关键活动如图 5.5 所示，下面详细描述这些活动。

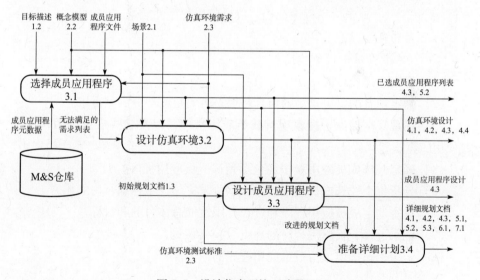

图 5.5　设计仿真环境（步骤 3）

5.2.3.1　活动 3.1：选择成员应用程序

此活动的目的是通过审查候选成员应用程序是否能够表示概念模型中的实

体和事件来判断某仿真系统是否能够工作在设计的仿真环境中。在某些情况下，候选成员应用程序也可能是之前设计的仿真环境，如大型飞行仿真是由单个子系统仿真构成的。管理约束（如可用性、安全性、设施）和技术约束（如VV&A状态、可移植性）都可能影响成员应用程序的最终选择。

在构建大型仿真环境，特别是LVC仿真环境时，用户可能在项目开启之初就决定要采用哪些成员应用程序，并在此基础上进行扩展，以满足新的需求。但是，仍然建议将判断其是否具有成为成员应用程序的资格放在此步骤中完成。因为，在确定成为成员应用程序的同时，会引入一些约束，从而限制了仿真环境的能力。

在某些情况下，可以采用单仿真系统来满足仿真环境的全部需求。使用单个仿真（必要时进行修改）能够避免多成员分布式仿真环境所需的许多开发和集成活动（如步骤4和步骤5所述）。开发人员/集成人员此时需要比较扩展单仿真系统能力与集成多仿真系统能力所耗费的时间和精力，并将新创建软件的可重用性作为考量因素之一。具体可以搜索现有存储库中的候选成员应用程序，查找是否具有环境需要的实体和事件及行为。

1. 输入

该活动的输入主要是目标描述、概念模型、仿真环境要求（包括所需的成员应用程序）、成员应用程序文档、成员应用程序元数据。

2. 推荐任务

该活动需要完成的任务包括：

（1）确定选择成员应用程序的条件。

（2）确定现有的、可重用的仿真环境是否满足或部分满足需求。

（3）在现有存储库中搜索现有成员应用程序，以及这些成员应用程序需要使用的算法和代码。

（4）确定候选成员应用程序（包括预选成员应用程序）。

（5）分析每个候选成员应用程序表示所需实体、事件和行为的能力。

（6）审查选定成员应用程序和资源可用性的总体目的和目标。

（7）记录选择成员应用程序的理由（包括假设）。

（8）记录无法确定成为成员应用程序的原因。

3. 结果

（1）已选成员应用程序的列表以及相关文件，内容包括选择的标准和理由。

（2）未实现的需求清单。

5.2.3.2　活动 3.2：设计仿真环境

确定了所有成员应用程序，就可以准备仿真环境的设计，并将表征概念模型中实体和动作的职责分配给相应的成员应用程序。此活动需要评估所选成员应用程序集是否提供了所需的全套功能。在评估的同时可能会发现一些可以改进概念模型的信息。

分布式仿真环境的设计首先需要选择底层仿真体系结构（如 HLA、DIS、TENA）。应用程序的需求必须与选择的体系结构保持一致，有时可能存在多种体系结构都能满足仿真环境需求。此时，需要根据开发/集成团队对每个候选体系结构的熟悉程度、支持数据模型的充分性、体系结构中间件的健壮性和性能，以及其他所需资源（如工具、文件）的可用性来考虑具体选择哪个体系结构。

在某些大型仿真环境中，有时需要混合使用多种仿真体系结构。这对仿真环境设计提出了特殊的挑战，因为有时需要复杂的机制来解决体系架构接口差异的问题，这将在步骤 4 中讨论。

此活动的主要输入包括仿真环境需求、场景和概念模型（图 5.5）。其中，最关键的是概念模型，确保用户需求能合理地转化为仿真环境设计。高层设计策略，包括建模方法和工具的选择，此时可根据选定的成员应用程序进行重新讨论和协商。当仿真环境开发人员对先前仿真环境进行修改或扩展时，新成员应用程序开发人员必须了解所有相关协议，并适时讨论相关技术问题。对于没有异议的应用程序，可以开始确定仿真执行期间安全保证工作，如指定安全责任、评估安全风险及操作对安全的影响，确定安全级别和行为模式。

1. 输入

该活动的输入主要是概念模型、场景、仿真环境需求、已选成员应用程序列表及未实现的需求清单。

2. 推荐任务

该活动需要完成的任务包括：

（1）根据提供功能和保真度，分析所选应用程序，找到最优者。

（2）对所有选定成员应用程序进行功能分配，并确定是否需要修改或是需要开发新成员应用程序。

（3）确认先前的决定与选定的成员应用程序不冲突。

（4）评估备选设计方案，找到最优仿真环境设计。

（5）开发仿真环境基础设施的设计，选择协议标准和实现。

（6）评估桥接技术的需求。

（7）开发数据库支持的设计。

（8）评估仿真环境性能，并确定是否需要采取措施来满足性能要求。

（9）分析并在必要时完善初始安全风险评估和操作概念。

（10）记录仿真环境设计。

（11）根据需要开发实验设计（如针对具有随机特性的仿真环境）。

3. 结果

该活动的结果是仿真环境设计，主要包括：

（1）成员应用程序职责。

（2）仿真环境体系结构（包括支持的基础设施设计和支持的标准）。

（3）支持工具（如性能测量设备、网络监视器）。

（4）成员应用程序修改及开发新成员应用程序的其他要求。

5.2.3.3 活动3.3：设计成员应用程序

在某些情况下，现有的一组成员应用程序无法完全满足仿真环境的所有需求，需要设计新的成员应用程序或对一个或多个已选成员应用程序进行改进。此活动的目的是将仿真环境的顶层设计转换为成员应用程序的一组详细设计。在修改现有成员应用程序时，需要记录所做更改，以便后期配置控制。

1. 输入

该活动的输入主要是已选成员应用程序列表、仿真环境需求、仿真环境设计、概念模型、场景及初步规划文件。

2. 推荐任务

该活动需要完成的任务包括：

（1）分析仿真环境设计。

（2）设计成员应用程序。

（3）制定测试策略以验证设计，并适当增加测试计划。

（4）制作/更新设计文件。

3. 结果

该活动的结果是仿真环境设计，主要包括：

（1）成员应用程序设计。

（2）改进的规划文档。

5.2.3.4 活动3.4：准备详细计划

由于可能需要对某些成员应用程序进行改进或设计新的成员应用程序，所以需要对原始规划文档进行修改，新的计划应包括成员应用程序的具体任务和里程碑，以及完成每个任务的建议日期。该计划还可以用于确定其余开发过程中所用到的软件工具设计，确定将用于支持仿真环境剩余生命周期的软件工具（如CASE、配置管理、VV&A、测试）。对于新的仿真环境，可能需要设计和开发网络配置计划。这些协议及详细的工作计划，都需要记录下来，以供后期开发参考和未来应用程序重用使用。

1. 输入

该活动的输入主要是改进的规划文件、仿真环境需求、仿真环境设计及仿真环境测试标准。

2. 推荐任务

该活动需要完成的任务包括：

（1）细化并改进初始仿真环境开发和执行计划，包括每个成员应用程序的特定任务和里程碑。

（2）修订 V&V 计划和测试计划（基于仿真环境测试标准）。

（3）建立和管理配置基线计划和程序更新配置管理计划。

（4）确定安全计划以及所需的仿真环境协议和保护这些协议的计划。

（5）确定仿真环境集成的计划和支持方法。

（6）确定数据管理计划，显示数据收集、管理和分析计划。

（7）完成必要的管理工具、可重用产品和仿真环境支持工具的选择，并制订获取、安装和使用这些工具和资源的计划。

3. 结果

该活动的结果是详细地规划文档，主要包括：

（1）开发和执行计划，包括活动时间表、详细任务和里程碑。

（2）验证和确认计划。

（3）测试计划。

（4）配置管理计划。

（5）安全计划。

（6）集成计划。

（7）数据管理计划。

（8）管理工具。

（9）可重复使用产品。

（10）仿真环境支持工具。

5.2.4　步骤4：开发仿真环境

DSEEP 第 4 步的目的是确定在执行仿真环境的过程中运行时将交换的信息，必要时修改成员应用程序，并为集成和测试（数据库开发、安全程序实现等）准备仿真环境。该步骤中的关键活动如图 5.6 所示，下面详细描述这些活动。

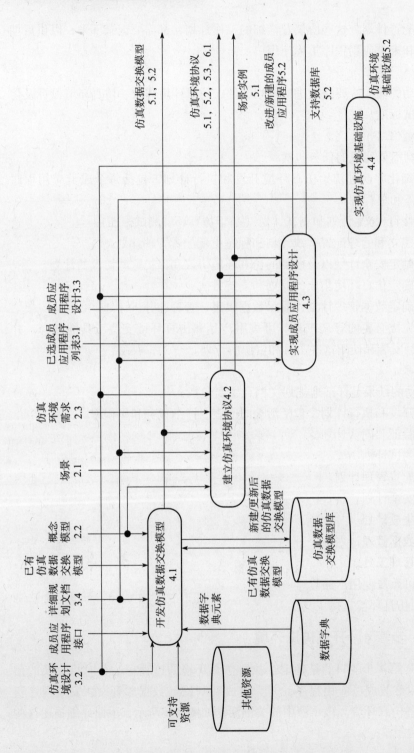

图 5.6 开发仿真环境（步骤 4）

5.2.4.1　活动 4.1：开发仿真数据交换模型

仿真环境需要成员应用程序之间进行必要的交互，从而产生数据的交换。显然，成员应用程序之间必须就如何进行交互达成协议，这些协议是根据类关系和数据结构等软件构件定义的。总地来说，控制这种交互如何发生的协议集被称为仿真数据交换模型。

根据应用程序的性质，SDEM 可以采取几种形式。一些仿真应用程序是严格面向对象的，其中仿真系统的静态和动态视图都是根据 SDEM 中的类结构、类属性和类操作（即方法）定义的。其他的仿真应用程序保持同样的基于对象的范例，但是在不同成员应用程序之间共享实体和事件的状态信息使用的对象表示，都是在成员应用程序内部建模的。SDEM 类似于数据模型，包括一组定义的格式、语法和编码规则。还有一些仿真应用程序在其 SDEM 中可能根本不使用基于对象的结构。相反，重点是运行时数据结构本身和导致信息交换的条件。一般来说，不同的应用程序对成员应用程序之间交互的深度和性质有不同的要求，虽然这些不同的要求将决定 SDEM 的类型和内容，但 SDEM 必须存在，以便确定成员应用程序之间的交互协议，从而在仿真环境中实现协调一致的互操作。

SDEM 开发有许多方法。如果可以在满足所有成员应用程序交互需求的存储库中找到现有 SDEM，那么重用现有 SDEM 是最快捷的方法。如果找不到与当前应用程序需求完全匹配的，那么可以在确定满足其中一些需求的 SDEM 基础上进行修改，以满足全套需求。一些领域为其用户维护参考 SDEM，以促进这种类型的重用。例如，实时平台参考联邦对象模型。还有其他方法，如从小型、可重用的 SDEM 组件以及从成员应用程序的接口合并 SDEM 元素。例如，HLA 仿真对象模型。

1. 输入

该活动的输入主要包括：

（1）仿真环境设计。

（2）成员应用程序接口。

（3）详细的规划文件。

（4）数据字典元素。

（5）现有 SDEM。

（6）支持资源（如 SDEM 开发工具、SDEM 库、词典）。

（7）概念模型。

2. 推荐任务

该活动需要完成的任务包括：

（1）选择 SDEM 开发方法。

（2）确定适当的 SDEM 或 SDEM 子集以供重用。

（3）审查应用程序数据字典，以确定相关的 SDEM 元素。

（4）使用适当的工具开发和记录 SDEM。

（5）验证 SDEM 是否支持概念模型。

3. 结果

该活动的结果是仿真数据交换模型。

5.2.4.2 活动 4.2：建立仿真环境协议

尽管 SDEM 代表了成员应用程序开发人员之间就如何在运行时交互的协议，但是 SDEM 中没有包含仿真环境实现的其他操作协议。此时，开发/集成团队需要确定其他协议以及如何记录这些协议。例如，开发/集成团队使用概念模型来分析仿真环境中所有实体间的必要协议和预期行为，在这个过程中可能需要对已选成员应用程序进行修改。此外，还必须就数据库和算法达成协议，这些数据库和算法必须在整个仿真环境中都能够使用，以正确实现所有成员应用程序之间的交互。例如，为了使不同成员应用程序拥有的对象能够以真实的方式交互和行动，在整个仿真环境中确保表示的特征和现象的一致是至关重要的。而且，必须在所有成员应用程序开发人员中解决某些操作问题。例如，初始化过程、同步点、保存/恢复策略和安全过程的协议都有助于仿真环境的正确操作。

一旦确定了支持仿真环境的所有权威数据源，加载数据就可以生成一个可执行场景实例，并允许用户就预期的行动和事件进行测试。

最后，开发/集成团队必须注意，某些协议可能需要 DSEEP 外部的其他工作配合。例如，某些成员应用程序的使用或修改可能需要用户/主办单位和开发/集成团队之间的协同行动。此外，涉及机密数据的仿真环境通常需要在适当的安全机构之间建立安全协议。这些外部过程有可能在资源或进度方面对仿真环境的开发和执行产生负面影响，应尽早将其纳入项目计划。

1. 输入

该活动的输入主要是场景、概念模型、仿真环境设计、详细的规划文档、仿真环境需求、仿真数据交换模型。

2. 推荐任务

该活动需要完成的任务包括：

（1）确定仿真环境中所有对象的行为。

（2）确定对先前未确定的选定成员应用程序应做的修改。

（3）确定哪些数据库和算法必须是公共的或一致的。

（4）确定成员应用程序和仿真环境数据库的权威数据源。

（5）确定如何在仿真环境中管理时间。

（6）为仿真环境和初始化程序建立同步点。

（7）确定保存和恢复仿真环境的策略。

（8）确定整个仿真环境中的分布数据。

（9）将功能场景描述转换为可执行场景（场景实例）。

（10）审查安全协议，建立安全程序。

3. 结果

该活动的结果有两个：一是仿真环境协议，二是场景实例。仿真环境协议主要包括：

（1）已建立的安全程序。

（2）时间管理协议。

（3）数据管理和分发协议。

（4）确定的同步点和初始化过程。

（5）保存/恢复策略。

（6）关于支持数据库和算法的协议。

（7）权威数据源协议。

（8）出版和订阅责任协议。

5.2.4.3　活动 4.3：实现成员应用程序设计

此活动的目的是完成对成员应用程序所需的修改，使之能够表示概念模型所描述的对象以及相关行为和事件，生成数据并与 SDEM 确定的其他成员应用程序交换数据，并遵守已建立的仿真环境协议。这可能需要对成员应用程序进行内部修改以支持分配的域元素，也可能需要对成员应用程序的外部接口进行修改或扩展，以支持过去不支持的新数据结构或服务。在某些情况下，甚至可能需要为成员应用程序开发一个全新的接口，具体取决于 SDEM 和仿真环境协议的内容。在这种情况下，成员应用程序开发人员在决定完成接口的最佳总体策略时，必须同时考虑应用程序的资源（如时间、成本）约束以及长期重用问题。在需要全新成员应用程序的情况下，成员应用程序设计的实现必须在此时进行。

1. 输入

该活动的输入主要是详细规划文档、已选成员应用程序列表、成员应用程序设计、仿真环境设计、仿真环境协议、场景实例。

2. 推荐任务

该活动需要完成的任务包括：

（1）实现成员应用程序修改以支持分配的功能。

（2）实现对所有成员应用程序接口的修改或扩展。

（3）根据需要为成员应用程序开发新的接口。

（4）根据需要设计新的成员应用程序。

（5）实现并填充支持数据库和场景实例。

3. 结果

该活动的结果主要包括：

（1）改进的以及新的成员应用程序。

（2）支持数据库。

5.2.4.4　活动 4.4：实现仿真环境基础设施

此活动的目的是实现、配置和初始化支持仿真环境所需的基础设施，并验证其是否能够支持所有成员应用程序的执行和交互。这涉及网络设计的实现，如广域网、局域网，网络元件（如路由器、网桥）的初始化和配置，以及在所有计算机系统上安装和配置的支持软件。这还涉及支持集成和测试活动所需的任何设施准备。

1. 输入

该活动的输入主要是仿真环境设计以及详细规划文档。

2. 推荐任务

该活动需要完成的任务有：

（1）准备集成/测试设施，包括：

① 确认基本设施服务（空调、电力等）工作正常。

② 确认集成/测试设施中所需硬件/软件的可用性。

③ 执行所需的系统管理功能（建立用户账户、建立文件备份过程等）。

（2）实现基础设施设计，包括：

① 安装和配置所需的硬件。

② 安装和配置中间件（如 HLA 的运行时基础设施组件）和/其他支持软件。

③ 测试基础设施，保证正常运行。

（3）确认基础设施符合安全计划。

3. 结果

该活动的结果是实现的仿真环境基础设施。

5.2.5　步骤 5：集成和测试仿真环境

DSEEP 第 5 步的目的是对仿真的执行进行规划，连接所有成员应用程序，并在执行之前测试仿真环境。该步骤中的关键活动如图 5.7 所示，下面详细描述这些活动。

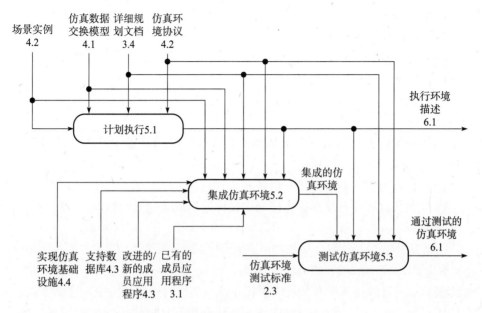

图 5.7　集成和测试仿真环境（步骤 5）

5.2.5.1　活动 5.1：执行计划

该活动的目的是全面描述执行环境并制订执行计划。例如，此时应记录单个成员应用程序和较大仿真环境的性能要求，以及使用的主机、操作系统和网络要求。完整的信息集连同 SDEM 和仿真环境协议为过渡到集成与测试阶段的发展提供了必要的基础。

此步骤中的其他活动包括对测试和 VV&A 计划进行修改，以及（对于安全环境）开发安全测试和评估计划。后一项活动要求审查和验证在仿真环境开发中完成的安全工作，并最终确定安全设计的技术细节，如信息降级规则，此计划是仿真环境所需文档集的一个重要元素。

操作计划也是这项活动的一个关键，说明了哪些人员将以什么方式（如监控、数据记录）操作成员应用程序（操作人员）或支持仿真执行（支持人员）。它应该详细说明执行运行的时间表和每次运行前的必要准备，必要时应对支持人员和操作人员进行培训和演练。应记录启动、执行和终止每次执行运行的具体程序。

1. 输入

该活动的输入包括仿真数据交换模型、场景实例、仿真环境协议以及详细规划文档。

2. 推荐任务

该活动需要完成的任务有：

（1）完善执行、VV&A、集成、测试、数据收集和安全方面的规划文件。

（2）将成员应用程序分配给适当的基础结构元素。

（3）确定风险，并将风险缓解活动（根据需要）添加到仿真环境开发和执行计划中。

（4）确定仿真执行的所有支持和操作人员的培训需求，以及建议的解决方法。

（5）记录与执行有关的所有信息。

（6）在仿真环境开发和执行计划中设计适当的"通过/失败"标准。

3. 结果

该活动的结果是执行环境描述（包括硬件/软件配置）。

5.2.5.2　活动5.2：集成仿真环境

该活动的目的是将所有成员应用程序统一集成到操作环境中。这要求正确安装所有硬件和软件资源，并以支持 SDEM 和仿真环境协议的配置相互连接。仿真环境开发和执行计划是详细规划文档的一个组成部分，它指定了此活动中使用的集成方法，场景实例为集成活动提供了必要的上下文。

集成活动通常与测试活动密切协调执行。迭代的测试——修正方法在实际活动中得到了广泛应用且是非常有效的。

1. 输入

该活动的输入包括：

（1）详细规划文档，包括仿真环境开发和执行计划。

（2）执行环境描述。

（3）仿真环境协议。

（4）场景实例。

（5）仿真数据交换模型。

（6）成员应用程序，包括：

①已选成员应用程序的列表。

②改进的及新开发的成员应用程序。

（7）实现的仿真环境基础设施。

（8）支持数据库。

2. 推荐任务

该活动需要完成的任务有：

（1）确定所有成员应用软件均已正确安装和互联。

（2）建立管理已知软件问题和"解决方法"的方法。

（3）根据集成计划进行集成。

（4）在完全集成的仿真环境中培训支持和操作人员。

3. 结果

该活动的结果是集成的仿真环境。

5.2.5.3　活动 5.3：测试仿真环境

该活动的目的是测试所有成员应用程序是否可以实现核心目标所需的互操作性。仿真应用程序的三个测试级别定义如下：

（1）成员应用程序测试：测试每个成员应用程序，以确认成员应用程序软件在 SDEM、执行环境描述和任何其他操作协议中能够正确执行其承担的任务。

（2）集成测试：将仿真环境作为一个整体进行测试，以验证基本级别的互操作性。此测试主要包括观察成员应用程序与基础设施是否正确交互以及与 SDEM 所描述的其他成员应用程序通信的能力。

（3）互操作性测试：测试仿真环境的互操作能力，以判断实现目标所需互操作性的程度，包括观察成员应用程序根据定义的场景和应用程序所需的保真度级别进行交互的能力。如果应用程序需要，此活动还包括安全认证测试。互操作性测试的结果可能有助于对仿真环境进行验证和确认。

进行互操作性测试的程序必须得到所有成员应用程序开发人员的同意，并记录在文档中。应在测试阶段执行数据收集计划，以确认能够准确收集和存储支持总体目标所需的数据。

此活动的预期输出是一个集成的、经过测试、验证的、经认可的仿真环境（如果需要），下一步可以开始执行仿真环境。如果早期测试和验证发现了问题，应及时纠正问题，并与仿真环境的用户/主办单位进行讨论。

1. 输入

该活动的输入包括详细规划文档，具体包括仿真环境开发和执行计划、仿真环境协议、执行环境描述、综合仿真环境以及仿真环境测试标准。

2. 推荐任务

该活动需要完成的任务有：

（1）预执行经过测试的仿真环境，以确定集成环境中的任何不可预见问题或操作人员使用问题。

（2）执行成员应用程序级测试。

（3）在仿真环境中执行连接性和互操作性测试。

（4）分析测试结果（与仿真环境测试标准进行比较）。

（5）与用户/主办单位一起审查测试结果。

3. 结果

该活动的结果是经过测试的仿真环境，主要包括：

（1）成员应用程序测试数据。

（2）已测试的成员应用程序。

（3）仿真环境测试数据。

（4）纠正措施。

5.2.6　步骤6：执行仿真

DSEEP 第 6 步的目的是执行已集成的成员应用程序集，并预处理结果，输出数据。该步骤中的关键活动如图 5.8 所示，下面详细描述这两项活动。

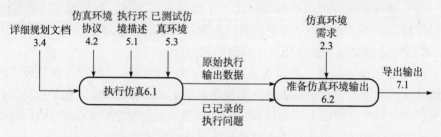

图 5.8　执行仿真（步骤 6）

5.2.6.1　活动 6.1：执行仿真

该活动的目的是在测试仿真环境后，运行仿真环境的所有成员应用程序，以生成所需的输出，从而实现既定的目标。

执行管理和数据收集工作是仿真成功执行的关键。执行管理工作包括通过专用软件工具控制和监视执行过程。可以在硬件级别（如 CPU 使用率、网络负载）监视执行，也可以针对单个成员应用程序或整个仿真环境监视软件操作。在执行过程中，应针对关键仿真环境测试标准涉及的事项进行监控，以对仿真的执行进行即时的评估。

数据收集的重点是收集所需的输出集，以及收集用于评估执行有效性的支撑数据。在某些情况下，如训练后需要回放执行过程，所以需要收集用于回放的数据。这些数据可以通过成员应用程序本身的数据库收集，也可以通过连接到仿真环境基础设施的专用数据收集工具收集。在任何特定仿真环境中收集数据的方式由开发/集成团队决定，并应记录在仿真环境需求、详细规划文档和仿真环境协议中。

当存在安全限制时，在执行期间必须严格注意把握仿真环境的安全态势。

值得关注的是，操作授权通常结合成员应用程序的配置来确定。对成员应用程序或仿真环境组成的任何更改都需要进行安全审查，并且可能需要重新进行安全认证测试。

1. 输入

该活动的输入包括测试仿真环境、详细规划文档、仿真环境协议和执行环境描述。

2. 推荐任务

该活动需要完成的任务有

（1）执行仿真并收集数据。

（2）根据详细规划文档管理执行过程。

（3）记录在执行过程中检测到问题。

（4）确认安全操作。

3. 结果

该活动的结果是经过测试的仿真环境，主要包括：

（1）原始的执行输出数据。

（2）已记录的执行问题。

5.2.6.2　活动 6.2：准备仿真环境输出

该活动的目的是在对输入步骤 7 中的数据进行正式分析之前，根据指定的要求对执行期间收集的数据进行预处理。这可能涉及使用数据简化技术来减少要分析的数据量并将数据转换为所需格式。当出现多个数据源的情况，可能需要采用数据融合技术。进行数据审查，发现丢失数据或错误数据时及时处理。

1. 输入

该活动的输入包括原始数据预处理要求、原始执行输出数据以及记录的执行问题。

2. 推荐任务

该活动需要完成的任务有：

（1）合并数据。

（2）约简原始数据及转换。

（3）检查数据的完整性和可能的错误。

3. 结果

该活动的结果是导出的输出数据。

5.2.7　步骤 7：分析数据和评估结果

DSEEP 第 7 步的目的是分析和评估在仿真环境执行期间获得的数据，并将结果报告给用户/主办单位。该评估对于确认仿真环境是否完全满足用户/主办单位的要求是必需的。根据反馈结果，用户/主办单位决定是否需要进行改进工作。该步骤中的关键活动如图5.9所示，下面详细描述这两项活动。

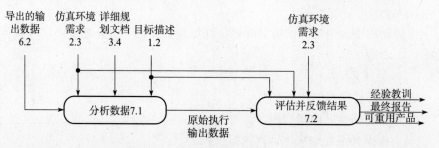

图5.9　分析数据和评估结果（步骤7）

5.2.7.1　活动7.1：分析数据

该活动的主要目的是分析步骤6中的执行数据。这些数据的形式多种多样，如视频、音频及数字信息，需要采用适当的工具和方法来分析数据。这些工具可以是商用或政府现货工具，也可以是为特定仿真环境开发的专用工具。除了数据分析任务外，此活动还包括确定如何将最终结果反馈给用户/主办单位。

1. 输入

该活动的输入包括仿真环境需求、导出的输出数据、详细规划文档以及目标描述。

2. 推荐任务

该活动需要完成的任务有：

（1）使用工具及方法分析数据。

（2）确定最终报告的表示方法。

（3）以选定格式存储数据。

3. 结果

该活动的结果是分析后的数据。

5.2.7.2　活动7.2：评估和反馈结果

该活动共涉及两个评估任务：其一是评估先前活动的输出数据，以确定是否实现所有目标。这需要将执行结果与在步骤2中生成的，并在后续步骤中细化的仿真环境需求进行对比。在绝大多数情况下，在早期的开发和集成阶段，已经确定并解决了可能影响仿真环境执行的问题。因此，对于设计良好的仿真环境，这项任务只是最后的检查。完成第一个评估过程后，应将结论反馈给用户/主办单位。如果出现没有完全实现目标的情况，在用户/主办单位的批准下，综合成本和时间，考虑实施纠正措施。

其二是评估生成的所有产品的重用潜力。可以得到重用的产品应存储在存储库中，如场景和概念模型。

1. 输入

该活动的输入包括分析数据、目标描述、仿真环境需求以及仿真环境测试标准。

2. 推荐任务

该活动需要完成的任务有：

（1）确定是否已满足仿真环境的所有目标。

（2）向用户/主办单位提供反馈和结论。

（3）经用户/主办单位同意，如果发现缺陷，则考虑采取适当的纠正措施。

（4）存储所有可重复使用的产品。

3. 结果

该活动的结果包括：

（1）经验教训。

（2）最终报告。

（3）可重复使用的产品。

5.3　HLA 的定制规程

HLA 联邦的开发和执行过程与 DSEEP 基本相同，包含七个步骤，每个步骤都可以分解为相同的基本活动集。除了术语上的差异外，主要的差异在于 DSEEP 中描述的一般活动和较低级别任务在 HLA 环境中的具体实现。以下详细介绍构建和执行 HLA 联邦与 DSEEP 活动存在的差异之处。

5.3.1　步骤 1：定义联邦目标

5.3.1.1　活动 1.1：确定用户/主办单位需求

此活动与 DSEEP 描述的活动相同。

5.3.1.2　活动 1.2：开发联邦目标

此活动与 DSEEP 中描述的活动基本相同。然而，联邦目标描述可能包含 HLA 应用特有的信息，如选择 HLA 作为首选体系结构/方法的理由，以及主办单位建议和对 RTI 与其他 HLA 工具选择的限制。

5.3.2 步骤2：开发联邦概念模型

5.3.2.1 活动2.1：开发场景

由于场景描述独立于仿真协议，因此活动与 DSEEP 相同。

5.3.2.2 活动2.2：进行概念分析

与场景描述一样，联邦概念模型也独立于仿真协议，因此活动也与 DSEEP 相同。

5.3.2.3 活动2.3：开发联邦要求

该活动包含 HLA 独有的需求。例如，在时间管理和数据分发管理等领域对运行时服务的需求，事实上，这可能是选择 HLA 体系结构的主要理由。

5.3.3 步骤3：设计联邦

5.3.3.1 活动3.1：选择联邦成员

选择联邦参与者的基本活动与 DSEEP 基本相同。然而，当 DSEEP 将一组通用的建模与仿真存储库确定为候选参与者的主要来源时，HLA 开发过程将现有的 HLA 对象模型库确定为联邦成员选择的主要手段。也就是说，现有的 FOM 用于确定以前参与过类似仿真环境的联邦成员，而现有的 SOM 用于评估单个联邦成员在当前联邦应用程序中支持关键实体和交互的能力。虽然也可以使用其他来源确定候选联邦成员，但现有的 FOM/SOM 库是主要来源。

还有一些 HLA 特有因素可能影响联邦成员的选择。例如，如果联邦中使用时间管理服务，那么候选联邦成员支持 HLA 时间管理服务的能力将是一个重要的考虑因素。一般来说，候选联邦成员支持所需联邦服务的能力将是为当前联邦应用程序选择该联邦成员的关键因素。

5.3.3.2 活动3.2：准备联邦设计

尽管准备仿真环境设计的需求对于任何体系结构来说都是必要的，但采用 HLA 对设计有一定的影响。例如，根据 HLA 规则，所有 FOM 数据的交换都必须通过 RTI，所有对象实例表示都必须在联邦成员（而不是 RTI）中。一般来说，联邦设计必须描述如何使用各种 HLA 服务（如 HLA 接口规范中所定义的）来实现联邦操作和实现核心联邦目标。DSEEP 确定的安全性、建模方法和工具选择的一般考虑也适用于 HLA 联邦。

5.3.3.3 活动3.3：准备计划

仿真环境开发的一般规划过程对于任何支持体系结构或方法基本上是相同的。因此，通常可以认为该活动与 DSEEP 的相应活动相同。但是，最终的计划必须包含所有 HLA 特定的因素，如 RTI 和对象模型开发工具（Object Model Development Tool，OMDT）的选择以及 HLA 服务的实现策略。

5.3.4　步骤 4：开发联邦

5.3.4.1　活动 4.1：开发 FOM

在 DSEEP 中，正式定义 SDEM 的过程使用了非常通用的术语进行描述，以便为仿真使用的许多类似类型的产品提供同等的支持。在 HLA 中，SDEM 是 FOM 的同义词。FOM 被描述为"定义在运行时交换的信息以实现给定的联邦目标集的规范。这包括对象类、对象类属性、交互类、交互参数和其他相关信息"。HLA 对象模型模板是三个 HLA 规范之一，它规定了所有 HLA 对象模型所需的格式和语法，尽管运行时数据交换的实际内容依赖于应用程序。因此，为了完成 HLA 应用程序的这个活动，有必要根据 OMT 定义的一组表来定义运行时的数据交换。

有几个 HLA 特定的资源可用于构建 HLA-FOMs。HLA 对象模型库（如果存在）可以提供许多直接或间接的重用机会。合并联邦成员 SOM 或使用可重用的 FOM 组件也是开发 HLA FOM 的有效方法。现代 OMDTs 通常为 HLA RTIs 生成所需的初始化文件（例如，FED、FDD 或 XML 文件）。这是在 DSEEP 中没有明确标识的活动输出。

5.3.4.2　活动 4.2：建立联邦协议

有许多不同类型的协议是任何分布式仿真应用程序正常运行所必需的。这些协议的一般类别在 DSEEP 中进行了阐述，包括诸如通用算法、通用数据库和通用初始化过程的使用等。虽然这些通用的协议类适用于大多数仿真体系结构和方法，但这些协议的内容可能是 HLA 所独有的。例如，关于同步点、保存/恢复过程和所有权转移的协议都非常依赖于 HLA 接口规范服务选择，而相关的联邦协议必须反映这一点。关于发布/订阅 FOM 数据的角色和责任的协议也应成为联邦协议的一部分。

5.3.4.3　活动 4.3：实施联邦成员设计

除了需要检查联邦成员的 HLA 接口对于现有的应用程序是否足够健壮，以及可能需要验证联邦成员的 HLA 兼容度之外，此活动与 DSEEP 的活动相同。

5.3.4.4　活动 4.4：实施联邦基础设施

支持基础设施（路由器、网络、网桥等）的实现在很大程度上独立于支持体系结构/方法。因此，该活动与 DSEEP 的活动基本相同。然而，对 RTI 初始化数据（RTI Initialization Data，RID）文件进行可能的修改以提高联邦性能是 HLA 应用程序所独有的。

5.3.5　步骤5：计划、集成和测试联邦

5.3.5.1　活动 5.1：计划执行

执行的计划和执行环境的文档化是所有体系结构和方法所必需的活动。因此，此活动与 DSEEP 的活动相同。

5.3.5.2　活动 5.2：集成联邦

集成活动是所有仿真环境开发的必要组成部分。然而，集成显然必须与选定的方法和相关协议相联系。对于 HLA 来说，这基本上意味着所有的联邦成员都通过 RTI 正确地安装和互联在一个能够满足所有 FOM 数据交换需求和联邦协议的配置中。为了完成这一点，需要一些特定于 HLA 的集成任务，如安装 RTI 和其他 HLA 的支持工具，用于联邦监视和数据记录。

5.3.5.3　活动 5.3：测试联邦

仿真环境测试的几个方面是 HLA 应用所独有的。首先，必须测试每个联邦成员的接口，以确认它可以发布和订阅 FOM 数据，以满足该联邦成员所分配的职责。此类测试还包括验证是否遵守了所有适当的联邦协议。一旦完成了这一级别的测试，联邦成员就可以通过 RTI 互联，以验证基本的连接性，并演示在运行时交换 FOM 定义信息的能力。最后，检查完整联邦的语义一致性，并通常验证在指定的保真度级别上是否满足表示性需求（由联邦需求和概念模型定义）。尽管这三个级别的测试对于非 HLA 应用程序来说都是必要的，但 HLA 范式决定了所有级别的测试任务的性质。

5.3.6　步骤6：执行联邦并准备输出

5.3.6.1　活动 6.1：执行联邦

执行 HLA 联邦所需的操作序列与其他体系结构和方法相似。但是，根据联邦涉及的联邦成员类型，可能存在 HLA 所特有的某些操作。例如，某些联合管理工具和数据记录器的存在可能需要特定的连接顺序。此外，同步点的使用和定期保存联邦状态的需要可能对执行的方式有影响。在执行过程中，如果出现 RTI 问题或其他支持 HLA 工具的问题，通常有 HLA 经验丰富的人员在场也是有益的。

5.3.6.2　活动 6.2：准备联邦输出

除了可能使用专门的 HLA 工具来帮助从 HLA 数据记录器中还原和重新格式化数据外，此活动与 DSEEP 的活动相同。

5.3.7　步骤 7：分析数据和评估结果

5.3.7.1　活动 7.1：分析数据

此活动与 DSEEP 描述的活动相同。

5.3.7.2　活动 7.2：评估和反馈结果

分析来自联合执行的数据并生成最终结果的过程与 DSEEP 的过程相同。关于可重用产品的归档，有几种 HLA 特定的产品可能是可重用的，如参与联邦成员的 FOM 和 SOM。其他潜在的可重用产品不一定是 HLA 独有的（如同样的产品也由其他体系结构和方法的用户生成），但是这些产品的内容是 HLA 独有的。示例包括联合目标描述、联邦协议和联邦测试数据。

5.4　DIS 的定制规程

分布式交互仿真旨在定义一种体系结构和支持基础设施，将多个地点的各种类型的仿真连接起来，以创建逼真、复杂、虚拟的"世界"，用于模拟高度交互的活动。这个基础设施将为不同目的构建的系统、来自不同时代的技术、来自不同供应商的产品和来自不同服务的平台结合在一起，并允许它们进行互操作。

DIS 演练仿真系统的开发和构建过程一共有五步，详见第 2 章。这个过程和 DSEEP 之间的映射如图 5.10 所示。值得注意的是，DIS 处理中的每个步骤与 DSEEP 中的至少一个步骤之间存在直接对应关系。还要注意的是，构建和执行仿真环境所需的基本活动在两个进程之间基本相同，而且这些活动的基本顺序也相同，只是在术语上存在明显的差异，而具体到步骤当中的活动，其他差异开始出现。下面进行详细介绍。

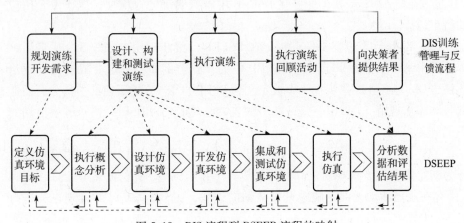

图 5.10　DIS 流程到 DSEEP 流程的映射

5.4.1 规划演练和开发需求

DIS 的规划演练和开发需求详见第 2 章，共有 22 项活动。

在 DSEEP 中，第 1 步分为三个独立的活动，并确定以下三个需求：

（1）确定高层次主办单位的需求。

（2）将这些需求转化为一组具体的仿真目标（用于指导早期的概念分析和详细的需求开发）。

（3）制订初始项目计划。在 DIS 过程中，上述任务列表反映了一个步骤中所有这些基本活动的内容。作为该步骤的一部分，用户/主办单位在整个规划过程中与开发/集成团队协作，不仅需要确定顶层的演练目标，还需要确定可能限制演练开发的任何实际约束（例如，资源、时间表、安全）。

表 5.2 给出了 DIS 步骤 1 中的任务与 DSEEP 步骤 1 中的活动之间的映射关系。

表 5.2 DIS 任务映射到 DSEEP 步骤 1 的活动

DSEEP 步骤1	DIS 任务																					
	1	2	3	4	5	6	7	8	9	10	11	12	13	14	15	16	17	18	19	20	21	22
确定用户/主办单位需求	×	×	×										×									
确定目标								×	×	×	×						×					
初始规划				×	×										×							×
后续步骤				2			2						3					2		2		

（1）部分 DIS 步骤 1 任务在 DSEEP 中没有明确的对应项，属于 DIS 用户的特定任务。

（2）部分 DIS 步骤 1 任务标记在 DSEEP 后续步骤中，如表 5.2 中最后一排，其中每个数字标识了对应 DSEEP 中的步骤。例如，确定交战规则和政治环境（DIS 任务 4）在步骤 2 中被定义为 DSEEP 概念分析活动的一部分，而数据收集需求规范（DIS 任务 7）在步骤 2 中也被定义为 DSEEP 需求开发活动的一部分。

（3）DIS 流程将规划活动标识为步骤 1 的一部分，但 DSEEP 的规划活动分为初始规划和详细规划，分别处于步骤 1 和步骤 3。所以虽然 DIS 只在步骤 1 中存在规划活动，但是随着开发活动的进展，DIS 演练制订的计划也会进行更改。

（4）DIS 流程第一步产生的主要产品是项目计划，特别是包含了需求描述、目标描述和初始项目计划，但这并不意味着 DIS 流程中不包含相关工作，而是将上述成果合并到一个项目计划中。

5.4.2　设计、构建和测试演练

在 DIS 流程的第 2 步中，演练架构师开发 DIS 演练以满足规划阶段指定的需求，最大限度地重用现有 DIS 组件。演练管理人员与工具提供商共同在演练的设计和构造中发挥着重要作用。演练开发包括选择或开发组件，如仿真应用程序、数据库、体系结构和环境。

DIS 流程第 2 步包括五个阶段：概念设计、初步设计、详细设计、构建和组装、集成和测试。下面详细介绍上述五个阶段与 DSEEP 步骤的映射。

5.4.2.1　概念设计

在这个阶段，演练架构师为演练开发概念模型和顶层架构，确定参与的组件、接口、行为和控制结构。这与 DSEEP 的步骤 2（执行概念分析）非常接近。然而，DSEEP 步骤 2 更关注以软件无关的术语对领域进行描述，而相应的 DIS 阶段开始将其扩展到软件领域（在某种程度上），以便更有效地过渡到初步设计。DSEEP 步骤 2 还包括与详细需求和场景开发相关的附加活动，DIS 流程将其确定为步骤 1 活动。

5.4.2.2　初步设计

在这个阶段，演练架构师将在规划阶段确定的需求转化为初步的 DIS 演练。这包括为不同参与者制定场景、任务计划、数据库、地图开发、数据分发、通信网络设计和测试以及演练和演练规划。

DIS 这一活动最接近 DSEEP 步骤 3（设计仿真环境）。然而，DSEEP 只定义了一个仿真环境设计步骤，而没有进行初步和详细的设计。

5.4.2.3　详细设计

在这个阶段，演练架构师与演练管理人员合作，详细分析在上一步中生成的设计模型和体系结构，以支持和完成所有必需的功能、数据流和行为的定义。特别地，演练架构师和演练管理人员重点对通信速率和数据延迟进行确定。

初步和详细设计阶段一起映射到 DSEEP 步骤 3。在 DSEEP 中，步骤 3 是根据是否能够满足步骤 2 中确定的演练能力需求来选择演练参与者。在 DIS 中，参与者的选择是在项目规划前进行的，尽管随着需求的变化，可以添加（或替代）演练参与者。DSEEP 步骤 3 还包括将初始项目计划转化为更详细的开发和执行计划的具体活动。虽然这不是 DIS 过程的一项单独活动，但在整个开发过程中，项目计划将根据需要继续完善。最后，DIS 过程的这个阶段已经开始进行数据库的开发，而该类型的开发活动属于 DSEEP 步骤 4 的一部分。

5.4.2.4　构建与组装

在这个阶段，演练管理员在模型/工具提供商和演练安保人员的协助下，组装现有的 DIS 组件，并开发提供尚未满足需求能力的新组件。此阶段映射到 DSEEP 步骤 4。然而，DSEEP 第 4 步提供了构建和组装演练活动的更详细部分。例如，在演练参与者之间就支持资源（如数据源、通用算法）达成协议，对单个演练参与者实施所需的修改，建立底层仿真基础设施。在 DIS 过程中，这些活动简单地包含在构造/组装过程中。

DSEEP 第 4 步，还有一项活动是开发 SDEM。由于 DIS 没有 SDEM 的概念，因此在 DIS 过程中没有此类活动。然而，DIS 演练的所有参与者必须就给定演练使用哪些 PDU、是否使用默认值或演练特定值以及使用哪些枚举达成一致。所以，DIS 的这类工作与 DSEEP 中的 SDEM 概念大致相同。

5.4.2.5　集成和测试

在这个阶段，演练管理人员和演练架构师从最少数量的组件和连接开始，逐步添加和构建，直到达到操作状态。然后进行测试以确定是否满足要求和性能标准。

这个阶段与 DSEEP 步骤 5 相符。与前一阶段一样，DSEEP 更深入地描述了该活动，重点关注集成和测试的规划方面。虽然细节有所不同，但是，两个流程的基本任务序列基本相同。实际上，DIS 的集成和测试工作与 DSEEP 中的应用程序测试、集成测试和互操作性测试工作非常吻合。

5.4.3　执行演练

演练管理人员使用设计、构造和测试阶段开发的资源进行 DIS 演练，该阶段的目标是实现既定目标。演练管理人员负责所有必要的管理职能。DIS 流程与 DSEEP 步骤 6 相符合。

5.4.4　执行演练回顾活动

在 DIS 流程的第 4 步，将对演练进行回顾。演练管理人员可以回顾某一事件或者是已标记的事件，并在演示事件中查阅相关数据。演练管理人员感兴趣的资料包括系统间的交互、沟通、交战规则、后勤和指挥决策。从这些材料中，分析员和演练参与者可以根据参与者在某一时间的态势感知来理解演练和决策的整个过程。演练分析员可以利用相关工具来选择、融合和显示演练数据。

演练回顾系统应包含多种数据表示方法，并为演练的初步分析和行动后审查提供一系列分析功能，支持演练后的大数据融合和分析工作。

DIS 流程的这一步映射为 DSEEP 步骤 7 中的第一个活动（分析数据）。但 DSEEP 的活动更加简单，提供的详细信息也少于 DIS 流程。

5.4.5 向决策者提供结果

在 DIS 流程的第 5 步，根据演练的报告要求，演练结果将报告给指定级别的用户/主办单位和其他演练观摩人员。

DIS 流程的这个步骤映射到 DSEEP 步骤 7 中的第二个活动（评估和反馈结果）。虽然 DIS 过程更具体地描述了提供给用户/主办单位的结果类别，但 DSEEP 包含更多的活动，即归档整个开发/执行过程中产生的所有可重用产品。

5.5 TENA 的定制规程

TENA 体系结构旨在增强整个靶场内的软件互操作和可重用。该体系结构为如何设计靶场软件应用程序提供了指导，使它们能够轻松地与其他 TENA 应用程序交互以支持靶场事件。该体系结构还指定了一个公共 TENA 对象模型，类似于一组公共的接口定义，通过对靶场相关信息的理解来实现这种互操作性。TENA 体系结构的主要优点是使训练规划人员能够快速地将符合 TENA 的应用程序组合到逻辑靶场中。逻辑靶场集成了测试、培训、模拟和高性能计算技术（分布在许多设施中），并将它们与公共体系结构联系在一起。

TENA 体系结构包括一个操作技术概念，用于规划、创建、测试和使用逻辑靶场。ConOps 明确描述了 TENA 的能力或需求。TENA 逻辑靶场 ConOps 由三个连续阶段的五个主要活动组成。ConOps 和 DSEEP 顶层视图之间的映射如图 5.11 所示，下面进行详细介绍。

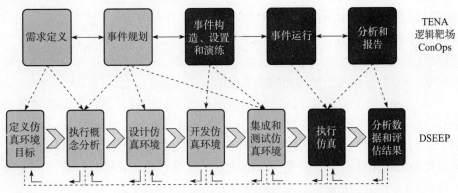

图 5.11 TENA 逻辑靶场 ConOps 到 DSEEP 的顶层映射

5.5.1 需求定义

TENA 逻辑靶场 ConOps 中步骤 1 主要是分析客户定义的需求,定义靶场事件的总体目的/目标,并基于可行性反复推敲特定的需求和目标。该步骤主要完成对所需任务能力的评估,并基于该评估,确定高级方案(包括必要的操作系统和操作线程)等工作。需求和场景驱动逻辑靶场概念模型,该模型将场景操作上下文映射并分解为多个部分(物理实体、环境实体、组织实体、层次结构等),制订顶层分析计划,规定如何从事件中得出结论,需要哪些数据来支持获得这些结论,以及如何分析获得的数据。

ConOps 步骤 1 的第一个子活动是定义任务和任务保障需求。重点是确定计划和操作限制,如进度、安全问题、设备可用性和成本,还确定了关键操作问题(Critical Operational Issues, COIs)、有效性度量(Measures of Effectiveness, MOEs)、性能度量(Measures of Performance, MOPs)和关键性能参数(Key Performance Parameters, KPPs)。该活动类似于 DSEEP 步骤 1 中的"确定用户/主办单位需求"活动。

ConOps 步骤 1 的第二个子活动是确定事件目标。该子活动的目的是分析并记录事件目标。在 DSEEP 中,目标描述是设计目标活动的输出,也是步骤 1 中的输出。

ConOps 步骤 1 中的第三个子活动是"开发高级场景"。在该子活动中,需要确定必要的部队、战术系统、装备、操作线程和操作环境。描述实体及其行为,包括实体之间的关系,这些关系决定了场景是如何执行的。该子活动同时开发了一个示范场景,这与 DSEEP 步骤 1"确定目标活动"和 DSEEP 步骤 2"开发场景活动"的早期阶段相一致。

ConOps 步骤 1 的第四个子活动是执行逻辑靶场概念分析。该活动的目标是开发独立于实现的事件表示。事件表示与事件目标相关联,使客户需求和高级场景之间保持可追溯性。在 DSEEP 中,该子活动对应于步骤 2 中的"开发概念模型"活动。此外,就产品而言,该子活动(逻辑靶场概念模型)的输出属于 DSEEP 活动产生的通用概念模型的一个实例。

ConOps 步骤 1 的第五个子活动是定义事件需求。目标是将先前步骤的结果整合并记录到正式的需求文件中,包括任务需求(COIs、MOEs、MOPs、KPPs)、事件目标、场景、概念模型和所有已确定的衍生需求。在 DSEEP 中,形式化需求的开发在"开发仿真环境需求"活动中执行,作为步骤 2 的关键组件。

ConOps 步骤 1 隐含的一个子活动是创建分析计划、成本和进度估算。此活动通过创建分析计划、通过分析过程实现目标流程以及事件成本和进度的估计来创建需求定义活动的文档。该子活动映射到 DSEEP 步骤 1 中的"执行初始规划"活动。

5.5.2 事件规划

TENA 逻辑靶场 ConOps 的第二个步骤是创建详细的计划,主要包含事件执行,场景实体、事件和时间线,支持靶场的资源,分析操作以及数据收集等内容。创建活动所需的所有计划在此步骤中确定,包括场景的详细计划以及活动成本和时间表。

ConOps 步骤 2 的第一个子活动是确定所需的资源。在该子活动中,确定靶场事件的参与资源,主要包括参与的人、计算机、软件、网络、靶场资源应用程序、测试系统和训练受众。该子活动必须考虑资源的限制,包括可用性、成本、安全限制、真实性和保真度、质量和风险管理。在 DSEEP 中,所需资源的确定工作在步骤 3 的两个活动中完成,分别是"选择成员应用程序"和"设计仿真环境"。更具体地说,选择成员应用程序活动涉及确定能够满足功能需求的 LVC 仿真资产,而设计仿真环境活动则涉及确定支持的硬件/软件资源(如计算机、网络等)。这两个 DSEEP 活动一起产生了 ConOps 子活动的输出。

ConOps 步骤 2 的第二个子活动是研究先前的事件信息。每个历史靶场事件都可能包含有用的信息(如场景信息、收集的数据或经验教训),这些信息有助于创建新的靶场事件。利用这些信息可以使新的逻辑靶场事件的规划过程更加有效。与前面的子活动一样,这与 DSEEP 步骤 3 的"选定成员应用程序"和"设计仿真环境"活动最为接近。这种映射是隐式的而不是显式的,因为这两种 DSEEP 活动都强调重用现有资源,只有通过挖掘数据存储库和其他可用的信息存储来获取有关先前应用程序的信息时,才能重用现有资源。

ConOps 步骤 2 的第三个子活动是制定详细的事件时间表。如果活动只在一个靶场内进行,那么日程安排过程较为简单。但如果事件发生在多个靶场,则必须在所有靶场资源所有者之间协作调度该事件,如资源检查和验证时间、网络和组件集成和测试时间、事件预演时间以及实际事件执行时间。在 DSEEP 中,详细的活动计划被分为两个独立的活动。首先,步骤 3 中的"准备详细计划"活动为仿真环境的开发、测试和执行,并生成一个协调计划,包括每个成员应用程序的特定任务和里程碑。然后,在更接近实际事件的情况下,在步骤 5 的"计划执行"活动中对计划进行细化和扩充,包括执行环境的最终细节和额外的操作计划考虑(如所需人员、排练和执行时间表)。尽管这在 ConOps 中显示为一个单独的子活动，但可以理解的是，在 ConOps 活动 2 和活动 3 实施的任何阶段都可以进行计划改进。

ConOps 步骤 2 的第四个子活动是开发详细的场景。该子活动对原始顶层场景进行了更详细的细化，包括军事力量和作战概念、组成较大测试和训练事件的事件时间线以及所使用的任何靶场资源的作用。该子活动映射到 DSEEP 步骤 2 中的"开发场景"活动，该活动生成相同的基本产品。

ConOps 步骤 2 的第五个子活动是分配功能。该子活动确定在整个事件中哪个选定资源生成数据和收集数据。在 DSEEP 中，将所需的功能分配给仿真环境中的资源是 DSEEP 步骤 3 中"设计仿真环境"活动的一个组成部分。

ConOps 步骤 2 的第六个子活动是分析逻辑靶场概念并确定逻辑靶场的详细描述。在这里，逻辑靶场开发人员对其逻辑靶场概念进行了完整分析。该分析的核心是开发和模拟逻辑靶场的"信息体系结构"，详细描述靶场资源应用程序作为信息提供者和使用者的角色，以及与给定逻辑靶场配置相关的物理网络。该分析确定在场景所规定的假设和要求下，所需配置在技术上是可行的。在 DSEEP 中，步骤 3 的设计仿真环境活动中生成相同的信息。更具体地说，DSEEP 中"仿真环境体系结构"（包括支持的基础设施设计和标准）的仿真环境设计元素等同于 ConOps 活动产生的产品。

ConOps 步骤 2 的第七个子活动是建立详细的事件程序和计划，如安全程序（物理和网络）、通信协议、接口控制文件、靶场安全计划、操作程序、详细测试程序或作战训练命令、协议的资源备忘录，配置管理计划、环境影响分析和最终事件人员配置计划。与"制定详细事件时间表"子活动一样，这对应于两个不同的 DSEEP 活动，即步骤 3 中的"准备详细计划"活动和步骤 5 中的"计划执行"活动。如前所述，DSEEP 并不是在某个时间或活动节点上完成计划活动，而是在整个开发过程中不断改进的。

5.5.3　事件构造、设置和演练

TENA 逻辑靶场 ConOps 中的第三个步骤是为事件创建物理条件。该活动的产品是软件应用程序、数据库和靶场资源的配置。作为该活动的一部分，需要定义 LROM，升级靶场资源应用程序以支持该 LROM，集成、测试、演练逻辑靶场配置，并为事件执行做好准备。

ConOps 步骤 3 的第一个子活动是定义逻辑靶场对象模型，即 LROM。所选靶场资源应用程序的现有对象定义集通常是 LROM 开发的起点，然后解决不兼容的对象定义，并为 LROM 定义一组统一的类。该子活动对应于 DSEEP 步骤 4 中的"开发仿真数据交换模型"活动。注意，虽然 DSEEP 强调重用现有的建模资源，但它并不假定对象定义（作为仿真数据交换的基础）是作为所选仿真体系结构的一部分。TENA 提供了一组对象定义，尽管这组定义可以根据用户需求随时进行扩展。

ConOps 步骤 3 的第二个子活动是实施升级。可以对靶场资源应用程序进行升级，如添加新功能、更新算法或与新靶场硬件集成。更为重要的是，在 LROM 进行更改之后，需要对资源应用程序升级以匹配 LROM。这项工作与 DSEEP 步骤 4 中的"实现成员应用程序设计"活动非常接近。

ConOps 步骤 3 的第三个子活动是创建初始化数据。每个 TENA 靶场资源应用程序都需要初始信息才能成功启动，该子活动用于构建所需的初始化数据库。这些信息包括场景信息、合成环境信息和操作参数。在 DSEEP 中，初始化数据的工作在步骤 4"建立仿真环境协议"活动中执行。

ConOps 步骤 3 的第四个子活动是设置和测试逻辑靶场。在该子活动中，组成逻辑靶场的硬件、软件、数据库和网络集成到一个系统中，并进行测试，以确保它们能够按照预期进行通信和操作。通常，逻辑靶场各子系统在整个逻辑靶场组装之前都会进行设置和测试，以确保这些子系统在整个系统测试之前正常工作。该子活动映射到 DSEEP 中的三个不同活动。首先是步骤 4 中作为"实施仿真环境基础设施"活动的一部分，安装并测试实现分布式成员应用程序之间通信所需的硬件和软件基础设施元素（如计算机、路由器、网桥）。其次是在步骤 5 的"集成仿真环境"活动中，将成员应用程序互联到统一的操作环境中。再次是在执行之前，仿真环境将在多个级别上进行测试，以验证操作是否正确。最后一步对应于 DSEEP 步骤 5 中的"测试仿真环境"活动。

ConOps 步骤 3 中的第五个子活动是处理突发问题。在 DSEEP 中，处理此类突发事件属于测试过程的一部分，属于 DSEEP 步骤 5 中的"测试仿真环境"活动中的一部分。

ConOps 步骤 3 的第六个子活动是事件演练。在测试活动中，根据需要进行不同程度的演练，其中某些子系统（如被测系统）通过模拟设备代替。该子活动对应于 DSEEP 步骤 5 中的"测试仿真环境"。

5.5.4　事件运行

TENA 逻辑靶场 ConOps 中的第四个步骤是根据规划活动创建的计划，以及在活动构造、设置和演练活动中创建和集成的靶场资源、数据库和网络，执行活动，收集必要的数据并进行实时、快速分析。该步骤共包含六个子活动，可以映射到 DSEEP 步骤 6 的"执行仿真"活动。

5.5.5　分析和报告

TENA 逻辑靶场 ConOps 中的第五个步骤是对事件执行和执行期间收集的数据进行详细的审查和分析。对于测试事件，分析结果能够实现用户/主办单位的测试目标，找到问题的解决方案。对于训练事件，事件执行活动本身能够提升参训者的能力，而事件的分析为训练受众和其他活动参与者提供了重要的反馈，从而提高了事件的训练价值。

ConOps 步骤 5 的第一个子活动是生成快速查看报告/训练回顾。该子活动发生在事件执行时，此分析是通过实时数据分析应用程序或实时收集查询数据完成的。与 ConOps 步骤 4 中描述的所有子活动一样，该子活动映射到 DSEEP 步骤 6 的"执行仿真"中，所以执行期间生成的快速查看报告/训练回顾可以看作执行的一部分。

ConOps 步骤 5 的第二个子活动是整合收集的数据。在许多情况下，事件数据分布在多个地理位置的逻辑靶场中，需要将这些数据合并到一个数据库中，才能进行有效的分析。在 DSEEP 中，所有原始仿真数据的预处理都在第6 步的"准备仿真环境输出"活动中执行。

ConOps 步骤 5 的第三个子活动是对数据进行处理和精简。在该子活动中，对数据进行分析，以确定被测系统的性能或培训受众的行为，并确定活动期间发生的重要问题。需要数据挖掘、模式识别、数据可视化以及统计分析等技术来辅助处理数据并得到结论。该子活动映射到 DSEEP 步骤 7 中的"分析数据"活动。

ConOps 步骤 5 的最后四个子活动，测试任务/回放/演习训练的简报、存储新 TENA 资源、生成最终事件报告和事件数据包以及在 TENA 仓库中记录、分发和存档"经验教训"，可以映射到 DSEEP 步骤 7 中的"评估和反馈结果"活动。

第6章
多体系结构仿真环境开发与执行过程

　　现代网络技术的出现以及体系结构的发展催生了分布式仿真的广泛应用。分布式仿真将现有的建模与仿真资产连接到一个统一的仿真环境中。与大型独立仿真系统的开发和维护相比，这种方法具有许多优点。首先，允许领域专家在本地维护模拟应用程序，而不必在同一地点开发和维护大型独立系统。此外，通过重用已有的建模与仿真资产，集成为更强大的仿真环境，促进了资源的有效利用。

　　分布式仿真也有缺点，其中许多问题与互操作性相关。互操作性的概念前文已经提出，影响互操作性的因素也有很多，如时间推进机制的一致性、支持服务的兼容性、数据格式的兼容性以及运行时数据元素的语义不匹配等。

　　分布式仿真环境可能涉及虚拟和实装集成，这种集成会产生额外的问题。例如，实装的实时执行与虚拟仿真软件执行非实时的冲突、真实（模拟）数据与非真实（作战或真实）数据的混合以及时间、空间和位置信息（Time-Space Position Information，TSPI）更新等。

　　针对上述这些问题，创建了诸如 DIS、HLA 和 TENA 等分布式仿真体系结构，这些体系结构都在各自领域发挥了重要作用。而随着 LVC 仿真体系的发展，在某些情况下，主办单位可能需要同时使用多种体系结构下的仿真系统，同时存在多个与实时系统的接口以及数据收集器。这种情况属于多体系结构仿真系统环境，当在同一个仿真环境中使用多个仿真体系结构时，体系结构的差异会加剧互操作性问题。为了使仿真环境能够正常运行，需要协调各中间件、元模型以及各体系结构所提供的不同服务。

　　多年来，开发人员为这些类型的互操作性问题设计了许多不同的解决方法，如使用网关。网关是独立的软件应用程序，在一个仿真体系结构使用的协议与另一个仿真体系结构使用的协议之间进行转换，如图 6.1 所示。虽然网关能够实现互操作性问题，但构造新的软件应用程序也可能出现错误或给系统带来延迟，并增加仿真环境测试的复杂性。此外，许多网关解决方案只支持数量非常有限的服务，并且只支持特定版本的仿真体系结构。因此，可能很难找到完全支持给定应用程序需求的合适网关。而配置通用网关，减少网关数量，需要执行大量的功能配置工作，导致过度消耗人力资源。

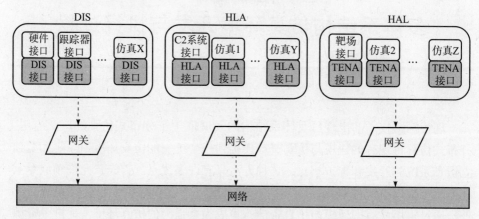

图 6.1　网关配置

另一种解决方案是使用中间件。中间件提供了直接耦合到仿真软件中的数据转换服务，而不是独立的应用程序，如图 6.2 所示（这里所说的中间件与HLA RTI 和 TENA 中间件不是一个概念，不属于分布式仿真服务的基础设施范畴）。虽然中间件方法也很有效，但与网关解决方案一样，可能会带来其他问题，或者造成系统更大的延迟。一般来说，所有解决方案都有局限性或成本影响，增加了多体系结构开发的技术、成本和进度风险。

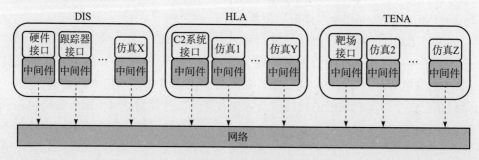

图 6.2　中间件配置

在开发和执行多体系结构仿真环境时，如组织大型 LVC 训练时，会出现许多技术问题。这些问题往往会增加项目成本，如果得不到充分解决，就可能会增加技术风险并影响进度。所以，需要对多体系结构仿真环境的开发进行分析，找出问题（表 6.1），给出解决方案并规范相应的开发与执行过程。本章在单体系结构仿真环境开发与执行过程基础上介绍多体系结构的融合问题，并对相应步骤及活动做出改进。

表 6.1　按照 DSEEP 步骤和活动列出的多体系结构开发问题

步骤	活动	问题
1. 定义仿真环境目标	1.1 确定用户/主办单位需求	无
	1.2 设定目标	无
	1.3 开始初步规划	1.3.1 多体系结构初步规划
		1.3.2 所需的多体系结构仿真环境专业知识
		1.3.3 开发和执行过程不一致
		1.3.4 多体系结构应用程序的 VV&A
2. 执行概念分析	2.1 开发场景	无
	2.2 开发概念模型	无
	2.3 确定仿真环境需求	2.3.1 多体系结构仿真环境需求
		2.3.2 成员应用程序需求不兼容
3. 设计仿真环境	3.1 选择成员应用程序	3.1.1 多体系结构仿真环境的成员应用程序选择标准
		3.1.2 不兼容的成员应用程序
	3.2 设计仿真环境	3.2.1 网关的使用和选择
		3.2.2 对象状态更新内容
		3.2.3 对象所有权管理
		3.2.4 多体系结构仿真环境中的时间管理
		3.2.5 兴趣管理能力差异
		3.2.6 网关转换路径
		3.2.7 DIS 心跳转换
		3.2.8 多体系结构和体系结构间的性能
		3.2.9 非真实网络数据的转换
		3.2.10 对象标识符的唯一性和兼容性
		3.2.11 多体系结构仿真环境中的跨域转换器
		3.2.12 多体系结构保存和恢复
	3.3 设计成员应用程序	3.3.1 新成员应用程序体系架构
	3.4 准备详细计划	3.4.1 多体系结构开发成本与进度估算

步骤	活动	问题
4. 开发仿真环境	4.1 开发仿真数据交换模型	4.1.1 元模型不兼容
		4.1.2 SDEM 不兼容
	4.2 建立仿真环境协议	4.2.1 解决多体系结构开发的协议
		4.2.2 工具可用性和兼容性
		4.2.3 初始化排序和同步
	4.3 实现成员应用程序设计	4.3.1 非标准算法
	4.4 实现仿真环境基础设施	4.4.1 网络配置
5. 集成和测试仿真环境	5.1 执行计划	5.1.1 多体系结构仿真环境的集成和测试规划
		5.1.2 多体系结构执行计划考虑因素
	5.2 集成仿真环境	5.2.1 真实实体时间、空间和位置信息更新
	5.3 测试仿真环境	5.3.1 多体系结构仿真环境中测试的复杂性
6. 执行仿真	6.1 执行仿真	6.1.1 监控多体系结构仿真环境的执行
		6.1.2 多体系结构数据收集
	6.2 准备仿真环境输出	无
7. 分析数据和评估结果	7.1 分析数据	无
	7.2 评价和反馈结果	7.2.1 多体系结构仿真环境评估

6.1 步骤 1：定义仿真环境目标

DSEEP 第 1 步的目的是确定需求，然后通过开发和执行仿真环境来满足这些需求，并转化为更详细列表。步骤 1 中涉及的活动、输入和输出如图 6.3 所示。图中，多体系结构仿真环境的特定输入和输出用斜体文字和虚线表示。以下对存在问题的活动进行分析。

6.1.1 活动 1.1、1.2

多体系结构仿真环境开发与执行过程步骤 1 中涉及三个活动，其中活动 1.1、1.2 与单体系结构仿真环境开发和执行过程相同，读者可参考 5.2.1 节。

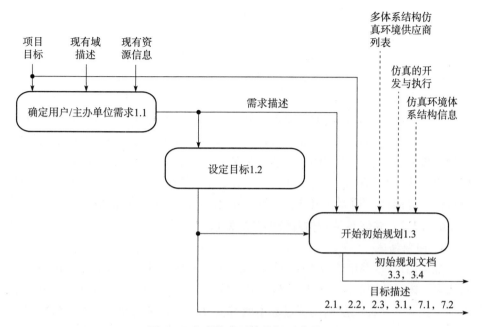

图 6.3　定义仿真环境目标（步骤 1）

6.1.2　活动 1.3：开始初步规划

本活动的主要目的是建立一个初步的仿真环境开发和执行计划，将目标描述以及相关风险和可行性评估转化为初始计划，并提供足够的细节以有效指导早期设计活动。该计划可以包括多个子计划，并应包括诸如校核和验证、配置管理和安全性等考虑因素。该计划还应根据可用性、成本、对给定应用程序的适用性、与其他工具交换数据的能力以及开发/集成团队的个人偏好等因素，为早期 DSEEP 活动提供支持工具。

该计划还应确定关键开发和执行事件的顶层时间表，并为所有预开发（即在步骤 4 之前）活动提供更详细的时间表。请注意，初始计划会在随后的开发阶段进行适当的更新和扩展。

6.1.2.1　多体系结构初步规划问题

1. 问题描述

在初步规划期间，对需要完成的工作进行分析，将其分解成任务块，制定总体进度，并确定各任务块所需资源。然而，在早期规划中，可能无法确定参与的全部成员应用程序，因此，多体系结构仿真环境设计需求同样无法确定。此时如果项目管理人员按照单体系结构仿真环境持续工作，则会错估仿真环境构建所需的时间和资源，从而从多个角度增加了项目风险。

2. 操作建议

首先，确定多体系结构仿真环境工作的范围，在开发过程早期确定具体工作和参与者。在不确定的情况下，一种解决方案是制订两个仿真环境的规划，即一个实现为单体系结构仿真环境；另一种解决方案为实现多体系结构仿真环境。

多体系结构仿真环境的开发更加复杂，需要更多的技术支持，而且涉及财务、进度和编程问题等。因此，首选单体系结构仿真环境，除非多体系结构的实现能带来更多的优势。例如，能够为某一任务提供更合适的应用程序，而这些应用程序与当前体系结构不兼容。所以，应充分分析多体系结构工程实现的可行性、局限性、约束和风险，有助于多体系结构仿真环境的成功规划。

6.1.2.2 多体系结构仿真环境专业知识

1. 问题描述

如果用户/主办单位需要使用某些成员应用程序，并且这些成员应用程序具有跨多个体系结构的现有接口，初始开发团队缺乏在多体系结构仿真环境开发方面的经验，从而无法确定项目成本或进度目标，对规划过程产生不利影响。

2. 操作建议

多体系结构联邦开发的专业知识可以通过各种途径找到。DIS 和 HLA 都有产品支持小组，这些小组由仿真互操作性标准组织（Simulation Interoperability Standards Organization，SISO）管理，并定期进行开放式讨论。TENA 拥有专门的服务机构，提供解决多体系结构互操作性的网关应用程序。当确定需要采用某些体系结构，而团队中又缺乏相关领域专家时，则可以考虑招纳相关人才。

6.1.2.3 开发和执行过程不一致

1. 问题描述

在给定的体系结构中，存在着定义良好、易于理解的构建仿真环境的过程。但是在多体系结构中，无法做到完整的统一。此外，由于术语上的差异，不同体系结构之间的沟通可能会变成一个重要问题，如果出现误解，则需要在后期进行重大的返工。

2. 操作建议

提供一种机制来协调各体系结构仿真环境的开发过程，并将各自术语关联起来。例如，一个领域需要重点研究仿真数据交换模型（如 HLA 和 TENA），而其他领域可能更关心网络上的数据传输（如 DIS）。所以，该问题的重点在管理，而非技术。可以设计跨体系结构的通用关联表，用于沟通不同领域专家的意见。同时，在开发之初，设计培训课程，让团队成员了解其他体系结构，并设立讨论环节，沟通关联知识。

6.1.2.4　多体系结构应用程序的 VV&A

1. 问题描述

在仿真环境开发项目中，VV&A 是必需的工作，以确认仿真环境是否符合设计规范，验证仿真环境中的模型是否能够提供仿真环境预期用途所需的准确度和保真度。VV&A 活动应尽可能与执行活动同时进行。

多体系结构仿真环境增加了 VV&A 的挑战，原因如下：

（1）在多体系结构仿真环境中，支持 VV&A 所需的时间和资源可能超过预期，从而增加了验收的风险。

（2）未能对多体系结构仿真环境所需的 VV&A 活动进行规划，导致多体系结构工程开发和执行过程中出现代价高昂的返工问题。

（3）多体系结构仿真环境开发人员和用户需要专业知识和专家支持 V&V 的执行（特别是验证）。

（4）无法找到支持跨多体系结构仿真环境，能够监测事件执行的 V&V 测试工具。

（5）应测试多体系结构仿真环境的性能，以验证参与成员之间的信息交换是否按设计进行。

（6）需要检查多体系结构仿真环境基础设施功能，以找到可能对仿真环境有效性产生不利影响的体系结构元素（如网关）。

2. 操作建议

一般而言，VV&A 涉及广泛，IEEE Std 1278.4 描述了 DIS 的 VV&A 活动，IEEE Std 1516.4 描述了 HLA 的 VV&A 活动。多体系结构仿真环境中的验证应包括支持多体系结构操作的所有设计决策和最终实现的测试，针对多体系结构仿真环境的重要 VV&A 注意事项包括：

（1）多体系结构特定组件。仿真环境可以包含为多体系结构设计的特殊组件，如网关和中间件。应对这些"附加"组件进行验证，以确认它们是否按计划运行（如验证网关是否能按照预计的所有消息类型进行正确转换），并进行验证，以确认它们不会降低仿真的有效性。

（2）分布式仿真支持操作。执行分布式仿真通常需要仿真基础设施提供专门的服务，这些服务不属于建模领域。例如，对象命名、分布式日志记录、枚举控制以及暂停和恢复。在多体系结构仿真环境中，这些操作更加复杂，需要跨体系协调。所以，针对这些服务，需要专门进行验证。

（3）相关性。由于不同体系结构的开发历史不同，多体系结构仿真环境比单个体系结构仿真环境更可能出现对同一对象存在多个表示的情况。例如，不同格式的地形数据库或同一实体的多个动力学模型。同一对象多个表示之间的相关性（一致性）是 VV&A 需要重点考虑的因素，而在多体系结构仿真环境中，这个问题更为严重，需要专门的 V&V 测试。

（4）体系结构元素的验证。一些体系结构将标准模型作为体系结构本身的一部分（例如，DIS 中的航迹推算或 TENA 中间件中的坐标转换）。当使用这种体系结构的成员应用程序链接到多体系结构仿真环境中时，需要在这些体系结构中嵌入相关模型，并在其中验证这些模型。

（5）多验收标准。由于仿真环境采用多体系结构，需要多个验收人员以及更多的 V&V 测试和为这些测试准备的文件，以满足不同种类的测试和文件要求。仿真设计者应该在规划过程中考虑到这一点。

（6）多体系结构。不同体系结构对 V&V 测试和测试文档有不同的要求，这些差异可能会增加多体系结构仿真环境的 VV&A 工作。

在多体系结构仿真环境的开发过程中，规划和执行 VV&A 的过程是连续的。在执行前，应完成概念模型的验证，同时制订好针对多体系结构所关注问题的解决方案的验证计划。在执行过程中，应使用适当的工具来验证多体系结构仿真环境的操作与以前的测试结果是否一致，性能是否满足要求。如果不同体系结构的执行管理工具之间在验证过程中发现不一致的结果，则应跨体系结构监视事件的执行，并及时比较观察结果，以验证是否采取了所需的纠正措施。最后，在执行后阶段，应对结果进行验证活动，以确定多体系结构设计是否产生了预期的输出。

6.1.2.5 活动 1.3 多体系结构特定的输入、任务和输出

1. 多体系结构特定的输入

（1）已确定的多体系结构仿真环境供应商列表。

（2）选定体系结构的开发和执行过程。

（3）仿真环境体系结构（如 TENA、DIS 或 HLA）的信息。

2. 多体系结构特定的任务

（1）单体系结构和多体系结构仿真环境的替代计划。

（2）在多体系结构开发中咨询供应商。

（3）选择临时或永久招募具有多体系结构开发经验的人员。

（4）记录协调跨体系结构通用术语。

（5）扩展下列现有的 DSEEP 任务，以涵盖多体系结构的 V&V 问题。

①修订 V&V 计划和测试计划（基于仿真环境测试标准），包括多体系结构关注的问题。

②网关的 V&V、支持功能的实现、多表示问题以及多验收者问题。

3. 多体系结构特定的输出

（1）初步规划文档。

（2）单体系结构或多体系结构仿真环境的选择计划。

（3）多体系结构下的人员配置计划。

（4）通用术语。

6.2　步骤 2：执行概念分析

DSEEP 第 2 步的目的是开发适用于已确定问题空间在真实世界领域内的合理表示，并开发适当的场景。也正是在这一步中，仿真环境的目标被转化为一组高度明确的需求，这些需求将在设计、开发、测试、执行和评估期间使用。步骤 2 中涉及的活动、输入和输出如图 6.4 所示。图中，多体系结构仿真环境的特定输入和输出用斜体文字和虚线表示。以下对存在问题的活动进行分析。

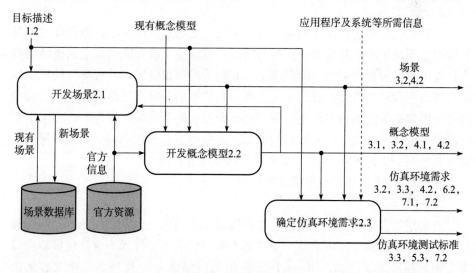

图 6.4　执行概念分析（步骤 2）

6.2.1　活动 2.1、2.2

多体系结构仿真环境开发与执行过程步骤 2 中涉及三个活动，其中活动 2.1、2.2 与单体系结构仿真环境开发与执行过程相同，读者可参考 5.2.2 节。

6.2.2　活动 2.3：确定仿真环境需求

概念模型的建立隐含了其对仿真环境的需求。这些需求是基于最初的目标描述（步骤1），能够提供设计和开发仿真环境所需的指导。需求应考虑所有用户的具体执行管理需求，如执行控制和监控机制、数据记录等。此类需求还可能影响活动2.1中的开发场景。仿真环境需求还应明确保真度问题，以便在选择仿真环境成员应用程序时可以考虑保真度要求。此外，对仿真环境的程序或技术约束都应在此进行细化并描述，以支持指导实施其他活动。

6.2.2.1 多体系结构仿真环境需求

1. 问题描述

最初的仿真环境需求可以从下述文件或实例中得到，如客户用例、联合能力领域（Joint Capability Areas，JCAs）、通用联合任务列表（Universal Joint Task List，UJTL）和其他操作性文件。在需求定义阶段，通常不能完全确定仿真环境设计，因此，也就不能确定多体系结构的设计、开发、集成、测试和执行需求。而有些时候，主办单位确定需要选择某些特定功能的成员应用程序，但又不属于现有体系结构，从而会产生多体系结构仿真环境需求。

2. 操作建议

一般来说，通过一次性的需求开发活动完全确定多体系结构仿真环境的开发需求是不现实的。开发人员在初始阶段，重点应该放在驱动概念建模活动和成员应用程序选择所需的功能需求上。在随后的项目阶段，随着参与的成员应用程序角色和职责得到更好的定义，跨仿真架构的需求会变得更加清晰，接口修改和桥接机制的明确需求可以集成到不断发展的系统需求集合中。如果这些需求变更影响了开发工作，影响到预算，需要与主办单位协调，对项目进度表或者其他规划文件，如VV&A及测试计划文件进行修改。

6.2.2.2 成员应用程序需求不兼容

1. 问题描述

当确定的多体系结构仿真环境需求明确要求使用跨体系结构的成员应用程序时，即存在不兼容的可能性。需求的不兼容性引入的技术不兼容性可以在许多方面表现出来。例如，DIS采用了独特的网络服务以及与SDEM兼容的协议，而为DIS开发的成员应用程序，能够实现虚拟实体级实时训练应用程序的相关需求。然而，这些应用程序却不满足可重用性需求。TENA专注于实时虚拟靶场成员应用程序。因此，为TENA设计的成员应用程序通常很难支持非实时的单元级构造性仿真。因此，当为不同体系结构开发的成员应用程序链接到一个多体系结构仿真环境中时，多体系结构仿真环境的一些需求就会与某些成员应用程序的需求有冲突。

2. 操作建议

分析差异来源，并在早期开发阶段尽可能解决技术上的不兼容问题，如果不能解决，则从需求方面考虑，解决需求的不兼容问题。以下列举了成员应用程序间经常出现的不兼容问题：

（1）坐标参考系的差异和多参考系支持能力。

（2）时间管理的差异性。例如，成员应用程序支持事件排序的能力、时间推进速率的可控能力。

（3）SDEM 和成员应用程序的底层对象模型之间的差异。

（4）成员应用程序处理更新频率能力的差异，这可能导致需要过滤更新数据及部分消息。

（5）成员应用程序在丢失数据情况下工作能力的差异。

（6）成员应用程序在仿真环境成员之间转移对象所有权的能力差异。

（7）各体系结构依赖本体系下兼容工具和应用程序程度的差异。

适用于 M&S 范围以外的网络中心系统的互操作性因素也可能有助于确定解决不兼容问题。一旦发现了需求上的不兼容性，下一步就应该决定如何解决这些不兼容性。一种解决方案是放宽要求（即不强制使用某些给定成员应用程序）；另一种解决方案是修改已授权使用的成员应用程序，以使它们与其他体系结构兼容，此方案可能会对成本和进度产生重大影响。因此，需要在放宽需求和修改应用程序之间进行权衡。

6.2.2.3 活动 2.3 多体系结构特定的输入、任务和输出

1. 多体系结构特定的输入

多体系结构特定输入包括应用程序及系统等所需信息。

2. 多体系结构特定的任务

多体系结构特定的任务是找出与多体系结构成员应用程序相关的技术不兼容性和风险。

3. 多体系结构特定的输出

多体系结构特定输出与 DSEEP 一致。

6.3　步骤 3：设计仿真环境

DSEEP 第 3 步的目的是根据步骤 2 的要求选择成员应用程序，如果没有满足的候选应用程序，则需要重新创建，并与开发团队沟通，开发详细的规划文档。步骤 3 中涉及的活动、输入和输出如图 6.5 所示。图中，多体系结构仿真环境的特定输入和输出用斜体文字和虚线表示，以下对存在问题的活动进行分析。

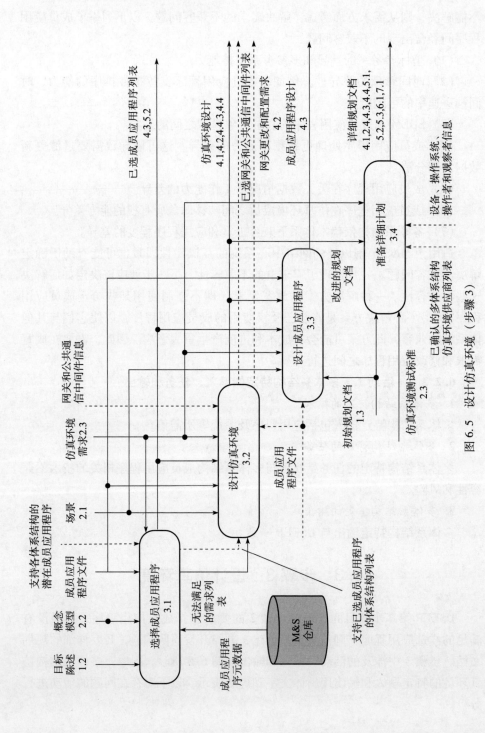

图 6.5　设计仿真环境（步骤 3）

6.3.1　活动 3.1：选择成员应用程序

此活动的目的是通过审查候选成员应用程序是否能够表示概念模型中的实体和事件，来判断某仿真系统是否能够工作在设计的仿真环境中。在某些情况下，候选成员应用程序也可能是之前设计的仿真环境，如大型飞行仿真是由单个子系统仿真构成的。管理约束（如可用性、安全性、设施）和技术约束（如 VV&A 状态、可移植性）都可能影响成员应用程序的最终选择。

在构建大型仿真环境中，特别是 LVC 仿真环境，用户可能在项目开启之初就决定要采用哪些成员应用程序，并在此基础上进行扩展，以满足新的需求。但是，仍然建议将判断其是否具有成为成员应用程序的资格放在此步骤中完成。因为，在确定成为成员应用程序的同时，会引入一些约束，限制了仿真环境的能力。

在某些情况下，可以采用单仿真系统来满足仿真环境的全部需求。使用单个仿真（必要时进行修改）能够避免多成员分布式仿真环境所需的许多开发和集成活动（如步骤 4 和 5 所述）。开发人员/集成人员此时需要比较扩展单仿真系统能力与集成多仿真系统能力所耗费的时间和精力，并将新创建的软件的可重用性作为考量因素之一。具体可以搜索现有存储库中的候选成员应用程序，查找是否具有环境需要的实体和事件及行为。

6.3.1.1　多体系结构仿真环境的成员应用程序选择标准

1. 问题描述

多体系结构仿真环境中成员应用程序的选择除了用于单体系结构仿真环境中成员应用程序选择决策的标准外，还需要其他标准。多体系结构仿真环境的一些潜在成员应用程序可能只支持所采用的体系结构中的某一个，而其他潜在成员应用程序则支持多个体系结构。对于系统设计者来说，很难抉择，因为除了模拟表示能力之外，还应该考虑潜在成员应用程序的体系结构支持能力。此时，需要在支持单个体系结构的高能力成员应用程序和支持多个体系结构的低能力成员应用程序之间进行权衡。

2. 操作建议

在所有其他条件相同的情况下，应最大化使用相同体系结构成员应用程序的数量，这样可以减少集成工作和总体技术风险。在将成员应用程序集成到多体系结构仿真环境之前，应评估集成的优势和收益。如果在活动 3.1 中已经确定了对多体系结构环境的需求，那么应该审核活动 1.3 和活动 2.3 中的前提条件。

6.3.1.2 不兼容的成员应用程序

1. 问题描述

一些仿真环境需求可能会导致需要采用与分布式仿真体系结构（如 DIS、HLA 和 TENA）无法进行互操作的模型、实用程序或其他应用程序。例如，它们可能没有面向仿真的外部接口（如便携式设备中的蜂窝无线协议）。将这些不兼容的成员应用程序集成到仿真环境中需要添加外部接口，或修改现有的外部接口，以使其能够与其他成员应用程序互操作。这个问题在单体系结构仿真环境中也存在，但是在多体系结构仿真环境中更加严重。

2. 操作建议

将不兼容的成员应用程序集成到多体系结构仿真环境中需要四个基本步骤：

（1）建立商业案例。设计一个业务案例，证明集成工作的重要性，特别是当该成员应用程序需要长期使用时。同时，需要考虑集成后对测试工作的影响。

（2）为不兼容的成员应用程序选择体系结构。需要为不兼容的成员应用程序选择一个体系结构进行兼容，从而实现互操作。具体应考虑以下三个问题：

① 分析不兼容成员应用程序现有接口（如果有）的技术特性及其对象模型。应将这些因素与仿真环境中使用的所有体系结构进行比较，确定能以最快速度、成本最低的方式集成到某一体系结构中。

② 分析集成后对体系结构整体能力的提升。优先选择贡献率最大的体系结构。

③ 考虑该成员应用程序能否在未来体系结构升级情况下，继续维持兼容性。

（3）修改和整合不兼容的成员应用程序。通过对不兼容的成员应用程序进行修改，以兼容所选体系结构的协议、数据模型、服务、约定和规则，实现互操作。

（4）测试成员应用程序。改进后的成员应用程序应该在多体系结构仿真环境的上下文中进行测试。

6.3.1.3 活动 3.1 多体系结构特定的输入、任务和结果

1. 多体系结构特定的输入

多体系结构特定的输入能够支持各种体系结构的潜在成员应用程序。

2. 多体系结构特定的任务

（1）执行权衡分析以满足仿真环境需求，同时最小化所选成员应用程序

所需的体系结构。

（2）为当前具有非兼容接口的每个选定成员应用程序选择体系结构。

3. 多体系结构特定的输出

多体系结构特定的输出所选成员应用程序支持的体系结构列表。

6.3.2　活动 3.2：设计仿真环境

当确定了所有成员应用程序，就可以准备仿真环境的设计，并将表征概念模型中实体和动作的职责分配给相应的成员应用程序。此活动需要评估所选成员应用程序集是否提供了所需的全套功能。在评估的同时可能会发现一些可以改进概念模型的信息。

分布式仿真环境的设计首先需要选择底层仿真体系结构（如 HLA、DIS、TENA）。应用程序的需求必须与选择的体系结构保持一致，有时可能存在多种体系结构都能满足仿真环境需求。此时，需要根据开发/集成团队对每个候选体系结构的熟悉程度、支持数据模型的充分性、体系结构中间件的健壮性和性能，以及其他所需资源（如工具、文件）的可用性来考虑具体选择哪个体系结构。

在某些大型仿真环境中，有时需要混合使用多种仿真体系结构。这对仿真环境设计提出了特殊的挑战，因为有时需要复杂的机制来解决体系架构接口差异的问题，这将在步骤 4 中讨论。

此活动的主要输入包括仿真环境需求、场景和概念模型。其中，最关键的是概念模型，确保用户需求能合理地转化为仿真环境设计。高层设计策略，包括建模方法和工具的选择，此时可根据选定的成员应用程序进行重新讨论和协商。当仿真环境开发人员对先前仿真环境进行修改或扩展时，新成员应用程序开发人员必须了解所有相关协议，并适时讨论相关技术问题。对于没有异议的应用程序，可以开始确定仿真执行期间安全保证工作，如指定安全责任、评估安全风险及操作对安全的影响、确定安全级别和行为模式。

6.3.2.1　网关的使用和选择

1. 问题描述

在多体系结构仿真环境中，网关是在仿真环境执行期间将数据消息和控制命令从一个互操作性协议（如 DIS）转换到另一个互操作性协议（如 HLA）的软件/硬件系统。通常，网关是网络上的独立节点，它们从网络接收一种协议的消息，将它们转换为另一种协议，然后将它们重新发送到网络。从历史上看，网关广泛用于集成多体系结构仿真环境，因为优势明显，包括无须修改即可为单体系结构仿真环境开发的成员应用程序集成到多体系结构仿真环境中，以及常见互操作性协议的网关的可用性。但是，使用网关也可能会产生以下问题：

（1）将数据从一个协议转换到另一个协议会带来延迟。

（2）如果网关是独立的网络节点，则会产生网络消息传输延迟。

（3）如果网关是独立的网络节点，则会产生更多的成本。

（4）如果使用嵌入式网关，会增加成员应用程序主机协议转换的计算成本。

（5）正确配置多个网关可能需要大量的工作。

2. 操作建议

对于任何仿真环境，是否使用网关以及如果使用网关，应该根据可用网关的知识来决定。网关应该只用于利大于弊的仿真环境。在其他情况下，网关以外的机制/技术，如修改所有成员应用程序以使用单体系结构或使用集成到所有成员应用程序中的多协议公共中间件，可能更合适。例如，由于延迟、数据丢失和成本问题，通用中间件被用于训练与条令司令部（Training and Doctrine Command，TRADOC）作战实验室协同仿真环境。

关于应使用哪些可用网关或是否应使用新网关的决策应考虑到不同网关可能具有不同的性能、容量、互操作性协议覆盖率，以及是否易于配置、使用及其成本，这些特性决定了哪个网关（如果有）最适合仿真环境。

6.3.2.2 对象状态更新内容

1. 问题描述

一些分布式仿真体系结构（如 DIS）要求更新仿真对象的状态以获取对象的完整状态属性，而其他体系结构（如 HLA）不需要对象状态更新。为了正常运行，可能需要一个结合这两种模式的多体系结构仿真环境来解决这一差异。

2. 操作建议

在设计过程中，用于链接具有不同状态更新需求的体系结构的程序应根据需求自动生成数据。例如，DIS-HLA 网关通常通过为每个模拟对象维护一组完整的属性来执行这些功能。当网关接收到某个对象的 HLA 对象属性更新时，会在网关内部更新该对象的属性，然后根据该对象的网关内部属性生成一个完整的 DIS 实体状态 PDU 并发送给网关。当网关接收到某个对象的 DIS 实体状态 PDU 时，将传入 PDU 中的对象属性与网关的对象内部属性进行比较；这些不同的属性将从 PDU 在网关的内部集合中更新，并通过 HLA 对象属性更新服务调用发送。

6.3.2.3 对象所有权管理

1. 问题描述

一些分布式仿真体系结构（如 DIS 和 HLA）在仿真执行期间支持将更新

对象属性值的责任从一个成员应用程序转移到另一个成员应用程序。这种转移可能出于多种考虑，如通过将仿真责任从一个计算节点转移到另一个计算节点来平衡计算负载，或者利用特定成员应用程序的特殊建模能力（例如，当飞机模型发射模拟空空导弹时，将导弹的位置、方向和速度属性转换为专门的导弹发射模型）。其他分布式仿真体系结构（如 TENA）没有明确提供类似的功能。此外，那些允许对象所有权管理的体系结构可能在其特定功能上有所不同。例如，HLA 允许所选对象属性的所有权转移，而 DIS 只允许具有所有属性的完整对象的所有权转移。其包含具有不同对象所有权管理功能的成员应用程序的多体系结构仿真环境需要更多的工作来协调这些差异。

2. 操作建议

建议操作存在以下三种情况：

（1）如果已经选择确认了参与多体系结构仿真环境的成员应用程序，而且存在转移所有权的应用程序，那么开发人员可以使用该应用程序实现所有权转移功能。

（2）如果负责所有权转移的应用程序不能包含在仿真环境中，需要将对象属性所有权的转移功能添加到当前不具有该功能的成员应用程序中，或者限制当前具有转移对象属性所有权功能的成员应用程序功能。

（3）在仿真环境中，所选成员应用程序集产生跨体系结构转移对象属性所有权的需求。例如，在一个仿真环境中，使用一种体系结构的成员应用程序模拟发射前携带空空导弹的飞机，而专用导弹发射模型位于使用另一种体系结构的成员应用程序中。在这种情况下，应限制将对象属性转出功能是最佳解决方案。如果跨体系结构将对象属性从使用支持这种传输的体系结构成员应用程序传输到使用不支持这种传输的架构的成员应用程序是有必要的，则需要定制技术解决方案。在这种情况下，可能的方法是让连接两个体系结构的网关从"正在传输"的体系结构中接受对象属性所有权的传输，然后使用"不正在传输"体系结构中可用的特性，来实例化某个成员应用程序上具有已接受属性的对象使用第二种体系结构或自行负责模拟传输的对象属性（但隐含地违反了网关不执行任何实际模拟的约定）。

6.3.2.4　多体系结构仿真环境中的时间管理

1. 问题描述

在分布式仿真环境中，时间的流逝可以用实时或模拟两种不同的方式来建模或"管理"。一些仿真体系结构主要支持或仅支持实时方式，而另一些仿真体系结构提供明确的专用协议服务来调解和控制仿真时间，从而支持模拟时间。

在某些情况下，可能需要将使用具有不同时间管理方式的成员应用程序，或者将使用不同时间管理方式的多个仿真环境组合到一个仿真环境中。虽然在单体系结构仿真环境中也存在此类问题，但是在多体系结构仿真环境下，集成多个时间管理方式的难度更大。首先，不同的体系结构可能具有不同的时间管理能力，加大了集成风险；其次，如果在多体系结构仿真环境中存在不同的时间管理方式，则必须在体系结构边界的成员应用程序中解决或协调这些差异；最后，跨体系结构协调不同的时间管理方式可能涉及体系结构专属的细节和设计原则，如网络消息时间戳、跨成员应用程序的时间校准，以及因数据处理延时导致成员应用程序运行落后实际时间的恢复过程。这些设计在不同的体系结构中可能是不同的，这些差异会影响时间管理方案的协调。

2. 操作建议

最简单的情况是在单体系结构下，将集成到仿真环境中的成员应用程序（可能需要修改以兼容该体系结构）屏蔽该仿真环境下的时间管理功能。或者在多体系结构下，当一个时间管理方案用于其中一个体系结构，而另一个时间管理方案用于另一个体系结构时，可以采用以下两种方法协调不同的时间管理方式。

（1）修改其中之一以适用另一种时间管理方案。这种方法简单，所以经常使用。实现单个公共时间管理方案的一种方法是将不使用公共时间管理方案的成员应用程序转换为使用公共时间管理方案的成员应用程序；如前所述，这种转换是时间管理问题，而不是多体系结构问题。在仿真环境中实现单一通用时间管理方案的另一种方法是，仅为该仿真环境选择已使用通用时间管理方案的成员应用程序。

（2）保留不同的时间管理方案，并在体系结构边界处协调它们不同的时间模型。这种方法实现起来较为困难，因为它需要协调不同的时间范式，这些范式通常嵌入实现成员应用程序的基本原则中。但是，这种方法的优势是避免了在大量成员应用程序中去实现时间管理方式转换的需要。

6.3.2.5 兴趣管理能力差异

1. 问题描述

在分布式仿真体系结构中，兴趣管理是指数据过滤功能，这些功能可能以某种方式限制网络数据传输，以使成员应用程序只接收他们感兴趣的数据。不同的分布式仿真体系结构具有不同的兴趣管理功能、特性和能力。在多体系结构环境中，解决这些差异可能非常困难。例如，DIS 使用广播方案（所有成员应用程序接收所有数据）。为了减少 DIS 成员应用程序输入数据的负载，已经开发了各种 DIS 过滤器，这些过滤器在应用程序特定性方面有所不同。在一些

DIS 仿真环境中，PDU 是基于每个 PDU 的站点/主机标识进行过滤的。在包含用于与 HLA 或 TENA 成员应用程序接口的网关的 DIS 成员应用程序中，由网关生成的 PDU 可能都具有网关的站点/主机标识，从而破坏站点/主机过滤方案。例如，HLA 通过其声明管理和数据分发管理服务提供兴趣管理功能；在其他体系结构中，这些功能可能不存在，或者可以使用不同的功能。

2. 操作建议

兴趣管理是一个不同体系结构/协议差异很大的领域。部分体系结构之间的一些兴趣管理功能是等效的，或者几乎是等效的，而另一些则可能完全不同。例如，TENA 具有类似于 HLA 的声明管理服务（基于对象类的过滤）的兴趣管理功能，但不具有类似于 HLA 的数据分发管理服务（基于重叠属性值范围的过滤）的功能。在多体系结构仿真环境中，仿真环境设计者应协调连接体系结构的不同兴趣管理功能与单体系结构中使用的特定于体系结构的兴趣管理机制。解决兴趣管理能力差异的方法在很大程度上取决于多体系结构仿真环境存在的一组特定体系结构，以及成员应用程序在各自体系结构中使用和支持的兴趣管理特性。通常在连接多体系结构仿真环境的网关和中间件中解决兴趣管理的差异。

6.3.2.6　网关转换路径

1. 问题描述

多体系结构仿真环境中的每个网关构成一对体系结构之间的转换路径。如果多体系结构仿真环境在一对体系结构之间配置了两个或多个转换路径，则可能会发生数据消息和/或控制命令的重复转换，并导致向成员应用程序发送冗余且可能不一致的信息。

2. 操作建议

为了解决这个问题，在多体系结构仿真环境中，开发人员应该在给定的一对体系结构之间建立最多一条转换路径。通常，每个协议对最多只能使用一个网关来实现此路径。但是，如果成员应用程序间存在特定转换需求或整个仿真环境的性能需求导致使用多个网关，则应将转换的数据进行分区，以避免重复的接收和转换，或者采用分离每个网关所连接的网络以及通过配置网关来转换控制传入的数据等方式。

然而，即使每对协议之间只有一个网关，也会间接产生多条路径。例如，假设三个单体系结构仿真环境（A、B 和 C）通过三个网关（A-B、A-C、B-C）连接到一个多体系结构仿真环境中；然后从 A 发送的数据可以通过 A-C 网关直接到达 C，也可以通过 A-B 和 B-C 网关间接到达 C。针对这种情况，需要采用物理分离每个网关所连接网络的方法。

6.3.2.7 DIS 心跳转换

1. 问题描述

DIS 协议要求以标准指定的最小频率为所有实体发送实体状态 PDUs，即使实体是完全静态的；这些 PDUs 称为 DIS "心跳"。在非 DIS 仿真环境中，此要求可能会产生不必要的消息通信量和开销，这些环境仅在属性值发生更改时才发送对象属性更新。另外，非 DIS 成员应用程序未能生成此类 "心跳" 更新，可能会导致 DIS 仿真环境中由于 "超时" 而意外删除实体。

2. 操作建议

生成 DIS 实体状态 PDUs 以传输给 DIS 成员应用程序的成员应用程序，无论是针对其自身实体，还是作为转换非 DIS 更新的结果（如在网关中从 HLA 转换为 DIS），应该以满足 DIS 心跳要求的速率对每个模拟实体执行此操作，即使对于那些没有更新任何属性的实体也是如此。一种简单的方法是在那些以所需速率生成 DIS 心跳更新的成员应用程序中实现依赖于时间的更新周期。这种方法需要为每个模拟对象维护一组完整的属性，从中生成更新。

接收 DIS 实体状态 PDUs 的成员应用程序，都应该正确处理静态实体的 DIS 心跳。例如，执行从 DIS 到 HLA 的转换网关在接收到 DIS 更新时，应该确定哪些模拟对象的属性已经改变，并且仅为那些改变的属性生成 HLA 对象属性更新。

6.3.2.8 多体系结构和体系结构间的性能

1. 问题描述

当多个分布式仿真体系结构和为多个体系结构开发的成员应用程序链接到一个仿真环境中时，需要考虑性能因素。因为在一些多体系结构仿真环境中，运行时性能可能存在差异。如果存在，体系结构间的性能差异可能源于分布式仿真体系结构的基本设计假设或体系结构支持软件（如 HLA-RTI、TENA 中间件）的实现。性能问题也可能源于用于链接多体系结构仿真环境组件（如网关）和成员应用程序实现的技术解决方案。对于某些仿真环境和某些应用程序，性能差异可能显著到足以影响多体系结构仿真环境的效用。

2. 操作建议

首先，必须确认性能问题是否是由多体系结构产生的。所以，需要使用监视工具，对包括网关在内的软件/硬件进行性能测试。如果确实是因为多体系结构导致的性能问题，则需要慎重选择性能合适的应用程序以及与之对应的体系结构。例如，在选择网关时，应考虑与网关相关的性能损失。对于需要进行高性能交互的成员应用程序，选择时应在同一体系结构中考虑，以避免体系结构间的转换延迟。其次，可以采用一些技术手段，如平滑处理、航迹推算和心跳，用于在多体系结构仿真环境中满足高性能需求的成员应用程序。

6.3.2.9　非真实网络数据的转换

1. 问题描述

分布式仿真体系结构的一个常见假设是，在网络上发送的数据是"真实的"。在模拟的系统或实体无法访问完整信息的情况下，通常由单个成员应用程序执行信息降级或使用非真实信息。然而，在一些仿真环境中，设计了专门的成员应用程序用于执行信息降级功能（如为了模拟天气和地形因素对通信产生的影响，专门设计了通信效果服务器），并将降级的信息重新传输到其他成员应用程序。

这个问题在单体系结构仿真环境中也存在，但在多体系结构环境中可能会加剧，主要有两个原因：一是使用不正确的非真实数据会在一个或多个体系结构中引起语义问题，因为它违反了真值假设以及重复信息传输规则；二是当在多体系结构环境中使用时，非真实信息应该从原始体系结构的数据模型和协议转换到其他体系结构的数据模型和协议中。转换可能发生在网关、中间件或其他地方。转换过程应具有识别非真实数据与原始体系结构中真实数据区别的机制（或缺乏该机制），以便能够在传入数据时进行识别，并且在转换该非真实数据之后，应在接收架构中使用所选的鉴别机制，将输出数据标记为非真实的。

2. 操作建议

（1）通过设计来分离真实数据和非真实数据。例如，在不同的 HLA 联邦对象模型模块中建模真实数据和非真实数据。

（2）使用体系结构特征来区分真实数据和非真实数据。这些特征可以包括不同的消息类型，如采用一个特殊的 HLA 交互类或单个消息类型标志。在 DIS 中，非真实数据通过各种仿真管理 PDUs 进行交换。此外，信号 PDUs 用于以战术数据链路消息（如 Link-16）的形式交换非真实数据。用于链接多体系结构仿真环境的转换器（网关、中间件）需要能够正确地转换这些非真实指示器，并保证在转换后也能传递相同的信息。

如果没有合适的体系结构/协议特性可用，则需要修改受影响的成员应用程序，在接收端进行过滤，分辨不同类型数据的来源（如来自模拟对象的成员应用程序的真实数据和来自通信效果服务器的非真实数据），并且仅使用来自所需的源的输入信息。此类修改和活动应事先记录在仿真环境协议中。

6.3.2.10　对象标识符的唯一性和兼容性

1. 问题描述

许多仿真和管理操作都需要唯一的对象标识符。例如，在 HLA 标准的某些版本（IEEE 1516.1—2000、IEEE 1516.1—2010）中，注册对象时，RTI 生成联邦范围内唯一对象名称字符串。类似的操作可能发生在其他体系结构中。在多体系结构仿真环境中，应采取措施确保：

（1）对象标识符在体系结构和应用程序中是唯一的。

（2）在一个体系结构中生成的对象标识符可以在另一个体系结构中用于引用所标识的对象。

2. 操作建议

解决此问题的方法细节取决于链接到多体系结构仿真环境的不同体系结构的对象标识符需求。然而，在使用网关或中间件的多架构仿真环境中，网关/中间件可被配置或修改为将一个架构中使用的对象标识符转换或映射到另一个架构中可接受的对象标识符。这种转换或映射应同时考虑格式和唯一性要求。

唯一性通常可以通过使用每个体系结构中已有的服务或约定来保证，如某些版本的 HLA 中的对象注册服务返回 HLA 联邦执行中唯一的对象标识符，网关/中间件使用这些服务，模拟对象的源成员应用程序，转换这些对象的数据。

6.3.2.11 多体系结构仿真中的跨域转换器

1. 问题描述

在实现多体系结构仿真环境时，通常需要一个跨域转换器（Cross-Domation Solution，CDS）来支持不同安全许可状态下的不同用户，并阻止用户访问他们未授权的信息。CDS 是硬件和软件的组合，用于控制两个或多个具有不同安全级别的域之间的数据传递，如非机密与机密或机密与绝密。CDS 的安全性要求通常需要花费大量的时间才能落实到位。CDS 的软件接口通常是不可配置的。虽然 CDS 对于支持分类和数据分发需求至关重要，但它可能会影响仿真环境的开发、集成和测试活动。

在多体系结构仿真环境中实现 CDS 更加困难。多体系结构仿真环境可能会强制使用网关从 CDS 中获取数据，并且需要更多的数据转换工作。CDS 可以是单向的或双向的，并且可以对输入的数据进行裁剪以满足给定的安全性要求。

2. 操作建议

在多体系结构仿真环境中，应该重点考虑在本地网关执行数据的转换，并设计仿真环境，以使输入和输出 CDS 的所有数据都是基于单一体系结构协议。仿真环境设计者具体可以考虑在 CDS 的两侧对应用程序进行分区，最小化整个系统体系结构中网关或其他转换机制的数量。例如，如果仿真环境包含 TENA 和 DIS 两种体系结构，应尽可能将所有 DIS 应用程序放在 CDS 的同一侧。本机 TENA 数据可以输入或流经两侧的 CDS，而只需要在单个点（CDS 和 DIS

234

之间）向或从 DIS 进行转换。

请注意，如果不能实现将给定体系结构的所有成员应用程序放在同一侧，而 CDS 本身不支持转换服务，那么在 CDS 的一侧或两侧可能需要配置更多的网关。

6.3.2.12　多体系结构保存和恢复

1. 问题描述

对于长时间执行以支持涉及大量设施和人员的训练演习的应用程序，能够定期保存正在执行的仿真环境的状态，并在出现异常后恢复到保存的状态是非常重要的。即使在单个体系结构仿真环境中，准确可靠的保存和恢复操作也很有挑战性。在多体系结构仿真环境中协调跨体系结构的保存和恢复需要更多的过程或对连接仿真环境及其成员应用程序的网关/网桥/中间件进行改进。

2. 操作建议

仿真环境设计师应分析并记录仿真环境中每个体系结构的保存和恢复功能。其目的是保存仿真环境的模拟状态快照，作为将来使用的参考点。在多体系结构仿真环境中实现这一目的的主要方法是同时（在仿真时间内）保存每个成员应用程序的仿真状态。最好使用自动保存和恢复模拟状态功能。仿真环境实施者应制定程序，用于启动仿真状态的集体保存，并在必要时恢复保存的状态。

6.3.2.13　活动 3.2 多体系结构特定的输入、任务和结果

1. 多体系结构特定的输入

（1）支持已选成员应用程序所需的体系结构列表。

（2）成员应用程序文件。

（3）网关和公共通信中间件信息。

2. 多体系结构特定的任务

（1）为成员应用程序选择合适的体系结构。

（2）就使用网关、公共通信中间件方案还是修改成员应用程序以兼容不同体系结构两种方案进行分析。

（3）选择网关。

（4）分析转换路径并确定避免重复转换的方法。

（5）执行初步测试，以确定多体系结构和体系结构间的性能问题。

（6）确定跨体系结构映射对象标识符的方法。

（7）将成员应用程序和体系结构分配给 CDS 中的域。

（8）根据仿真环境的具体需求，可能包含以下任务：

① 确定必要的网关修改。

② 确定执行对象状态更新的方法。

③ 确定执行对象所有权转移的方法。

④ 确定单个时间管理方案或多个时间管理方案，如果选择后者，确定如何协调这些方案。

⑤ 确定 DIS 心跳转换方法。

⑥ 确定兴趣管理的方法。

⑦ 确定一种区分真实数据和非真实数据的方法。

⑧ 确定跨成员应用程序启动仿真环境状态的保存和恢复的方法。

3. 多体系结构特定的输出。

（1）选定网关和/或公共通信中间件列表。

（2）在 DSEEP 活动的"仿真环境设计"输出中。

① 确定的体系结构设计。

② 选定了体系结构的成员应用程序。

③ 按照不同体系结构，利用网关将仿真环境进行分组。

④ 成员应用程序和体系结构映射到 CDS 域。

（3）DSEEP 活动的第二层输出"成员应用程序修改的隐含需求"。

① 修改成员应用程序或网关以满足对象状态更新协议的需求。

② 修改成员应用程序或网关以满足对象所有权协议。

③ 修改成员应用程序或网关以满足所选时间管理方案的需求。

④ 实施或响应 DIS 心跳的需求。

⑤ 实现真实数据和非真值数据分离的需求。

⑥ 管理多个对象标识符引用的需求。

⑦ 实现成员应用程序状态的保存和恢复的需求。

（4）网关修改和配置需求。

① 对象所有权转移协调。

② 时间管理方案协调。

③ 兴趣管理配置。

④ DIS 心跳配置。

⑤ 真实数据和非真实数据的分离。

⑥ 对象标识符映射。

6.3.3　活动3.3：设计成员应用程序

在某些情况下，现有的一组成员应用程序无法完全满足仿真环境的所有需求，则需要设计新的成员应用程序或对一个或多个已选成员应用程序进行改进。此活动的目的是将仿真环境的顶层设计转换为成员应用程序的一组详细设计。在修改现有成员应用程序时，需要记录所做更改，以便后期配置控制。

6.3.3.1　新成员应用程序体系结构

1. 问题描述

根据仿真环境需求，需要开发新的成员应用程序。此时，需要考虑在仿真环境中的哪种体系结构下开发新成员应用程序。

2. 操作建议

在选择新成员应用程序的体系结构之前，设计人员应该考虑下列因素，并根据具体情况进行权衡：

（1）仿真环境中的体系结构。在当前仿真环境中确定适合新成员应用程序的体系结构。

（2）当前仿真环境的需求。从候选体系结构中找到最适合仿真环境需求的。

（3）新成员应用程序的未来可能用途。找出能够在未来支持成员应用程序可重用性的体系结构。

（4）开发团队的专业知识。确定新成员应用程序开发人员最擅长使用的候选体系结构。

（5）选择体系结构集成方法和工作。分析候选体系结构的集成方法（如网关、中间件或本机集成）为容纳新成员应用程序所要做的工作。

（6）非选定体系结构集成方法和工作。在确定体系结构后，新成员应用程序将如何与仿真环境中其他的体系结构集成，以及所需要的工作。

（7）多用途中间件。是否已经存在支持多种体系结构的多用途通信中间件软件，可用于新成员应用程序的集成。

（8）成员应用程序特定体系结构的服务。分析成员应用程序的设计目标，是否必须使用某个候选体系结构的服务（如时间管理）。

（9）测试工具。是否已经存在合适的测试工具用于在候选体系结构中测试新的成员应用程序。

（10）安全/分类级别。成员应用程序是否需要工作在具有保密措施的环境中，以及候选体系结构中是否存在安全 CDSs 域。

（11）标准和授权。与新成员应用程序相关的标准或授权是否需要使用特定的体系结构。

（12）主办单位指导。赞助新成员应用程序开发的组织对候选体系结构的要求。

6.3.3.2 活动3.3 多体系结构特定的输入、任务和输出

1. 多体系结构特定的输入

多体系结构特定的输入为成员应用程序文件。

2. 多体系结构特定的任务

在 DSEEP 推荐任务"成员应用程序设计"中，确定新成员应用程序使用的体系结构。

3. 多体系结构特定的输出

在 DSEEP 活动输出"成员应用程序设计"中，对于新成员应用程序，确定要使用的体系结构。

6.3.4 活动3.4：准备详细计划

由于可能需要对某些成员应用程序进行改进或设计新的成员应用程序，所以需要对原始规划文档进行修改，新的计划应包括成员应用程序的具体任务和里程碑，以及完成每个任务的建议日期。该计划还可以用于确定其余开发过程中所用到的软件工具设计，确定将用于支持仿真环境剩余生命周期的软件工具（如 CASE、配置管理、VV&A、测试）。对于新的仿真环境，可能需要设计和开发网络配置计划。这些协议及详细的工作计划都需要记录下来，以供后期开发参考和未来应用程序重用使用。

6.3.4.1 多体系结构开发成本与进度估算

1. 问题描述

在活动3.4（准备详细计划）中，应改进现有的工作分配，并考虑实施已确定的设计解决方案。根据不同技术团队的特定角色和职责以及设计解决方案的性质，初始进度和估算成本可能会受到重大影响。这一点在多体系结构应用程序中尤其如此，因为不同开发人员团队之间的协调需要频繁的技术交流会议和大范围的管理控制。

2. 操作建议

多体系结构仿真环境开发的成本和活动范围受到多个因素的影响。从调度的角度来看，一个关键因素是团队成员的可用性，是否支持确定的开发、集成和测试活动。在多体系结构事件中，需要跨各种技术专业知识来实现各种跨体系结构设计问题的解决方案，并就最快速、技术上最合理的解决方案达成共识。在实现和测试这些解决方案时，协调来自多个体系结构开发人员的工程实践的差异也可能导致进度延迟。

另一个影响多体系结构仿真环境开发进度的因素是支持设施的可用性。换言之，不仅需要合适的人员（如分析员、操作员、测试人员），而且还应在指

定时间提供支持活动所需的实验室设备和其他基础设施。对于多体系结构应用程序来说，这一目标更加困难，因为不同的体系结构往往有着不同的发起机构，这些机构的集成和测试事件需要及时同步。例如，支持 TENA 事件的设施在支持 HLA 或 DIS 演习的设施空闲时（或反之）可能处于不可用状态。在安排多体系结构事件时，协调设施时间表也是一个相当大的挑战。

最后一个因素是多体系结构问题所需工具的可用性和兼容性。网关、CDS 和网络工具等应用程序需要正确配置，以实现设计方案。其中一些工具可能是为使用特定仿真体系结构的应用程序定制的，因此其他领域的开发团队成员可能不熟悉这些工具。需要安排时间对他们进行培训。

6.3.4.2　活动 3.4 多体系结构特定的输入、任务和输出

1. 多体系结构特定的输入

（1）确定的多体系结构仿真环境 SMEs 列表。

（2）关于可用设施、操作系统、操作员（受训人员）和观摩人员的信息。

2. 多体系结构特定的任务

（1）在多体系结构开发中咨询 SMEs。

（2）优化成本和进度以考虑多体系结构问题。

3. 多体系结构特定的输出

在 DSEEP 活动输出"详细规划文件"中，考虑多体系结构修订成本估算问题。

6.4　步骤 4：开发仿真环境

该步骤的目的是确定在执行仿真环境的过程中运行时将交换的信息，必要时修改成员应用程序，并为集成和测试（数据库开发、安全程序实现等）准备仿真环境。步骤 4 中涉及的活动、输入和输出如图 6.6 所示。图中，多体系结构仿真环境的特定输入和输出用斜体文字和虚线表示。以下对存在问题的活动进行分析。

6.4.1　活动 4.1：开发仿真数据交换模型

仿真环境需要成员应用程序之间进行必要的交互，从而产生数据的交换。显然，成员应用程序之间必须就如何进行交互达成协议，这些协议是根据类关系和数据结构等软件构件定义的。总地来说，控制这种交互如何发生的协议集称为仿真数据交换模型。

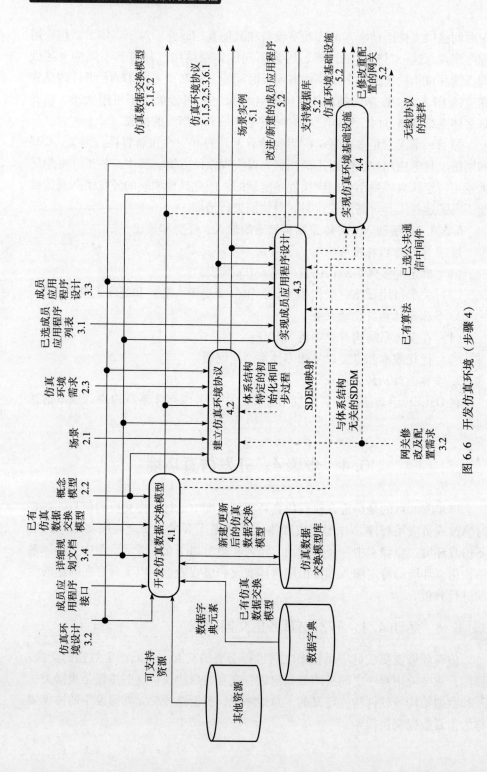

图 6.6 开发仿真环境（步骤 4）

根据应用程序的性质，SDEM 可以采取几种形式。一些仿真应用程序是严格面向对象的，其中仿真系统的静态和动态视图都是根据 SDEM 中的类结构、类属性和类操作（即方法）定义的。其他的仿真应用程序保持同样的基于对象的范例，但是在不同的成员应用程序之间共享实体和事件的状态信息使用的对象表示，都是在成员应用程序内部建模的。SDEM 非常类似于数据模型，包括一组定义的格式、语法和编码规则。还有一些仿真应用程序在其 SDEM 中可能根本不使用基于对象的结构。相反，重点是运行时数据结构本身和导致信息交换的条件。一般来说，不同的应用程序对成员应用程序之间交互的深度和性质有不同的要求，虽然这些不同的要求将决定 SDEM 的类型和内容，但 SDEM 必须存在，以便确定成员应用程序之间的交互协议，从而在仿真环境中实现协调一致的互操作。

SDEM 开发有许多方法。如果可以在满足所有成员应用程序交互需求的存储库中找到现有 SDEM，那么重用现有 SDEM 是最快捷的方法。如果找不到与当前应用程序需求完全匹配的，那么可以在确定满足其中一些需求的 SDEM 的基础上进行修改，以满足全套需求。一些领域为其用户维护参考 SDEM，以促进这种类型的重用（如实时平台参考联邦对象模型）。还有其他方法，如从小型、可重用的 SDEM 组件（如基本对象模型）以及从成员应用程序的接口合并 SDEM。

6.4.1.1　元模型不兼容

1. 问题描述

不同体系结构使用的底层数据交换模型结构的差异会导致多体系结构仿真环境的不兼容性。由于 SDEM 需要在仿真环境中的体系结构之间保持一致，因此 SDEM 团队应了解元模型之间的等效性和差异，在设计时满足每个体系结构的元模型规范。

2. 操作建议

解决元模型不兼容的方法有以下两种：

（1）使用与体系结构无关的方法来表示元模型。

（2）使用网关，这是解决现有元模型不兼容性问题的主要方法。网关能够将一个体系结构元模型的语义转换为另一个体系结构元模型的语义。

6.4.1.2　SDEM 不兼容

1. 问题描述

在解决元模型的兼容性问题后，就需要设计多体系结构仿真环境的SDEM，使其一致。在某些体系结构中，SDEM 的元模型和内容属于体系结构规范的一部分。例如，DIS 和 TENA。HLA 稍有不同，它采用了标准化的 SDEM

元模型，同时允许用户针对每个应用程序定义 SDEM。虽然用户通常喜欢灵活地定制 SDEM 内容以满足即时需求，但这种定制通常是有代价的。具体来说，当在多体系结构仿真环境中工作时，如果各个成员应用程序要正确地互操作，则必须完全调整（在当前应用程序的上下文中）跨体系结构的各种 SDEM 内容。就时间和资源而言，这种调整过程非常耗时，而且过程容易出现问题，存在技术风险。

2. 操作建议

当面对多体系结构仿真环境中的 SDEM 内容不兼容时，推荐三种方式：首先，可以更改成员应用程序以支持给定体系结构的接口；其次，成员应用程序直接使用接口连接中间件；最后，使用网关桥接不兼容的 SDEM。

在考虑对成员应用程序的本机接口进行更改时，必须考虑对各成员应用程序接口更改的工作量。此方法非常耗费时间与资源。

使用中间件同样需要修改成员应用程序，其优势在于中间件已经实现了各仿真体系结构之间的集成。但是该方法要求开发人员熟悉中间件的使用。

使用网关解决方案时，需要耗费时间和资源验证网关的映射功能。为了让网关正常工作，有必要在体系结构之间创建详细的数据映射。数据映射也是验证网关能否正确操作所需的标准文档，同时也是体系结构团队之间的同步点。建立数据映射过程中应充分考虑以下几点：

（1）形态分析。应建立对单词内容的理解。例如，能够理解"飞机""飞行器"和"无人机"是相关的。

（2）语法分析。应建立同词不同意的理解。例如，在作战命令中使用"target"作为动词，而使用"target"作为名词，表示某个实体正被某个武器系统攻击。

（3）语义分析。应建立实体描述符的理解（如 HLA 类属性），描述符阐明了分布式仿真环境中实体的目的或用途。

（4）实体名称相似性。如果两个实体具有相同（或几乎相同）的名称，则应分析以确定它们在模拟空间中是否表示相同的对象。

（5）实体描述符名称相似性。如果两个实体描述符具有相同（或几乎相同）的名称，则应分析确定它们是否表示实体的相同特征。

（6）语义/用法相似性。如果两个实体在分布式仿真环境中的使用方式相同，则应分析确定它们在功能上是相同的还是相似的。

测试网关以验证其是否准确地转换了数据对于仿真环境的成功至关重要。应验证网关两侧数据的语法和语义准确性。除了网关提供的数据验证工具外，还应使用特定体系结构的数据验证工具来确认或识别数据转换中的问题。

6.4.1.3　活动 4.1 多体系结构特定的输入、任务和输出

1. 多体系结构特定的输入

多体系结构特定的输入与 DSEEP 一致。

2. 多体系结构特定的任务

确定网关配置和修改需求：

（1）解决元模型不兼容问题。

（2）跨体系结构调整 SDEM 内容。

3. 多体系结构特定的输出

（1）扩展 DSEEP "仿真数据交换模型" 活动的输出已包含各体系结构 SDEM。

（2）与体系结构无关的 SDEM。

（3）SDEM 映射。

6.4.2　活动 4.2：建立仿真环境协议

　　尽管 SDEM 代表了成员应用程序开发人员之间就如何在运行时交互的协议，但是 SDEM 中没有包含仿真环境实现的其他操作协议。此时，开发/集成团队需要确定其他协议以及如何记录这些协议。例如，开发/集成团队使用概念模型来分析仿真环境中所有实体间的必要协议和预期行为，在这个过程中可能需要对已选成员应用程序进行修改。此外，还必须就数据库和算法达成协议，这些数据库和算法必须在整个仿真环境中都能够使用，以正确实现所有成员应用程序之间的交互。例如，为了使不同成员应用程序拥有的对象能够以真实的方式交互和行动，在整个仿真环境中确保表示的特征和现象的一致是至关重要的。而且，必须在所有成员应用程序开发人员中解决某些操作问题。例如，初始化过程、同步点、保存/恢复策略和安全过程的协议都有助于仿真环境的正确操作。

　　一旦确定了支持仿真环境的所有权威数据源，加载数据就可以生成一个可执行场景实例，并允许用户就预期的行动和事件进行测试。

　　最后，开发/集成团队必须注意，某些协议可能需要 DSEEP 外部的其他工作配合。例如，某些成员应用程序的使用或修改可能需要用户/主办单位和开发/集成团队之间的协同行动。此外，涉及机密数据的仿真环境通常需要在适当的安全机构之间建立安全协议。这些外部过程有可能在资源或进度方面对仿真环境的开发和执行产生负面影响，应尽早将其纳入项目计划。

6.4.2.1　解决多体系结构开发的协议

1. 问题描述

除了支持单体系结构仿真环境的协议外，多体系结构开发存在多种不同类

型的协议。判断协议的差异可能非常困难，特别是以不同方式指定和实现的服务。

2. 操作建议

以协议文件形式记录各体系结构运行方式的差异，并在开发过程中根据具体情况定期更新文件。

多体系结构开发的协议主要涉及活动3.2中讨论的技术问题，以及对象所有权管理、时间管理，为多体系结构操作选择和配置网关等问题。多体系结构相对于单体系结构对下列问题会产生更多影响。

（1）支持工具：用于训练规划、初始化和执行监控、执行后分析和反馈的工具（包括数据简化工具、可视化和仿真环境监控和执行管理）。

（2）设计工具：支持训练规划、初始化和执行的工具，包括支持场景开发、需求和概念分析的工具。

（3）初始化过程：初始化仿真环境的前提条件和过程。

（4）关闭程序：联邦有序关闭的触发条件和过程。

（5）保存和还原过程：保存和恢复操作的触发条件，要保存的元素，启动保存和还原操作的过程。

（6）同步程序：触发条件和操作，以在整个仿真环境中实现状态的一致性。

（7）加入/退出：加入和离开仿真环境的前提条件和程序，包括排序。

（8）崩溃恢复/容错/异常处理：从崩溃、故障和异常中恢复的程序。

（9）命名约定：对象、属性/参数、枚举和成员应用程序的命名约定。

（10）辅助通信信道：非数据交换模型数据，如视频或交流、实时实体、C^2协议和硬件在环通信协议。

（11）效果判断：判定损害和损耗等影响的程序。

（12）坐标系：引用权威坐标系表示法。

（13）时间管理：就时间单位、时间进程和逻辑与实时达成一致。

（14）航迹推算：非实时更新位置的算法。

（15）兴趣管理：过滤输入成员应用程序的数据的参数和算法。

（16）控制权转让：在成员应用程序之间传递实体控制的触发器、约束和算法。

在选择工具时，应该考虑支持特定功能的所有体系结构范围内的工具。参考数据存储格式、表示方式和非数据交换模型协议，这些协议需要对所使用的体系结构进行最小量的转换。

6.4.2.2　工具可用性和兼容性

1. 问题描述

从分布式仿真环境项目开始，开发人员就创建并使用软件工具来辅助工作。然而，几乎所有这些工具都是特定于体系结构的，要么执行一个体系结构特有的任务，要么以一个体系结构特有的方式执行一个体系结构中的通用任务。例如，所有体系结构（DIS、HLA 和 TENA）都有 SDEM，但是 SDEM 编辑器仅适用于根据 OMT 构造的 SDEM。

仿真环境开发人员希望在实现多体系结构仿真环境时能够有工具支持开发活动，因此，出现了两个相关的问题。

（1）可用性。可用性即没有现成的工具用于跨多体系结构执行相应任务。

（2）兼容性。如果缺少多体系结构工具，为了实现某一功能，而在各体系结构中使用各自的工具，那么这些单体系结构工具可能在数据格式、结果或其他方面不兼容。例如，当不同的 SDEM 编辑器由于缺乏语法互操作性（不兼容的数据交换格式）或语义互操作性（不兼容的 SDEM 结构或数据元素）而无法交换数据时，就会出现开发工具不兼容的情况。

2. 操作建议

如果缺乏多体系结构工具，可以采取三种可能的方法来获取工具：

（1）使用多个单体系结构工具为每个体系结构提供所需的功能。

（2）修改现有的单体系结构工具以跨多体系结构工作。

（3）开发新的多体系结构工具。

6.4.2.3　初始化排序和同步

1. 问题描述

在分布式仿真中，初始化是一个非常重要的过程。例如，在 HLA 中，必须先创建联邦执行，然后联邦成员才能加入并注册对象。在仿真环境中，经常需要对成员应用程序的初始化操作进行排序和同步，以确保每个成员应用程序为初始化过程中的下一个操作做好准备。在多体系结构仿真环境中，这些问题可能会加剧。初始化排序需求可能更大，因为用于链接多个体系结构（如网关或中间件）的机制可能需要以特定顺序启动体系结构的执行。此外，连接到操作系统或仪表仿真环境可能需要在初始化之前打开这些系统或仪表。这种排序约束可能难以自动执行。此外，在多体系结构仿真环境中，显式初始化同步可能更为困难，因为所需的同步机制和消息（如 HLA 的同步服务）更可能只属于特定体系结构，并且不太可能直接跨体系结构转换。

2. 操作建议

有些体系结构提供协议服务，这些服务可以在不同程度上用于初始化排序和同步。因此，需要一个精心规划的通用多阶段初始化过程，其中包括计划好的暂停，以便完成初始化操作。

如果一个体系结构的协议服务用于协调跨体系结构的初始化，则应配置或修改用于链接体系结构（如网关或中间件）的机制，以将这些服务从一个体系结构转换到另一个体系结构。如果同步服务不能通过用于链接体系结构的机制来转换，则可以使用如手动控制等方式转换。为此，在规划仿真环境执行和测试仿真环境时，应特别注意初始化。任何同步约束或初始化序列决策都应该记录在仿真环境协议中。此时应彻底测试这些初始化和同步服务与过程。

根据特定仿真环境的需要，设计用于监视和控制仿真环境执行的软件工具可用于排序和同步初始化。针对多体系结构，开发在单体系结构仿真环境中监视和控制仿真环境执行的工具；最后，为了避免这些问题，成员应用程序的设计和实现应该尽可能独立于初始化序列。

6.4.2.4　活动 4.2 多体系结构特定的输入、任务和输出

1. 多体系结构特定的输入

（1）网关修改和/或配置要求。

（2）为初始化和同步设计的特定体系结构流程。

2. 多体系结构特定的任务

（1）确定并记录如何在多体系结构仿真环境中协调各体系结构之间的仿真体系结构协议。

（2）扩展以下现有 DSEEP 任务，以涵盖为多体系结构仿真环境设计的协议（包括支持工具）：选择必要的管理工具、可重用产品和仿真环境支持工具、测试和监控工具，并制订采办计划、开发计划，安装并使用这些工具和资源，选择跨体系结构的工具。

（3）制定执行程序协议。

（4）就技术程序和行为达成协议。

（5）为先前确定的工具分配功能（如数据记录、执行管理）。

3. 多体系结构特定的输出

属于 DSEEP "仿真环境协议" 活动的输出：

（1）为选定的支持工具分配功能。

（2）将设计功能分配给选定的设计工具。

（3）初始化、关闭、保存、还原、同步和崩溃恢复的过程。

（4）成员应用程序加入和退出的前提条件和程序。

（5）命名约定。

（6）辅助通信信道。

（7）效果判断。

（8）坐标系。

（9）时间管理。

（10）航迹推算。

（11）兴趣管理。

（12）所有权转让。

（13）参考坐标系转换。

（14）数据编组。

（15）资产调度。

（16）人员职责分配。

（17）多体系结构所关注的附加协议，如跨体系结构边界的对象所有权和时间管理协议。

6.4.3　活动 4.3：实现成员应用程序设计

此活动的目的是完成对成员应用程序所需的修改，使之能够表示概念模型中所描述的对象以及相关行为和事件，生成数据并与 SDEM 确定的其他成员应用程序交换数据，并遵守已建立的仿真环境协议。这可能需要对成员应用程序进行内部修改以支持分配的域元素，也可能需要对成员应用程序的外部接口进行修改或扩展以支持过去不支持的新数据结构或服务。在某些情况下，甚至可能需要为成员应用程序开发一个全新的接口，具体取决于 SDEM 和仿真环境协议的内容。在这种情况下，成员应用程序开发人员在决定完成接口的最佳总体策略时，必须同时考虑应用程序的资源（如时间、成本）约束以及长期重用问题。在需要全新成员应用程序的情况下，成员应用程序设计的实现必须在此时进行。

6.4.3.1　非标准算法

1. 问题描述

在某些情况下，与仿真环境体系结构相关联的互操作性协议对属于某体系结构的特定算法也进行了标准化，如 DIS 协议中的航迹推算算法。如果仿真环境使用了非标准算法，一些现成工具以及网关可能在与这些算法有关的信息传递中出现问题（如使用非标准版本 DIS 心跳算法的仿真环境可能无法与使用标准心跳算法的网关一起工作）。

2. 操作建议

解决这个问题的方法有两种：

（1）避免使用非标准算法。当必须使用一种非标准的算法时，可能会有一些特殊的情况。例如，一个仿真环境可能有大量的模拟实体，这些实体以特定的方式移动，而且不能通过标准的航迹推算算法进行预测，为此，设计了一个非标准航迹推算算法。在这种情况下，可以修改网关或中间件以支持非标准算法。

（2）将非标准算法集成到网关或中间件中，并在翻译过程中应用。

6.4.3.2　活动4.3多体系结构特定的输入、任务和输出

1. 多体系结构特定的输入

（1）现有实现算法。

（2）选定的公共通信中间件。

2. 多体系结构特定的任务

多体系结构特定的任务是选择要实现的算法。

3. 多体系结构特定的输出

多体系结构特定的输出是没有超出 DSEEP 范围。

6.4.4　活动4.4：实施仿真环境基础设施

此活动的目的是实现、配置和初始化支持仿真环境所需的基础设施，并验证其是否能够支持所有成员应用程序的执行和交互。这涉及网络设计的实现，如广域网、局域网；网络元件（如路由器、网桥）的初始化和配置；以及在所有计算机系统上安装和配置的支持软件。这还涉及支持集成和测试活动所需的任何设施准备。

6.4.4.1　网络配置

1. 问题描述

分布式仿真体系结构（如 DIS、HLA 和 TENA）需要对底层网络协议进行配置。由于所使用的网络端口、协议和性能要求的多样性，多体系结构仿真环境引入了更多的与网络相关的复杂性。不同的体系结构可以优选不同的网络协议配置选项（例如，IP 组播与 IP 广播），因此，可能会导致不兼容。设计和配置网络协议以支持多体系结构仿真环境中使用的各种数据格式和传输机制，需要进行大量的规划、集成和测试。

2. 操作建议

限制仿真环境所使用的网络协议数量能够最大限度地提高吞吐量，并使网络延迟最小。所以，仿真环境的设计应涵盖数据转换协议，并在该协议中利用可用的网络配置选项来提高性能。

为多体系结构仿真环境开发应用程序应记录网络的连接情况。此要求属于仿真环境协议的一部分。例如，联合任务环境试验能力（Joint Mission Environment Test Cagability，JMETC）TENA 组织提供了支持网络操作所需的程序和文档，TENA 维护 JMETC 多体系结构网络，包括集成 DIS、HLA 和 TENA 体系结构以及操作协议。可以在 TENA 组织的网站上（https：//www. tena-sda. org/JMETC/）通过建立 JMETC 账户访问此信息。TENA 网站上的 JMETC 连接页面可以下载端口和协议报告，其中定义了标准格式，用于表示多体系结构仿真环境中每个参与站点的必要端口和协议。其格式包括以下内容：

（1）成员应用程序名称。

（2）WAN 上的应用协议（例如，TENA、Link16、可变消息格式）。

（3）网络协议（IP/TCP/UDP）。

（4）网络端口号/范围。

（5）方向（进/目标 IP（或多播组地址）出/两者）。

（6）成员应用程序描述。

（7）附加信息。

另一个需要考虑的问题是网络设备（如路由器和交换机）的配置，以支持 WAN 上的多播。通过广域网使用 UDP 多播通信比传输控制协议（Transmission Control Protocol，TCP）通信效率更高，但可能很难配置。在包含加密设备（如战术局域网加密（Tactical Local Area Network Encryption，TACLANE）设备）的安全网络上，这个问题尤其如此。由了解多播并知道如何正确配置网络设备以支持多播的网络专家进行配置是至关重要的，在设计仿真环境时应加以考虑。除了寻址支持多体系结构仿真环境所需的端口和协议外，还需要其他协议来定义支持应用程序所需的网络服务。此类服务的示例包括域名系统（Domain Name System，DNS）、网络时间协议（Network Time Protocol，NTP）和密码管理服务。一般来说，仿真环境协议应包含所有参与仿真架构中建立所需网络基础设施所需的任何信息。测试计划应说明如何验证这些服务，并且在集成成员应用程序之前，彻底测试网络设计。尽早建立最终网络或建立一个临时连接来执行早期集成测试可以提供更多的时间来解决问题。

6.4.4.2 活动4.4多体系结构特定的输入、任务和输出

1. 多体系结构特定的输入

（1）网关修改和配置要求。

（2）每个体系结构的 SDEM。

（3）与体系结构无关的 SDEM。

（4）SDEM 映射。

2. 多体系结构特定的任务

（1）将 SDEM 映射转换为网关配置。

（2）修改和配置网关以满足前期需求。

（3）属于 DSEEP"实现基础设施设计"任务。根据最新的网络基础设施安全指南和信息保证需求配置端口、协议和服务，以实现网络体系结构。

（4）选择在线协议。

3. 多体系结构特定的输出

（1）修改和配置的网关。

（2）在线协议的选择。

6.5 步骤 5：集成和测试仿真环境

该步骤的目的是对仿真的执行进行规划，连接所有成员应用程序，并在执行之前测试仿真环境。步骤 5 中涉及的活动、输入和输出如图 6.7 所示。图中，多体系结构仿真环境的特定输入和输出用斜体文字和虚线表示。以下对存在问题的活动进行分析。

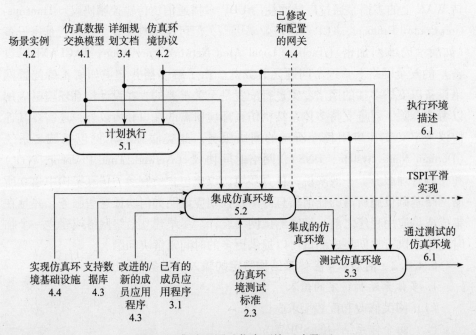

图 6.7 集成和测试仿真环境（步骤 5）

6.5.1 活动 5.1：执行计划

该活动的目的是全面描述执行环境并制订执行计划。例如，此时应记录单个成员应用程序和较大仿真环境的性能要求，以及在仿真环境中使用的主机、操作系统和网络的要求。完整的信息集连同 SDEM 和仿真环境协议为过渡到集成和测试阶段的发展提供了必要的基础。

此步骤中的其他活动包括对测试和 VV&A 计划进行修改，以及（对于安全环境）开发安全测试和评估计划。后一项活动要求审查和验证在仿真环境开发中完成的安全工作，并最终确定安全设计的技术细节，如信息降级规则，此计划是仿真环境所需文档集的一个重要元素。

操作计划也是这项活动的一个关键，说明了哪些人员将以什么方式（如监控、数据记录）操作成员应用程序（操作人员）或支持仿真执行（支持人员）。它应该详细说明执行运行的时间表和每次运行前的必要准备，必要时应对支持人员和操作人员进行培训和演练，应记录启动、执行和终止每次执行运行的具体程序。

6.5.1.1　多体系结构仿真环境的集成与测试规划

1. 问题描述

由于仿真环境开发团队的经验、知识和技能的多样性，多体系结构仿真环境的集成和测试可能是一项非常复杂的工作。集成和测试多体系结构仿真环境所需的工作量可能会超过正常的资源规划估计，并导致应用程序开发人员无法完成仿真环境集成测试。

2. 操作建议

成功实现集成测试的关键是降低测试的复杂性。在单体系结构仿真环境中成功使用的一种集成测试策略是计划一系列迭代的、增加复杂性的集成测试。仿真环境开发人员在试图跨体系结构边界进行操作之前，应该首先确定成员应用程序在单个体系结构仿真环境中的运行是否令人满意。应尽快开启集成测试，以便有时间对多体系结构仿真环境集成过程中可能出现的不可预见问题进行故障排除。

6.5.1.2　多体系结构执行计划考虑因素

1. 问题描述

多体系结构仿真环境计划的执行应更加注意其本身的复杂性，重点包括资源设施配置和操作员调度方案（例如，现场模拟的受训人员）。

2. 操作建议

执行计划应解决与多体系结构仿真环境操作相关的技术和非技术因素。技术因素的例子包括开发与所使用的所有体系结构兼容的启动和关闭程序，以及协调不同体系结构使用的不同机制方法，以便在仿真基础设施上传递大量数据。非技术因素的例子包括培训人员使用相关软件和操作程序，以及跨体系结构布置人员和设施。

6.5.1.3　活动5.1 多体系结构特定的输入、任务和输出

1. 多体系结构特定的输入

多体系结构特定的输入没有超出 DSEEP 范围。

2. 多体系结构特定的任务

（1）确定与多体系结构仿真环境相关的技术和非技术因素。

（2）为多体系结构仿真环境的早期测试和集成活动制订计划。

3. 多体系结构特定的输出

多体系结构特定的输出没有超出 DSEEP 范围。

6.5.2　活动5.2：集成仿真环境

该活动的目的是将所有成员应用程序统一集成到操作环境中。这要求正确安装所有硬件和软件资源，并以支持 SDEM 和仿真环境协议的配置相互连接。仿真环境开发和执行计划是详细规划文档的一个组成部分，它指定了此活动中使用的集成方法，场景实例为集成活动提供了必要的上下文。

6.5.2.1　真实实体时间、空间和位置信息的更新

1. 问题描述

大多数分布式仿真体系结构都允许真实实体（如在逻辑靶场上飞行的实际飞机）参与到仿真环境中。实体位置、速度和加速度数据（称为 TSPI）是在仿真执行过程中实时获取的。获取过程中，这些更新数据被转换为消息，在分布式仿真体系结构中进行更新，以便传输到连接的成员应用程序中。在多体系结构仿真环境中，当来自真实实体 TSPI 的更新数据跨体系结构边界转换时，需要更多工作才能实现。

TSPI 数据可能来源于遥测吊舱或者是雷达。遥测吊舱的 TSPI 通常以适合分布式仿真的数据速率发送，但空间精度较低，而且没有可靠的速度和加速度数据，从而导致两个问题：首先，较低的空间精度会导致真实实体的报告位置在真实位置周围随机跳转或抖动，从而影响观察者观测，并影响与这些实体的交互；其次，在多体系结构仿真环境中，这些抖动数据也会影响网关。例如，将真实实体 TSPI 更新数据从 DIS（或 TENA）转换为 HLA 的网关会在连续更新中比较每个对象的属性，并且仅当这些属性发生更改时才发送 HLA 更新。但是在传输遥测吊舱的 TSPI 时，由于精度较低，可能更容易触发，从而发送更多的数据。而且，低空间精度和不可靠的速度和加速度数据可能会混淆某些体系结构（如 DIS）中使用的传统航迹推算算法，导致无法有效地推断实体的位置。此外，使用无航迹推算体系结构的成员应用程序（如 TENA），则会发

现真实实体存在抖动和不准确的现象。

相比之下，从雷达轨迹生成的 TSPI 更新通常比某些体系结构预期的速度慢（如每 12s 一次），从而导致实体更新超时，或者被判断无数据，从而在联邦执行中删除。

2. 操作建议

在仿真环境执行前，正确配置连接体系结构的组件，如网关，以应对实时实体 TSPI 更新的挑战。

6.5.2.2　活动 5.2 的多体系结构特定的输入、任务和输出

1. 多体系结构特定的输入

多体系结构特定的输入为修改和配置的网关。

2. 多体系结构特定的任务

多体系结构特定的任务是实施 TSPI 平滑处理。

3. 多体系结构特定的输出

多体系结构特定的输出为 TSPI 平滑的实现。

6.5.3　活动 5.3：测试仿真环境

该活动的目的是测试所有成员应用程序是否可以实现核心目标所需的互操作性。仿真应用程序的三个测试级别定义如下：

（1）成员应用程序测试：测试每个成员应用程序，以确认成员应用程序软件在 SDEM、执行环境描述和任何其他操作协议中能够正确执行其承担的任务。

（2）集成测试：将仿真环境作为一个整体进行测试，以验证基本级别的互操作性。此测试主要包括观察成员应用程序与基础设施是否正确交互以及与 SDEM 所描述的其他成员应用程序通信的能力。

（3）互操作性测试：在此活动中，将测试仿真环境的互操作能力，以判断实现目标所需互操作性的程度。其包括观察成员应用程序根据定义的场景和应用程序所需的保真度级别进行交互的能力。如果应用程序需要，此活动还包括安全认证测试。互操作性测试的结果可能有助于对仿真环境进行验证和确认。

进行互操作性测试的程序必须得到所有成员应用程序开发人员的同意，并记录在文档中。应在测试阶段执行数据收集计划，以确认能够准确收集和存储支持总体目标所需的数据。

此活动的预期输出是一个集成的、经过测试、验证的、经认可的仿真环境（如果需要），下一步可以开始执行仿真环境。如果早期测试和验证发现了问

题，应及时纠正问题，并与仿真环境的用户/主办单位进行讨论。

6.5.3.1 多体系结构仿真环境中测试的复杂性

1. 问题描述

在仿真环境测试期间，应关注多体系结构问题的早期协议和后续解决方案。多体系结构解决方案包括表示实装、虚拟、构造性仿真资产的应用程序，以及支持环境监测、控制、数据管理和互操作性的应用程序。多体系结构仿真环境的测试应在系统级进行，以确定这些解决方案是否满足性能和功能需求。

2. 操作建议

多体系结构仿真环境的复杂性要求进行更加详细和具体的测试，以确定跨体系结构的数据交换是否有效。

对于单个成员应用程序的测试，首先应重点针对成员应用程序接口的修改进行测试。如6.4.2.1节所述，许多协议可能与多体系结构相关，在测试事件之前对成员应用程序接口执行本地测试将减少此类错误，从而降低测试事件调度的风险。其次是对网关进行测试，在执行测试事件之前进行本地测试。最后在活动6.1（执行仿真）之前，需要执行完整的互操作性测试，以验证仿真环境总体上满足所有功能需求。与SDEM数据相关的体系结构间语义差异可能会影响功能的一致性；因此，在系统运行开始之前，合格的SMEs应评估概念模型验证活动。

6.5.3.2 活动5.3多体系结构特定的输入、任务和输出

1. 多体系结构特定的输入

多体系结构特定的输入没有超出DSEEP范围。

2. 多体系结构特定的任务

多体系结构特定的任务是跨架构边界测试数据交换的有效性。

3. 多体系结构特定的输出

多体系结构特定的输出属于DSEEP"已测试的仿真环境"活动的输出：跨体系结构数据交换的有效性评估。

6.6 步骤6：执行仿真

该步骤的目的是执行已集成的成员应用程序集，并预处理结果，输出数据。步骤6中涉及的活动、输入和输出如图6.8所示。图中，多体系结构仿真环境的特定输入和输出用斜体文字和虚线表示。以下对存在问题的活动进行分析。

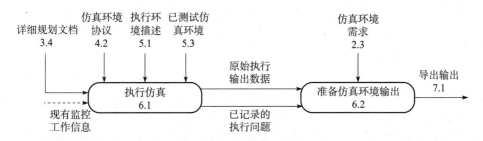

图 6.8　执行仿真（步骤 6）

6.6.1　活动 6.1：执行仿真

该活动的目的是在测试仿真环境后，运行仿真环境的所有成员应用程序，以生成所需的输出，从而实现既定的目标。

执行管理和数据收集工作是仿真成功执行的关键。执行管理工作包括通过专用软件工具控制和监视执行过程。可以在硬件级别（例如，CPU 使用率、网络负载）监视执行，也可以针对单个成员应用程序或整个仿真环境监视软件操作。在执行过程中，应针对关键仿真环境测试标准涉及的事项进行监控，以对仿真的执行进行及时评估。

数据收集的重点是收集所需的输出集，以及收集用于评估执行有效性的支撑数据。在某些情况下，如训练后需要回放执行过程，所以需要收集用于回放的数据。这些数据可以通过成员应用程序本身的数据库收集，也可以通过连接到仿真环境基础设施的专用数据收集工具收集。在任何特定仿真环境中收集数据的方式由开发/集成团队决定，并应记录在仿真环境需求、详细规划文档和仿真环境协议中。

当存在安全限制时，在执行期间必须严格注意把握仿真环境的安全态势。值得关注的是，操作授权通常结合成员应用程序的配置来确定。对成员应用程序或仿真环境组成的任何更改都需要进行安全审查，并且可能需要重新进行安全认证测试。

6.6.1.1　多体系结构仿真环境执行的监控

1. 问题描述

根据定义，分布式仿真环境由多个并发执行的互操作成员应用程序组成，所以有必要对执行过程进行监视和控制。"监视"仿真环境的执行既包括确认成员应用程序是否按预期执行，也包括对生成的各种模拟实体的状态和行为的观察。类似地，"控制"是指导成员应用程序完成仿真环境执行的操作。例如，初始化、暂停和恢复执行，以及加入和退出联邦的执行。

在多体系结构仿真环境中，监视和控制仿真环境的执行更具挑战性。监视模拟实体和成员应用程序的状态会变得更加困难，因为不同的体系结构对于触发和交换模拟对象的更新以及这些更新应该包含哪些属性有不同的规则。当一个体系结构提供了一些执行控制功能，但在仿真环境中使用该体系结构的成员应用程序（如 C^2 节点）没有实现它时，这种情况就更加严重。最后，即使相同的执行控制操作在多个体系结构中可用，它们的表达和调用也将不同，并且需要映射和转换。例如，DIS 和 HLA 都提供暂停和恢复操作，但是 DIS 通过仿真管理 PDUs（网络消息）来实现，而 HLA 通过 RTI 的联邦管理服务来实现。所以，应协调体系结构及其在执行监视和控制方面的能力之间的差异，以便对仿真环境提供一致的监视和控制。

2. 操作建议

多体系结构仿真环境执行的监视和控制可以通过以下方法来完成，具体选择取决于仿真环境和所涉及的体系结构的细节。

方法 1：同时使用各体系结构内已有的工具。该方法简单，但也存在一些问题。需要手工完成架构之间控制操作的协调工作。对于某些时间敏感的操作，手工协调速度可能对执行存在影响。

方法 2：使用或开发支持多架构的工具。该方法解决了方法 1 存在的问题，但是需要确定是否有支持所有体系结构以及该环境所需的监视和控制工具。如果没有，则需要资源和时间来开发。如果有，那么必须确定在仿真环境中的什么位置，即在哪个体系结构中连接到仿真环境。无论监视和控制工具连接到何处（除非该工具以某种方式可以连接到所有体系结构），它调用的执行控制操作都必须跨体系结构边界（可能是通过网关）进行转换和传输，必须能够将它们正确地转换为每个体系结构的协议。解决这最后一个问题的方法是将监视和控制功能放在网关中，因为网关固有地连接多个体系结构并支持多个协议之间的转换。然而，这种方法加重了网关的计算负载，可能会造成延迟，需要更多的测试工作。

方法 3：开发可以实现通用执行监视和控制的工具，该工具通过体系结构协议之外的机制（如 Web 服务）与仿真环境的所有成员应用程序连接和交互。这种方法具有明显的优点，可以避免网关转换需求。然而，也存在潜在的缺点，如将工具的控制操作映射到每个体系结构的控制操作时可能存在不一致性。

6.6.1.2　多体系结构仿真环境数据的收集

1. 问题描述

多体系结构仿真环境的数据收集相对于单体系结构仿真环境的数据收集更

具挑战性。首先，确定收集数据的位置在多体系结构环境中变得更加困难；其次，在多体系结构仿真环境中可能需要多个数据收集工具；最后，在多个位置收集数据，需要保证数据的连贯一致性。典型问题如不同的 TSPI 定义、格式和分辨率，以及不同数据格式的问题。在多体系结构仿真环境中，由于不同体系结构的特性，对收集的数据进行关联（如对象标识、时间戳和对象模型）也会变得更加困难。

2. 操作建议

针对确定收集位置问题，给出三种确定方法：

（1）在仿真环境中的单点采集数据。这种方法在单体系结构和多体系结构仿真环境中都可用，所有要收集的数据都通过网络发送，通常由专门的成员应用程序（通常称为数据记录器）记录。在组合和关联来自多个体系结构的本地日志文件时，还可以避免协调不同体系结构特定的格式。然而，如果在仿真执行过程中产生的大量数据放置在网络上以供数据记录器记录则有可能降低系统性能。在多体系结构仿真环境中，当在一个体系结构中生成的数据经由该体系结构的协议发送到网关，转换成第二体系结构的协议，然后重新发送给位于第二体系结构内的数据记录器时，这一问题更加严重。另外需要注意的是，一些体系结构为对象状态的更新（例如，DIS）传输有关仿真对象的所有信息，而另一些体系结构仅传输对象状态内更改的属性（例如，HLA）。这种差异通常需要解决多体系结构的互操作问题，在一个体系结构中生成的数据被记录到另一个体系结构中的特定情况下，也应该考虑这种差异。

（2）在每个成员应用程序上收集数据。这种方法大大减少了与数据收集相关的网络通信量，并且消除了用于数据记录跨体系结构发送和转换数据的需要。然而，在分析或使用这些数据集之前，需要对收集到的单个数据集进行组合、关联和排序。

（3）在每个体系结构内的单个位置收集数据。这种方法是一种混合解决方案。在每个体系结构内集中收集数据简化了该体系结构中数据收集过程，消除了跨体系结构边界发送和转换数据以进行日志记录的需要。但是，要收集的所有数据仍需要在每个仿真环境的体系结构中循环，并且还需要将跨体系结构收集的数据关联起来。

针对关联多个位置收集数据集的问题主要集中在时间同步、对象标识符和元模型上。例如，需要关联多个体系结构中对同一仿真对象发送的数据，以提供该对象随时间变化状态的一致表示。并且，以多数据集记录方式记录，其中一个数据集中的事件将需要与其他数据集中的事件按照时间进行排序和同步。所以需要确保关联数据集所需的信息（如对象标识和时间戳），在每个体系结构中以一种支持后续跨体系结构关联和排序的方式收集。

6.6.1.3 活动6.1 多体系结构特定的输入、任务和输出

1. 多体系结构特定的输入

多体系结构特定的输入为有关监视和控制多体系结构仿真环境执行的可用工具的信息。

2. 多体系结构特定的任务

（1）选择一种方法或工具来监视和控制多体系结构仿真环境的执行。

（2）扩展以下 DSEEP 任务，以实现多体系结构数据收集关注的问题：确定数据管理计划以支持数据收集、数据关联、管理和分析。

3. 多体系结构特定的输出

多体系结构特定的输出没有超出 DSEEP 范围。

6.6.2 活动6.2：准备仿真环境输出

多体系结构仿真环境开发与执行过程步骤 6 中涉及两个活动，其中活动 6.2 与单体系结构仿真环境开发与执行过程相同，读者可参考 5.2.6 节。

6.7 步骤7：分析数据和评估结果

该步骤的目的是分析和评估在仿真环境执行期间获得的数据，并将结果报告给用户/主办单位。该评估对于确认仿真环境是否完全满足用户/主办单位的要求是必需的。根据反馈结果，用户/主办单位决定是否需要进行改进工作。步骤 7 中涉及的活动、输入和输出如图 6.9 所示。图中，多体系结构仿真环境的特定输入和输出用斜体文字和虚线表示。以下对存在问题的活动进行分析。

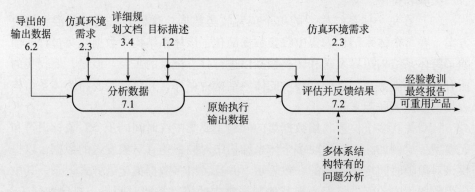

图 6.9 分析数据和评估结果（步骤 7）

6.7.1　活动 7.1：分析数据

多体系结构仿真环境开发与执行过程步骤 7 中涉及两个活动，其中活动 7.1 与单体系结构仿真环境开发与执行过程相同，读者可参考 5.2.7 节。

6.7.2　活动 7.2：评估和反馈结果

该活动共涉及两个评估任务：其一是评估先前活动的导出输出数据，以确定是否实现所有目标。这需要将执行结果与在步骤 2 中生成的，并在后续步骤中细化的仿真环境需求进行对比。绝大多数情况下，在早期的开发和集成阶段，已经确定并解决了可能影响仿真环境执行的问题。因此，对于设计良好的仿真环境，这项任务只是最后的检查。完成第一个评估过程后，应将结论反馈给用户/主办单位。如果出现没有完全实现目标的情况，那么，在用户/主办单位的批准下，综合成本和时间，考虑实施纠正措施。

其二是评估生成的所有产品在用户中的重用潜力。可以得到重用的产品应存储在存储库中，如场景和概念模型。

6.7.2.1　多体系结构仿真环境评估

1. 问题描述

在多体系结构仿真环境中评估仿真环境执行的结果需要确定是否满足了所有目标。如果不是，目标和结果之间存在差异的主要原因可能是多体系结构设计本身。另一个相关的问题是多体系结构仿真环境资源的归档，它构成了分析和未来重用的基础。

2. 操作建议

多体系结构仿真环境的性能评估在很大程度上依赖于多体系结构仿真环境开发过程中生成的规划文档。出现问题时，应进行彻底的分析，可能问题如下：

（1）实验设计问题：事件的设计不支持为评估提供依据所必需的条件收集数据。

（2）实验行为问题：预期事件条件与实际达到的条件之间的差异。

（3）成员应用程序问题：出现故障的成员应用程序不符合该应用程序的要求。

（4）特定体系结构的中间件问题：数据交换中间件（如 HLA RTI）用于多体系结构中，而体系结构间不能正确地交换数据或控制消息的传递。

（5）网关问题：跨体系结构边界转换数据错误、引入延迟或跨体系结构边界丢失数据。

（6）网络和计算基础设施：网络故障导致数据丢失或意外延迟，或某些计算机硬件故障导致应用程序未按计划执行。

（7）操作员失误：成员应用程序操作员未能按计划输入或操作。

一旦发现问题的真正原因，多体系结构仿真环境的工作人员就可以评估每个问题的影响。多体系结构仿真环境工作人员可以向用户/主办单位提供反馈，并就后续活动和补救措施提出建议，以完成仿真环境性能评估。

此外，还需要决定从最近执行的仿真环境事件中归档哪些内容以及归档位置。每个体系结构可能具有不同的存档功能。例如，TENA 和 HLA 有不同的数据交换模型归档站点。事件团队应该决定是按体系结构分离归档产品，还是为来自多体系结构事件的产品创建一个统一的归档或者混合使用这些方法。任何归档过程的关键都是需要使用描述性元数据，无论采用何种归档方案，元数据链接都可以用于跨归档链接产品。

6.7.2.2 活动 7.2 多体系结构特定的输入、任务和输出

1. 多体系结构特定的输入

多体系结构特定的输入没有超出 DSEEP 的范围。

2. 多体系结构特定的任务

评估多体系结构仿真环境的性能，并将问题分为以下几组：

（1）成员应用程序。

（2）单体系结构实现。

（3）跨体系结构实现。

3. 多体系结构特定的输出

多体系结构特定的输出为与多体系结构因素相关或由多体系结构因素引起的问题分析。

第7章
JLVC 联邦及其应用

美军为加快实施训练转型战略，在 21 世纪颁布了《国防部训练转型战略计划》，将发展功能强大的网络化 LVC 训练与任务推演环境和形成一个全球联网、全军通用的一体化训练体系作为其战略目标之一。在随后颁布的《国防部训练转型实施计划》中，明确联合国家训练能力（Joint National Training Capability，JNTC）的任务是为部队和指挥参谋人员提供 LVC 训练环境进行逼真、高时效和实战化的训练进而支持未来作战需求。搭建一个支持 LVC 训练的 JLVC 联邦成为美军训练转型和提升联合作战能力的重要工作。

2002 年 6 月 24 日至 8 月 15 日，美军进行了具有里程碑意义的"千年挑战 2002"（MC 2002）演习。此次演习中，美军第一次采用了类 JLVC 联邦环境支撑演习，有 9 个地点采用实兵演习，17 个地点采用计算机推演仿真。通过此次演习，美军发现在部队地域分散和演习经费有限的情况下，推演仿真系统能为组织大规模实兵演习起到黏合剂的作用，能消除各个实兵演习场所之间存在的界限，肯定了 LVC 训练方法的效果。随后，JNTC 项目开始进一步推动使用 LVC 训练方式进行演习，大力支持 JLVC 联邦建设。

JLVC 联邦大量使用了本书介绍的三大 LVC 仿真体系结构及其他通信协议，本章介绍了 JLVC 联邦概念及其组成，对 LVC 训练方法及需求进行了阐述，重点介绍了 JLVC 联邦使用的 C⁴I 架构和战术数字信息链路的使用情况。同时，对 JLVC 互操作工作组的目的职责进行了介绍。最后，结合 JLVC 联邦支持下的"联合红旗 05"军演，介绍了其网络及通信链路的具体使用情况，分析了演习训练中各 LVC 仿真体系结构的应用情况，并在飞行训练视角下，总结了引入 LVC 训练带来的优势。

7.1 JLVC 联邦概念及组成

JLVC 联邦是由各类构造/推演仿真系统、虚拟训练模拟器、训练基础设施环境、互联互通接口等构成的集成训练综合性支撑技术环境。后台主要依托体系结构设计机构、训练系统研发团队、训练组织实施机构和技术支持团队的支撑，采用了包括 DIS、HLA、TENA 和 Link 16 等仿真技术标准的开放型、混合式技术体系结构，从而实现实装训练系统、虚拟系统和推演仿真系统的互联运行，协同推动 LVC 集成训练。

JLVC 联邦的目的是从军事行动的战术层面到战役层面，为联合作战人员提供更现实、更有效的联合训练，其总体目标如下：

（1）通过集成服务、联合各种模型、M&S 工具促进和支持联合训练。

（2）通过 M&S 生成合理、完整和一致的数据，为各国 C^4I 系统服务。

（3）支持联合战术任务训练。

JLVC 联邦主要由推演仿真系统、分布式仿真支撑技术体系、实兵演习环境、基础网络通信设施以及 C^4I 系统组成，如图 7.1 所示。

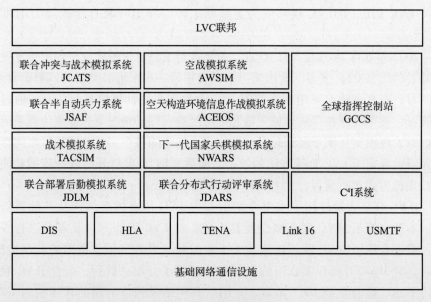

图 7.1 JLVC 联邦组成

1. 推演仿真系统

目前，JLVC 联邦集成了美军各军种现有的部分推演仿真系统，包括：联合冲突与战术模拟系统（Joint Conflict and Tactical Simulation，JCATS），负责仿真地面作战和特种作战行动；空战模拟系统（Air Warfare Simulation，AW-SIM），负责仿真空中作战行动；联合半自动兵力系统（Joint Semi-Automated Forces，JSAF），负责仿真海上作战行动；空天构造环境信息作战模拟系统（Air & Space Constructive Environment Information Operations Simulation，ACEIOS）、战术模拟系统（Tactical Simulation，TACSIM）和下一代国家兵棋仿真系统（National Wargaming System，NWARS），负责仿真情报领域的相关行动；联合部署后勤模拟系统（Joint Deployment Logistics Module，JDLM），负责仿真后勤行动。通过这些模型的联合运行，构建一个虚拟综合战争空间，当指挥员在指挥所通过真实的 C^4I 系统输入作战命令后，由这些仿真系统共同完成各种行动在虚拟战争空间中的计算，然后再将结果通过 C^4I 系统反馈给指挥员。

2. 分布式仿真支撑技术体系

为了实现实装训练、虚拟训练和推演训练之间的互联互操作，分布式仿真支撑技术体系提供了基础技术支撑、统一通信协议和一致消息标准格式，形成了 JLVC 联邦运行的技术标准。为了将不同技术体系下的各种系统连接起来共同运行，JLVC 联邦采取较为灵活开放的方式，吸纳了多种技术体系，包括 HLA、DIS、TENA、Link 16、美国文本信息格式（United States Message Text Format，USMTF）。JLVC 联邦通过遵循这些协议和标准，将分布在不同地方的推演仿真系统和虚拟模拟器连接起来，共同支持 LVC 训练。

3. 实兵演习环境

一直以来，美军非常重视实兵演习在训练中的重要作用，包括联合战役指挥层面和战术行动层面的训练，并且坚持实兵演习是不可替代的训练方式。在 JLVC 联邦中，实兵演习环境作为重要的组成部分被纳入整个联邦之中，在指挥方面有全球指挥与控制站（GCCS），在行动方面有陆、海、空各军种战术训练靶场和各种武器装备模拟器。

4. 基础网络通信设施

作为 JLVC 联邦中重要的硬件组成部分，基础网络通信设施为 LVC 训练提供基础的网络通信环境。依靠基础网络通信设施，JLVC 联邦实现了分布在异地的各仿真系统和指挥系统的连接。目前，JLVC 联邦网络通信采用的是联合训练试验网络（Joint Training Experiment Network，JTEN）。

5. C^4I 系统

C^4I 系统是美国军事指挥当局做出重大战略决策以及战略部队指挥员对其所属部队实施指挥控制、进行管理时所用的设备、器材、程序的总称。为了给各级指挥员提供真实的指挥平台，JLVC 联邦中集成了 C^4I 系统。

7.2 LVC 训练方法及需求

在当今及未来的演习中，随着作战体系日益复杂，在同一时间和地点集合所有部队进行真实训练变得越来越困难，指挥机构需要使用联合的 LVC 环境来指挥和训练各参与部队。因此需要选择合适的训练方式，充分利用现有的 LVC 训练资源进行低成本训练。

充分掌握如何在每一层级进行接近真实情境的训练，为成功地开展多层次、跨部门联合行动奠定了基础。为了顺利开展联合行动，JLVC 联邦使用了混合层次的联合 LVC 训练模式，以保持指挥员、作战人员对核心训练科目（Core METL，CMETL）的熟练程度，指导相关战斗任务的执行。

7.2.1 JLVC 训练需求

2006 年 5 月，美国 DoD 在训练与转型战略计划中提出，训练转型的两大任务是促进一体化作战能力的生成和基于能力提升国防力量，共设立了五个支撑目标，分别是：

（1）根据作战需求，调整联合训练项目和资源配置，持续提高联合部队的作战能力。

（2）实现不同机构或组织间的联合训练。

（3）塑造联合作战意识。

（4）为新型作战概念和能力奠定基础。

（5）发展单兵和组织的应急处置能力。

为了实现训练转型，美国国防部制定了三个重点开发项目，分别是 JNTC、联合知识开发与分发能力项目和联合评估与赋能能力项目。其中，JNTC 以构建 LVC 一体化的模拟训练环境为基础，可以全天候使用，并与真实的指挥控制系统连接，可用于部队一般训练、专项任务演习，可支持实施特种作战所需的全球性训练和演习，实现多地域、跨部门的联合训练，贴近实战化训练。在 JNTC 计划中，LVC 训练环境可以支持各个训练层级、不同人员类别、不同程度的训练。为实现该目标，对 LVC 联合训练环境提出以下高级要求：

（1）使用由联合作战中心认证了的服务模拟和工具，兼顾成本、效益和效率完成训练目标。

（2）以足够的粒度精确地表示人员、车辆、飞机和船只：

① 通过信号情报、图像情报和人员情报传感器进行数据采集。

② 能够针对每一单元分别展示部队的移动和资源的消耗额（后勤）。

③ 以适当的保真度实现模拟与环境的交互。

④ 能够在通用战役视图（Common Operational Picture，COP）中准确地表示。

（3）满足不同训练需求的显示灵活性（联邦管理及场景的生成）。

（4）全球指挥和控制站任务区域（行动、动员、部署、交战、维护和情报）和服务 C^4I 系统，包括：

① 指挥控制个人计算机（Command and Control Personal Computer，C^2PC）、防空作战中心系统（Air Defense Operations Center System，ADOCS）、战区作战管理核心系统（Theater Battle Management Core System，TBMCS）、防空系统集成器（Air Defense Systems Integrator，ADSI）、互联网操作系统（Internet Operating System，IOS）、防空和导弹防御工作站（Air and Missile Defense Workstations，AMDWS）和区域防空指挥官（Area Air Defense Commander，AADC）。

② 通用区域限制环境站（Generic Area Limitation Environment Lite，GALE Lite）和所有源分析系统（All Source Analysis System，ASAS）。

③ ISR-M 及联合服务工作站（Joint Services Work Station，JSWS）。

④ 可以实时（1∶1）执行。

⑤ 根据训练参与者的需求，实现可组合性，从而能够根据训练参与者需求的变化快速调整系统或工具的使用，重新构建联邦。

实现上述要求即可实现在联合环境下进行各层次的联合互操作性训练，为未来一体化的无缝军事行动提供接近真实环境的训练。

7.2.2　JLVC 训练组合

表 7.1 为训练组织机构提供了一套训练组合指南，可用于培训单个人员、参谋、作战单元以及指挥员，通过组合不同联合 LVC 事件来支持初-中-高训练能力（Crawl-Walk-Run Training）。训练组织机构在选择某一工具后，可基于现有资源对作战单元进行最佳训练。VC 训练事件可以作为真实作战训练的补充训练方法，用以维持作战单元的熟练程度，但不能取代真实训练。

表 7.1　联合真实、虚拟和构造的训练组合

供组织机构选择									
指挥层级	指挥员			参谋			作战单元		
	初	中	高	初	中	高	初	中	高
1——战斗指挥	C	V/C	L/V/C	C	V/C	L/V/C	C	V/C	L/V/C
2——联合特遣队	C	V/C	L/V/C	C	V/C	L/V/C	C	V/C	L/V/C

指挥层级	供组织机构选择								
	指挥员			参谋			作战单元		
	初	中	高	初	中	高	初	中	高
3——勤务部队	C	V/C	L/V/C	C	V/C	L/V/C	C	V/C	L/V/C
4——战术服务单位	V/C	L/V	L	V/C	L/V	L	V/C	L/V	L
5——作战单元和人员	V/C	L/V	L	V/C	L/V	L	V/C	L/V	L

LVC 训练的目标就是通过开展基本训练任务来维持战备水平。作战指挥部、联合特遣部队和勤务部队更多地依赖 V/C 训练活动来达到并维持作战能力。指挥机构主要通过 V/L 训练活动，在战术服务级、作战单元级和人员级上达到并维持作战能力，并开发相应的作战技术。

JLVC 能够实时地将多层次、跨部门的联邦元素连接到一个综合训练环境中。一个作战单元可能会在 LVC 同时使用半自动部队和模拟的方式进行单元训练。随着训练设施的改进，各作战单元可以实施更复杂的任务训练。指挥官可以定制各种联合 LVC 训练工具以支持各种任务，或利用网络系统加强任务演练的成效。

7.2.3　JLVC 训练实例

JLVC 训练的雏形起始于"MC 2002"演习。该演习从 2002 年 7 月 24 日持续到 8 月 15 日，耗费巨大，涉及 9 个不同训练地点的真实部队和 17 个不同地点的计算机仿真。这些真实的与仿真的战场环境同时接入 GCCS，所有演习参与者通过 GCCS 实现对虚拟作战训练空间作战态势的共享。根据训练及演习科目需求，将所需靶场及 LVC 联邦成员资源进行灵活整合、重组和互操作，无缝集成在一起，建立演习训练体系，图 7.2 所示为"MC 2002"演习示意图。

"MC 2002"为一种新的训练模式打开了一扇门，在这种模式下，当部队无法参加大规模的、成本高昂的真实演习训练时，可以通过模拟仿真训练进行补偿。这种转变还导致了基于需求的训练理念，即根据司令部的需要而不是根据计划，对训练内容及方式方法进行规划和定制。这一进步能够更有效地训练作战部队，更好地利用训练资源，并减少对人员和设备的负面影响。在这种训练理念的驱使下，推动了 JNTC 所开发的 JLVC 训练环境。为此，JNTC 开发团队开发了一种架构，允许联合模拟训练以一种可定制、可扩展和成本较低的方式集成，以满足特定的训练目标。

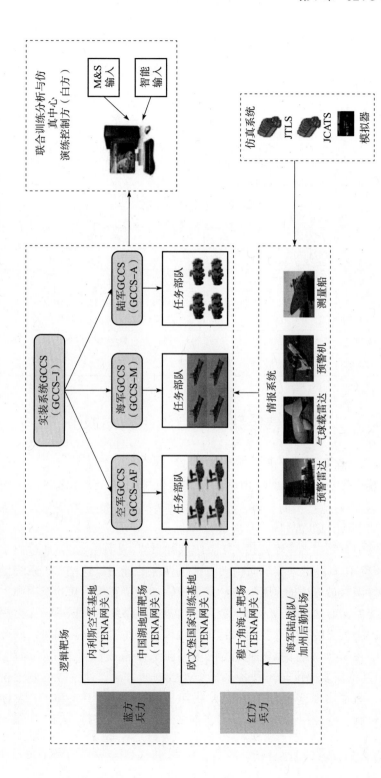

图 7.2　"MC 2002" 演习示意图

美国联合部队司令部（United States Joint Forces Command，USJFCOM）大力推进和发展 JLVC 联邦，以支持服务和战斗指挥演习。最初 JLVC 的使用仅限于特定的 JNTC 事件，这些事件被设计用来展示其结合真实、虚拟和构造训练环境的能力。经过多年的努力，JLVC 联邦已经应用于更多演习中，如表 7.2 所示。

表 7.2　JLVC 联邦支持的主要演习

演习	演习组织机构
西部综合靶场 04	JNTC、服务
联合战备训练中心-"空中战士" II04	JNTC、服务
指挥官联合特遣部队演习 04	JNTC、服务
"联合红旗" 05	JNTC、服务
"统一努力" 05-2，06-1，07-1，08-1	中央司令部
"终端狂怒"/"全球闪电" 07，"终端狂怒" 08，"终端狂怒" 09，"护身符军刀" 07，09	太平洋司令部，战略司令部，运输司令部，澳大利亚司令部
"严峻挑战" 06，08	欧洲司令部
"火线哨兵""北方利刃" 07	北方司令部

7.3　JLVC 通信链路及联合训练数据服务

JLVC 联邦的存在是为了改进联合作战人员的联合训练。为了支持完成联合训练任务，联合作战人员在训练中必须以真实世界的方式来感知世界。因此，JLVC 联邦必须模拟真实的环境，通过实时的传感器系统获取信息，训练参与者才能感知世界并像在战场上一样执行行动。

在实际训练中，受训者主要通过 C^4I 系统感知世界。因此，需要通过向实时 C^4I 系统中传输仿真数据来实现向受训者提供训练的能力。这些 C^4I 系统涵盖了指挥官和参谋人员可用的全套军事信息系统，如保持态势感知的指挥和控制系统、用于交换实时信息的战术数据链路、情报搜集系统和数据库、火力规划和执行工具、决策支持工具、物流和运输系统以及协作工具等。同时，联合训练通常发生在各军种拥有的各种实战靶场、训练设施或模拟器上，因此，JLVC 联邦体系结构需要提供与军种各系统交换数据的方法，通过数据刺激这些靶场和设施。为了实现这些目标，JLVC 联邦集成了 DIS、HLA 和 TENA 体系结构的传输机制，并使用诸如美国电文文本格式等消息传递标准与 C^4I 系统互联互通。

7.3.1　JLVC 通信架构

JLVC 联邦实现了在联合训练环境中使用的实物、虚拟和构造系统之间的互操作，使用的主要体系结构、协议和消息传递标准如下：

（1）高层体系结构。

（2）分布式交互仿真。

（3）试验和训练使能体系结构。

（4）超视距瞄准 GOLD（Over-The-Horizon Targeting GOLD，OS-OTG）操作规范。

（5）Link 16——战术数据链路（Tactical Data Link，TDL）16 报文标准。

（6）美国消息文本格式。

其中，超视距瞄准 GOLD 操作规范为在超视距瞄准（Over-The-Horizon-Targeting，OTHT）系统和 OTHT 支持系统之间传输数据提供了标准化的方法，它是实现战术数据处理器（Tactical Data Processor，TDP）与 TDP 信息交换的主要信息格式。对非 TDP 用户来说，该格式也容易阅读，具有良好的通用性。USMTF 是一个旨在通过信息格式、数据元素和信息交换程序的标准化来提高联合战斗力的计划。它具有标准的信息格式，为联合作战环境下的战术指挥官提供了一个共同场景和规范语言。这些架构、协议和消息标准是 JLVC 联邦加快实现联合训练目标的重要手段。

JLVC 联邦使用各种 LVC 组件支持不同的训练，所以需要具有灵活性的"可组合"的仿真架构，进而根据训练需求来选择系统。因此，JLVC 仿真架构不存在单一或静态的表示。图 7.3 给出了一个包含主要组件的 JLVC 通信架构。

联邦内部通信的主要机制是 RTI，采用的是使用了 RTI 初始化数据参数的 HLA 接口规范 1.3 版。在图 7.3 中，DIS 协议是一个比较旧的分布式仿真协议，即将被 HLA 取代。然而，国防部的许多模拟应用仍然使用 DIS。因此，JLVC 采用 HLA-DIS 网关允许联邦使用 HLA 规范与采用 DIS 的应用进行互操作。目前，依赖 DIS 的遗留系统只能在 JLVC 联邦管理人员批准后才能与 JLVC 集成。

7.3.2　C⁴I 架构

在 LVC 训练中，战役层次的受训者一般处于司令部或指挥所，通过 C^4I 系统来获取战场实时态势和进行战役指挥。JLVC 联邦为了实现对指挥员的训练，要求推演模拟的结果与 C^4I 系统进行无缝链接。C^4I 系统将模拟推演的结果发

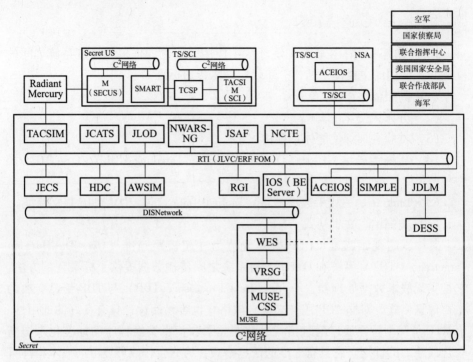

图 7.3　JLVC 通信架构示意图

送给指挥员和机关参谋人员，同时指挥员也采用 C^4I 系统来下达指挥命令。在逻辑上，指挥员和指挥部人员感觉不到后台的仿真系统。总体而言，这些 C^4I 系统包括实时战场态势信息系统、战术数据链信息情报搜集系统、数据库系统、作战计划拟制系统、决策支持系统、后勤交通系统和指挥协同工具等。下面主要介绍 C^4I 架构的组成。

7.3.2.1　C^4I 系统接口

通过 C^4I 系统的接口，JLVC 联邦中的模型与 C^4I 系统连接起来，共同支撑演习训练，为指挥员提供真实的指挥环境。因此，JLVC 联邦使用了大量接口设备，这些设备为虚拟/构造系统和真实 C^4I 系统交互提供网关服务。对于演习中的训练者，要接入和使用的主要系统是 GCCS。

7.3.2.2　通用战役视图分系统

COP 支持接近实时的态势显示，包括友军、中立部队和敌军的地面、海上和空中作战单位，以及相关的情报信息和战术决策辅助信息。COP 分系统将各国联合 C^4I 系统集成，显示和传递当前操作环境中对象及其行动的综合数据。GCCS 是支持 COP 的 C^4I 核心系统，此外还涉及其他众多系统。

术语"TOP COP"指的是为战区作战指挥官提供主要 COP 节点的 GCCS 系统。对于 USJFCOM 主办的演习，TOC COP 通常设在联合作战中心（Joint Warfighting Center，JWFC）。TOP COP 代表联合和服务 COP 的组合，显示了国家和战区情报、空中任务指令（Air Tasking Order，ATO）数据以及气象和海洋数据。TOP COP 提供一个统一的、集中的操作数据库，分发给 C⁴I 节点，在联合训练活动期间供真实训练者使用。图 7.4 给出了仿真系统、信息管理工具和 C⁴I 系统之间的关系。

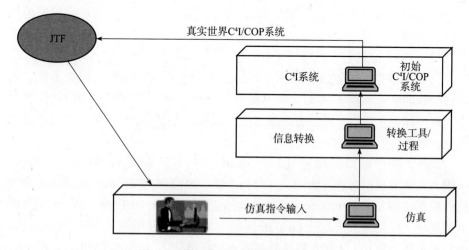

图 7.4　模拟信息传递给通用战役视图

7.3.2.3　战术数字信息链路-J/Link 16

Link 16 是一种战术信息系统，用于在各种 C² 平台和武器平台之间交换监视、指挥和控制信息。Link 16 也被称为"联合数据网络"，是一个通信、导航、识别和武器控制系统的网络，几乎可以实时地交换信息。Link 16 是支持 COP 服务及其组件生成的主要数据来源之一。

联合训练活动期间的输入包括各种实时的、虚拟的和构造的雷达和传感器数据，为相关人员提供实时的空天、海上和地面信息。大部分输入 Link 16 的虚拟/构造性数据是来自模拟的 Link 16 报告单元组件，如虚拟爱国者飞行任务模拟器（Flight Mission Simulator，FMS）、机载预警和控制系统（Airborne Warning and Control System，AWACS）、构造性飞机或 JSAF 导弹驱逐舰（Guided Missile Destroyer，DDG）。

上述虚拟/构造系统都需要正确地执行监视功能，包括报告和更新监视轨迹、关联或不关联轨迹、执行战斗识别、移交报告责任（Reporting Responsibility，R²）和删除监视轨迹。因此，每个系统必须确保：

（1）Link 16 系列消息准确、完整、及时，符合正确的消息排序。

（2）对跟踪质量（Tracking Quality，TQ）准确建模和报告。

（3）实现基于 R^2 的正确建模，为独立实体报告相应的轨迹。

（4）按操作任务（Operational Tasking，OPTASK）链接中的分配要求，正确报告轨迹。

（5）提供参与者精确位置和标识（Precise Participant Location and Identification，PPLI）消息，其中包含 OPTASK 链接中指定的联合单元。

（6）在构造性系统中的 PPLI 和监视跟踪信息中，必须正确地设置模拟指示位。

（7）PPLI 信息包含相应的导航信息。

（8）模拟位的设置通常依赖于训练或者相关系统。虚拟和构造系统应该能够根据训练需求在"真实"或"模拟"之间切换，或者拥有专门的控制设备，对外部消息进行处理并更改指示位。某些老式战斗系统由于不支持仿真指示位，因此需要具备这一能力。

此外，联合接口控制官（Joint Interface Control Officer，JICO）与 USJF-COM C^4I 演习规划者进行协同，一起为实装、虚拟/构造的 Link 16 接入者指定报告程序。在大多数情况下，虚拟和构造系统将 Link 16 数据报告给 ADSI 或类似系统，以便输入演习的 Link 16 网络。各种协议被用来与 ADSI 传输数据，如实现仿真系统到 C^4I 交互模块的多战术数据链能力（Multi-TADIL Capability，MTC）协议。因此，ADSI 和 GCCS 以及许多其他 Link 16 设备都支持 MTC。ADSI 支持 Link 16 数据的网络传输，这意味着演习中的 Link 16 网络可以连接全球各地的参与者，并允许分布式训练者像在现实世界中一样执行"本地化"的 Link 16 操作。

然而，一个常见的问题是，虚拟和构造的 Link 16 提供者不能有效执行 R^2，这会导致同时出现两个监视轨迹，由此产生混乱或不准确的 Link 16 视图。构造性的 Link 16 仿真应用通常可自动生成 Link 16 J 系列消息，基本可以不需要与其他 Link 16 提供者或"人在回路"的模拟器进行连接交互。所以，此类构造性的 Link 16 模型可以以较低成本替代实时的监视系统。然而，大多数构造系统不能接收和处理真实世界的所有 J 系列消息，因此它们参与真实 Link 16 网络的能力有限，因为在真实 Link 16 网络中，与其他 Link 16 系统的交互是必不可少的。特别是，当试图将构造 Link 16 系统与真实系统或虚拟系统集成时，它们无法执行 R^2 是一个严重的问题。为了解决这个问题，为不完全符合 MIL-STD 6016C 规范的构造模拟设计了一些代理服务系统，从而使它们能够与真实 Link 16 网络互操作。

除了用于实时监视和武器控制，Link 16 数据也作为 COP 的主要输入，进而到达 GCCS。需要指出的是，在演习架构中，每个轨迹类型只能有一个 Link 16 输入点。否则，会出现多个跟踪问题和数据循环问题。

7.3.2.4　作战单元报告

联合演习每部分都需要在 COP 中产生并传递各单元信息，这些数据信息包括真实的和模拟的部队，可以通过人为或系统自动报告。此外，模拟的传感器作为空中、海上和陆地各单位数据的来源，将根据训练需要与 COP 集成。

真实作战单元采用标准程序向 COP 上传信息。然而并不是所有的作战单元都可以上传信息数据，具有与 GCCS 兼容的终端系统才能上传数据，没有类似终端系统的则会被要求向有此类终端系统的指定单元上传数据，然后这些指定的单元将数据上传至 GCCS。

虚拟单元和构造单元也必须遵循类似的流程。通常，每个向 COP 提供单元报告的构造仿真应用都应具有专门的接口设备来传递数据。例如，JCATS 采用 SIMPLE 应用程序，而 JSAF 使用 C^4I 网关或 JLVCDT。无论使用何种设备，发送的消息必须符合对应消息类型的 OS-OTG 消息标准。最常用的消息类型是通信报告、扩展通信报告（Extended Contact Report，XCTC）和联合作战单元报告（Joint Unit Report，JUNIT）。同时，也会采用其他 OS-OTG 消息标准，如 Overlay（OVLY2 或 OVLY3）消息标准，但这种情况并不常见。

除了报告自身数据，仿真作战单元还可以向 COP 报告在战场上感知到的其他单元和平台。这些单元可能是其他友军单位、敌军单位、中立单位或其他平台。在这些情况下，要求构造模型准确地报告传感器的实际性能，包括接触位置、位置误差、报告时效性、传感器覆盖范围、停留时间和报告速率等。

7.3.3　JLVC 联合训练数据服务

为了使 JLVC 联邦中的各邦员能拥有统一的数据视图，JLVC 联邦提供了联合训练数据服务（Joint Training Data Services，JTDS）。JLVC 联邦的数据服务旨在解决演习准备过程中困扰 JWFC 的几个问题，这些问题集中在组成联邦的系统之间需要传递相关数据。具体而言，JTDS 解决了以下问题：

（1）源数据问题。源数据来自各种不同的系统，通常不完整或者传递非常耗时。由于同一数据的来源不同，还可能出现数据不一致的情况。源数据问题要求开发一个存储库，在需要时可以从中提取数据。存储库应包括作战力量编成数据及地形数据等其他数据。

（2）数据所有权和可访问性问题。JWFC 支持训练的一个关键功能是训练者能够获得数据的所有权。所有权包含在训练指挥官签发的数据证书中。数据所有权对于训练者来说是非常必要的，因为训练对象通常比 JWFC 更了解战斗的实际情况、目标列表和其他敏感数据组件。这要求训练者有能力访问数据，以进行训练前的数据审查。

（3）关联数据问题。在缺乏相关数据的情况下，不同的系统将向训练者呈现不一致的场景。关联数据的重要性促使设计团队开发了一种流程和工具，用于创建单独的训练准备数据集，然后将数据提供给不同的系统，这些系统以标准的可扩展数据格式、可扩展标记语言构成联邦执行实例。单个数据集必须包含所有系统所需的所有数据的超集，每个系统只负责所需导入和使用的数据。

（4）及时性和灵活性。数据准备应在演习准备阶段和演习前完成，以允许训练者审查和认证。然而，系统的灵活性对于应对作战单元 STARTEX 位置的变化很重要。此外，"目标"系统应能够为任务演练生成数据。基于 Web 的方法需要具备及时性和灵活性，并对开发团队的开发工作提出性能方面的要求。

（5）易用性。训练者需要审查和修改数据，所以对界面的友好性提出了要求。

综上所述，数据服务需要设计一个数据存储库，能从中得到训练数据，采用基于 Web 的服务能用来显示数据，供训练者审核、校正和认证，并形成一个训练数据集。该数据集将提供给连续执行实例的系统，每一个系统负责引入并使用所需数据。此外，由于 JTDS 是基于 Web 的，所以支持远程站点的用户访问，具有以下优势：

（1）能够促进数据共享。

（2）通过友好的图形用户界面（Graphical User Interface，GUI）简化数据库开发。

（3）提供全面的数据架构流程和工具。

（4）减少内部冗余工作。

另外，JTDS 通过提供以下方法提高用于支持活动的数据质量：

（1）最佳可用源数据。

（2）从各数据来源关联数据。

在演习中，JTDS 采用 Web 方式提供想定数据生成服务，有力地支持了美国国防部 M&S 训练的需求。具体地，主要提供三大类数据服务：

（1）作战力量编程数据服务（Order of Battle Service，OBS）。

（2）地形数据生成服务（Terrain Generation Service，TGS）。

（3）气象数据服务（Weather Service，WS）。

7.3.3.1 作战力量编程数据服务

OBS 为所有加入联邦的仿真系统提供统一的、权威的作战力量编程数据服务。它采用中间数据格式 XML 生成想定数据，支持数据分布式编辑、确认以及数据回滚，支持基于 Web Service 的权威数据发布，也支持根据想定灵活地按需获取数据。具体地，OBS 主要提供以下功能：

1. 分布式编辑和验证

（1）在任何级别，根据用户类别分配权限。

（2）数据审核跟踪功能。

2. 基于 Web 的数据存储库

（1）通过服务机构验证源数据。

（2）通过合并使数据完整。

（3）通过关联数据供联邦使用。

3. 从存储库数据表单中选择数据组成演习场景

（1）可从存储库任意拖放数据，加快数据选取。

（2）在演习准备阶段提供数据审查功能。

4. 以 XML 格式生成场景文件

（1）联邦根据需求选取文件。

（2）确保文件相关性。

（3）节省时间。

（4）可以及时变更。

OBS 架构如图 7.5 所示。

7.3.3.2　地形数据生成服务

地形数据生成服务具有许多标准权威的源数据类型，能够为所有加入联邦的仿真系统提供统一权威的地图数据服务，支持多种标准格式的地图数据导入，同时支持 JCATS 和联合军区级模拟（Joint Theater Level Simulation，JTLS）格式的地图数据库导出。在生成地图数据时，TGS 根据搭建层级的数量和数据库的复杂性以及地图数据量的大小，地图的处理时间不等，通常需要数小时。当数据准备完成后，客户将收到通知并可以从 JTDS 门户检索到需要的地形文件，该文件在 JTDS 门户中通过适当的元数据进行维护，以供其他客户发现和重用。TGS 架构如图 7.6 所示。

7.3.3.3　气象数据服务

JLVC 通过环境想定生成器来生成需要的环境数据，然后按照各个联邦需要的格式，通过环境数据支持系统将生成的数据分别发放。目前有两种数据分发方式：一是直接发放给各推演仿真系统；二是通过采用邦员的形式加入联邦，通过数据交互的形式进行间接的数据发放。

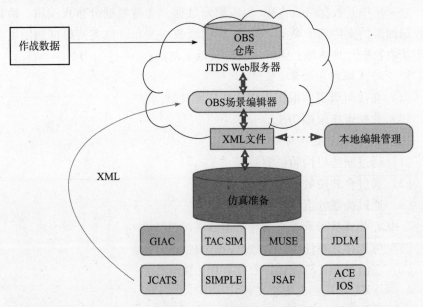

图 7.5　OBS 架构

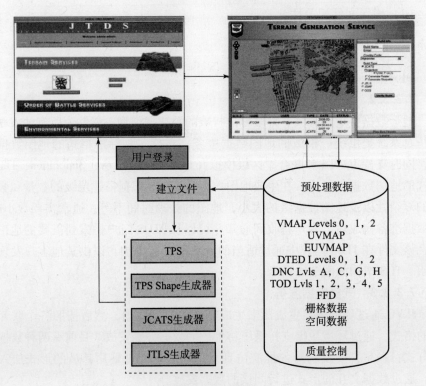

图 7.6　TGS 架构

环境数据立方体支持系统（Environmental Data Cube Support System，EDC-SS）为 JLVC 系统生成一致的环境场景。为了生成具有预期效果的场景，EDC-SS 利用环境场景生成器（Environmental Scenario Generator，ESG）来搜索历史数据或运行符合要求的可操作环境模型。EDCSS 以 ESG 方案为基础，根据 JLVC 系统的输入要求定制环境场景。如图 7.7 所示，EDCSS 发布器以两种方式发布环境产品：

（1）通过 EDCSS 发布器和 JLVC-DT 之间协调后，加入 HLA RTI-JLVC FOM 中。

（2）通过一个运行客户端向发布器请求并接收产品。

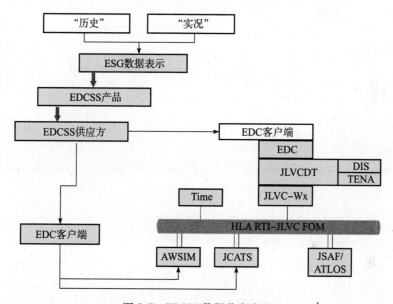

图 7.7　EDCSS 数据分发流程

EDCSS 能够确保环境的一致性，并以每个系统所需的格式交付产品。

由于 EDCSS 占用内存很小，发布器程序可以存放在 JLVC 测试设施内的计算机上，管理着产品的发布并负责将其输入运行着的仿真组件中。

1. JLVC 事件的环境数据请求

EDCSS 网站提供了一个接口，使得用户可以根据需求在该界面申请环境数据，用于支持 JLVC 事件。因此，终端用户必须清楚自己的需求，如感兴趣的区域、时间和参与活动的模拟设备。在上述信息输入站点后，系统确定了数据需求和格式，则开始生产相应的环境数据。图 7.8 给出了一个 EDCSS 网站上的产品案例。

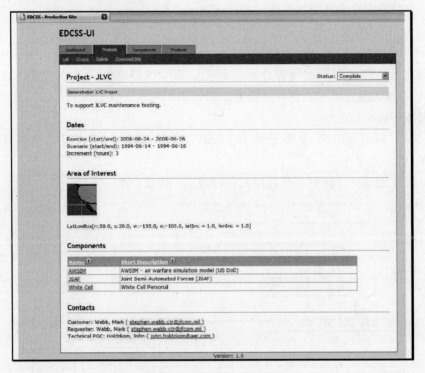

图 7.8　EDCSS 的生成站点

　　在生成支持参与模拟的产品之后，有关资源将被移到 EDCSS 发布器，在此可以通过上述机制之一进行分发。

　　2. 天气的模拟及使用

　　(1) AWSIM。AWSIM 能够读取超立方体和气象的 CSV 文件。EDCSS 通过定期运行客户端请求，从 EDCSS 发布器接收天气产品，然后将文件加载到 AWSIM 中，这一过程通常 6h 执行一次。未来，AWSIM 将通过 EDCSS-JLVCDT 连接并发布到 HLA 联邦的天气数据中。没有超立方体或 CSV 文件，AWSIM 则没有默认的气象要素。

　　① 超立方体。环境超立方体提供预先计算好的传感器性能指标，该指标与天气中的空间和时间变量一致，并在 ESG 生成的天气场景数据集中有具体说明。

　　超立方体的主要使用者是 AWSIM，在 AWSIM 文档（V2.9.1.15 或更高版本）中提供了使用指南。

　　② CSV 天气文件。CSV 天气文件提供通用的气象要素数据。每个 CSV 文件提供一个 6h 时间段的数据。表 7.3 列出了相关的气象要素。

278

表 7.3　CSV 文件参数

参数	单位	层
扬尘	布尔	地表
雪	布尔	地表
云高	m	地表
雾	%	地表
高端流强度	等级	地表
亮度	光强度	地表
低端流强度	等级	地表
中端流强度	等级	地表
降水强度	等级	地表
降水类型	等级	地表
平均海平面气压	Pa	地表
相对湿度	%	地表
温度	K	地表
温度梯度	K/m	地表
地形高度	m	地表
雷雨	%	地表
总云量	%	地表
总降水量	mm	地表
能见度	m	地表
风向	°	地表
风速	m/s	地表
当前天气	字符串	地表

（2）JCATS。JCATS 能够读取 CSV 天气文件，并且通过运行客户端周期性地从 EDCSS 分发器请求和接收天气产品，然后将文件加载到 JCATS 中。未来，JCATS 将通过 EDCSS-JLVCDT 连接并发布到 HLA 联邦的天气数据中。在默认设置中，JCATS 不包含天气信息。

（3）JSAF。JSAF 订阅 EDCSS 发布的天气数据。同时，它可以自主设置默认天气；但是，在 JLVC 中，其他模拟器不可能使用相同的默认天气。

①JSAF 大气。数据按照 JLVC FOM 格式进行发布，以满足 JSAF 大气数据的要求。每 6h 发布一次数据。表 7.4 列出了相关参数。

表 7.4　JSAF 大气参数

参数	单位	层
云高	m	地表
降水率	m/s	地表
平均海平面气压	Pa	地表
相对湿度	%	地表
温度	K	地表
总云量	%	地表
风速	m/s	地表
经向风速	m/s	地表
纬向风速	m/s	地表

②JSAF 海洋 2D。数据按照 JLVC FOM 格式发布，以满足 JSAF 二维海洋数据的要求。每 6h 发布一次数据。表 7.5 列出了相关参数。

表 7.5　JSAF 海洋 2D 数据

参数	单位	层
有效波高	m	海表

③JSAF 海洋 3D。数据按照 JLVC FOM 格式发布，以满足 JSAF 三维海洋数据的要求。每 6h 提供一次数据。表 7.6 列出了相关参数。

表 7.6　JSAF 海洋 3D 数据

参数	单位	层/m
经向流速	m/s	0.0, 2.5, 7.5, 12.5, 17.5, 25.0, 32.5, 40.0,
纬向流速	m/s	50.0, 62.5, 75.0, 100.0, 125.0, 150.0, 200.0,
含盐量	kg/kg	300.0, 400.0, 500.0, 600.0, 700.0, 800.0, 900.0, 1000.0, 1100.0, 1200.0, 1300.0, 1400.0,
声速	m/s	1500.0, 1750.0, 2000.0, 2500.0, 3000.0,
水温	K	4000.0, 5000.0

7.4　JLVC 互操作工作组

JLVC 互操作性工作组（JLVC Interoperability Working Group，JIWG）由 USJFCOM 建立，负责维护 JLVC 联邦完整性，具体工作如下：

（1）为 JLVC 联邦定义技术架构和标准。

（2）提高 JLVC 联邦的可靠性并确保性能的可预测性。

（3）通过支持 JLVC 联邦与联合服务开发联邦的可组合性，促进联合训练活动的快速准备与执行。

（4）提升支持 JLVC 联邦系统的验证和确认的能力。

JIWG 支持 USJFCOM 对 JLVC 联邦的管理，同时为 JLVC 联邦的定义和升级提供服务。此外，它还负责维护一个 JLVC 技术论坛，讨论 JLVC 联邦为适应新的训练要求、技术发展或解决运行测试和联合训练活动中发现的新问题，需要进行的升级优化。JLVC 联邦在优化过程中，JIWG 协调所有相关单位的工作，为联合训练社区提供最佳解决方案。

JWIG 主要关注 JLVC 联邦以下几个部分：

（1）JLVC FOM、JLVC RID、JLVC OBS XML 模式以及 TENA LROM。

（2）JLVC 联邦。

（3）支持 JLVC 联邦的底层分布式仿真基础设施，包括 HLA RTI 和 TENA 中间件。

JIWG 负责维护 JLVC 联邦，这个过程与 M&S 联邦的管理以及在联合训练环境中使用的 HLA 和 TENA 中间件的管理相关。尽管 USJFCOM 完全控制着 JLVC FOM、RID、OBS 模式和 LROM 的配置管理（Configuration Management, CM），但 JLVC 联邦的实现却依赖仿真基础设施，所以 JLVC 联邦发布的版本需要参考基础设施的某一版本，JIWG 成员也有必要参与其他系统的配置管理委员会进行协调，确定共同的需求，从而驱动这些系统的升级改进。JLVC 联邦的各个组件通常由单独的 CM 主体和流程进行管理。

JIWG 为评估需求、定义模型、实施改进工作以及定期审查 JLVC 联邦基础规范，专门创建了一个论坛。JIWG 由 USJFCOM JLVC 领导层、USJFCOM 和服务系统工程人员、行业专家、JLVC 联邦应用开发人员、JTEN 网络工程师以及 JIWG 主席指定的其他行业专家组成。

技术开发和创新处（Technical Development and Innovation Branch, TDIB）开发科长、开发副科长、JLVC 联邦管理员和 JLVC 联邦架构师构成 JIWG 的核心。作为 JLVC 联邦的领导，TDIB 开发科长为 JLVC 联邦的改进和发展提供总体指导和政策支持，TDIB 开发副科长担任 JIWG 主席，根据 TDIB 开发科长和上级领导的指示，管理 JIWG 的活动。JLVC 联邦管理员负责 JLVC 联邦的日常配置管理，而 JLVC 联邦架构师负责正式定义 JLVC 技术架构和标准。

来自 TDIB 工程、测试和 V&V 团队、联合演习支持分部（Joint Exercise Support Branch, JESB）、服务、JLVC 联邦和 RTI 开发社区的其他指定人员构

成 JIWG 成员。JIWG 主席负责核准工作组的成员。表 7.7 列出了 JIWG 成员
（有表决权和无表决权）及其在 CM 过程中的角色和职责。

表 7.7　JLVC 工作组成员

成员	工作	表决权	职责
TDIB 开发科长	JLVC 联邦领导	有	为 JLVC 联邦的演变和改进提供全面的指导，批准改进方案
TDIB 副开发科长	JIWG 主席	有	监督 JIWG 的职能，分配成员任务以确保 CM 过程的实施，并监控改进方案执行的过程
JLVC 联邦管理员	JLVC 联邦 CM 经理，JIWG 成员	有	规划并指导 JLVC 基线改进的设计、实施、集成和技术测试，保证基线质量
JLVC 联邦架构师	JLVC 技术架构行业专家，JIWG 成员	有	控制 JLVC 联邦基线设置，包括技术架构和标准，执行配置审核，管理 JLVC 发布
JLVC 联邦开发人员	联邦开发、集成和功能方面的行业专家	有	对技术和成本方面的影响进行审查
JESD 执行领导	代表 JLVC 联邦的 USJFCOM 用户	有	参与改进建议的审查并提供指导
服务代表	代表服务商利益，JIWG 成员	有	参与评审有关变更建议，并提供指导
JLVC 联邦测试负责人	JIWG 成员	无	
JTEN 网络工程师	JIWG 成员	无	
JTDS 数据管理员	JIWG 成员	无	

　　JIWG 主席指派 JIWG 成员就每个案例更改请求进行处理。因此，JIWG 成员由 JIWG 主席指派任务，处理每一项具体的更改请求。JLVC 联邦管理员（通常被指派处理每个变更请求）和其他被指派的 JIWG 成员分析更改请求的技术有效性、价值、技术影响、成本和进度影响，并制定一个规划方案来实现更改。TDIB 开发科长负责批准 JLVC 联邦的所有更改。经批准后，JLVC 联邦管理员在 JIWG 主席的指导下，按照批准的计划实施所需的更改。

7.5　JLVC 联邦的应用

　　7.2.2 节给出了 JLVC 联邦支持下的部分演习，本节以"联合红旗"（Joint Red Flag，JRF）军演为例，从飞行训练角度重点分析 LVC 飞行训练模式带来的优势。

7.5.1　LVC 在飞行训练中的应用背景

LVC 仿真技术应用最为广泛的即是飞行训练领域，从"红旗"军演到"联合红旗"军演，LVC 仿真技术的发展加快了美各军种训练水平的提升。

越南战争时期，虽然美国空军装备优势明显，但是实际作战战损比却只有 2∶1，这集中反映了飞行员作战能力的低下。究其原因是美国空军唯装备制胜论，忽视空战技能。战后，1972 年美国空军在内华达州内利斯空军基地的空军战术战斗机武器中心中开展了"红男爵计划"研究，着重分析了战争时期空空作战面临的挑战，总结如下：首先，美国空军及其飞行员过分依赖装备和电子技术，忽视了基本的空战技能培养，在认识上存在偏差。其次，平时训练中没有针对性的训练，不熟悉敌方飞行员的战术和飞机性能，缺乏实战化对抗训练，在训练上存在偏差。1975 年 4 月，美国空军战术司令部正式宣布组织"红旗"演习的决定。将作战飞机分为红蓝两队进行对抗，考查和训练部队在复杂条件下的作战能力，通过更为专业的和真实的作战环境进行作战训练。

此后，"红旗"军演的组织规模不断扩大，包括美国空军、海军、海军陆战队以及 25 个盟国空军，参加演习的国家数量仍在逐年增长。

"红旗"军演，一般每年进行 4 次，每次持续 2 周左右，目的是有针对性地提升飞行员的空战技能和对抗能力。2020 年 2 月，在"红旗 20-1"军演期间，75% 的演习是通过"人在回路"的构造仿真环境完成的，剩下的 25% 则通过内利斯战术与训练靶场的真实和虚拟仿真环境共同完成。

美方从 2005 年开始，每 2 年穿插组织 1 次"联合红旗"军演。它与"红旗军演"有共同的目标，但是"联合红旗军演"的参演级别更高、分布式合成战场环境规模更大、参训国家的军兵种数量和战机种类更全，是检验部队协同作战能力和试验新武器、新技术的有力手段。图 7.9 所示为"联合红旗"军演场景。

图 7.9　"联合红旗"军演场景

"联合红旗"军演通常组合了多个训练事件，如"红旗"军演、"虚拟旗"军演、"流沙"军演，同时联合了美军各军兵种的多个靶场，图 7.10 给出了

"联合红旗05"（JRF05）演习靶场的地理分布图。以下重点分析 JRF05 中的网络及通信链路使用情况以及 JLVC 仿真体系应用情况。

图 7.10　JRF05 演习靶场的地理分布图

7.5.2　JRF05 网络及通信链路的使用

美国靶场内部的试验训练装备、武器系统及训练模拟器等设备通过局域网建立连接，而为了使靶场与靶场间建立有效连接，传输和交换各种战术数据、战情通报、演习总结、话音、指挥控制命令等，美军建设了诸多广域网，如联合测试试验网络、分布式任务作战网络、导弹防卫局网络（Missile Defense Agency Network，MDANet）、空军国民预备队网络（Air Reserve Component Network，ARCNet）、国防研究与工程网络（Defense Research and Engineering Network，DREN），以及民用综合业务数字网络（Integrated Service Digital Network，ISDN）和 T-1 通信网络等。JRF05 演习中的广域网连接情况如图 7.11 所示。

其中，作为骨干网络，JTEN 划分为四个分离的虚拟网络：建模与仿真网（传输交换仿真数据）、协同网（传输交换行动数据）、C^4I 网络（传输交换战术数据）和通报讲评网（用于通报战情和讲评演习），连接了加利福尼亚州的欧文堡国家训练中心、华盛顿州的刘易斯堡陆军靶场、内华达州的内利斯空军基地、新墨西哥州的科特兰空军基地、佛罗里达州的赫伯特靶场、弗吉尼亚州

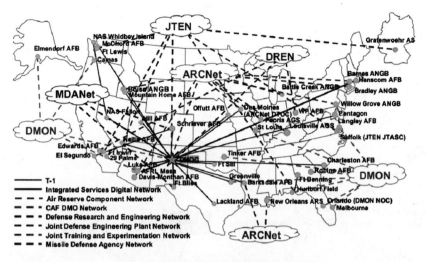

图 7.11　JRF05 演习广域网连接示意图

的苏弗克联合训练分析与仿真中心等；DMON 连接了弗吉尼亚州的兰利空军基地、新墨西哥州的科特兰空军基地、佛罗里达州的赫伯特靶场、俄克拉何马州的廷克空军基地、亚利桑那州的卢克空军基地等。下面给出科特兰空军基地内部广域网的连接方案，如图 7.12 所示。

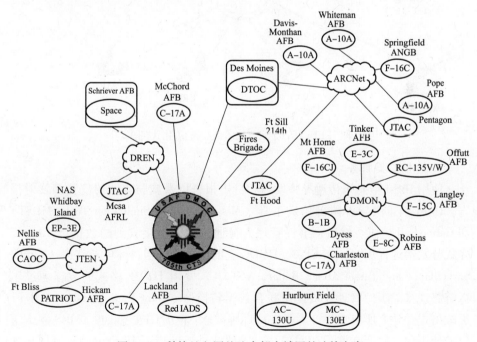

图 7.12　科特兰空军基地内部广域网的连接方案

　　除此之外，还有一种非常重要的通信链路，即战术通信链路，主要负责在作战指挥中心和武器装备之间传递战术数据。如图7.13所示，主要包括先进野战炮兵战术数据系统、交互式情报广播服务（Information Broadcast System-Interactive，IBS-I）、单工式情报广播服务（Information Broadcast System-Single，IBS-S）北约EX格式的监视和控制数据链路（Surveillance Control Data Link，SCDL）、联合战术数字信息链（TADIL-J）。下面着重对相关服务进行介绍。

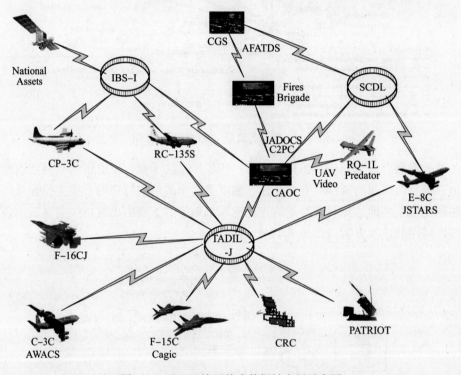

图 7.13　JRF05 演习战术数据链应用示意图

1. 情报广播服务

　　使用IBS-I信息来传递导弹发射和打击报告以及威胁单元的位置和发射报告。IBS-I消息由导弹防御仿真工具（Missile Defense Simulation Tool，MDST）和Cobra-Ball生成。然后，事件管理人员通过网络将接收到的数据以TAB-37格式分发给远程用户，如EP-3。DMOC上的虚拟监视与目标攻击雷达（Virtual Surveillance and Target Attack Radar，VSTAR）使用TDIMF格式的数据通过串行链路连接。事件管理人员使用联合数据转换器（Joint Data Translator，JDT）更改格式并建立所有连接。为了支持训练要求，705 CTS还获得了IBS测试通道的使用权，以便在演习期间使用。除此之外，使用了IBS Simplex消息来支持导弹发射和撞击报告、发射器报告、被击落飞行员消息和蓝军跟踪器（Blue Force Tracker，BFT）消息。

2. 监视和控制数据链路

北约 EX 是联合监视目标攻击雷达系统（Joint Surveillance Target Attack Radar System，JSTARS）和情报处理监视和控制数据链的非保密版本。JSTARS 成员使用北约 EX 信息将 JSTARS 模拟器连接到情报处理系统和联合服务工作站系统。北约 EX 支持从 JSTARS 到地面系统的移动目标指示器（Moving Target Indicator，MTI）和合成孔径雷达（Synthetic Aperture Radar，SAR）信息单向传输。双向信息包括文本消息和雷达服务请求的消息。

为了解决使用 IP 网络系统存在的特有问题，DMOC 开发了 TACCSF 软件路由器（TACCSF Software Router，TSR）应用程序，将 JSTARS 模拟器中的大量消息缓冲到地面系统。在没有 TSR 的情况下，SAR 图像会被分解，导致全球服务（Cyberweb Global Services Cyberweb，CGSC）和 JSWS 站点的图像不完整。

3. 联合战术数字信息链

演习中 C^2 事件使用 TADIL-J（Link16）信息在指挥与控制系统之间按照时间序列传递关键战术数据。与 IBS 一样，使用了套接字连接来构建 TADIL-J 网络。

4. 语音通信仿真体系结构

语音通信仿真体系结构由多种语音系统组成，如 Simphonics、eMDee 等，但使用最多的是数字音频通信仿真系统（Digital Audio Communications Simulation，DACS）。

7.5.3　JRF05 中 LVC 仿真体系结构的应用

位于新墨西哥州的科特兰空军基地，通过 JCATS 来构造虚拟的地面目标，并且将这些虚拟地面目标与部署在内利斯靶场的真实地面目标集中到一起，构成虚实结合的蓝方攻击目标。位于佐治亚州的罗宾斯空军基地运行 JSTARS 仿真器，利用来自内华达州内利斯空军基地的真实地面目标数据和来自新墨西哥州科特兰空军基地的虚拟地面目标数据，模拟蓝方联合监视目标攻击雷达系统中合成孔径雷达对作战地域地面目标的探测结果。俄克拉何马州的廷克空军基地运行 AWACS 仿真器，通过佐治亚州罗宾斯空军基地 JSTARS 仿真器生成地面目标探测数据，从而引导北卡罗来纳州肖空军基地的受训飞行员使用训练模拟器进行 F-15 战斗机的虚拟飞行训练，引导弗吉尼亚州兰利空军基地的受训飞行员使用训练模拟器进行 F-16 战斗机的虚拟飞行训练。

新墨西哥州的白沙导弹靶场和弗吉尼亚州的苏弗克联合训练分析与仿真中心运行基于 HLA 的作战仿真系统，生成战斗机、地面目标、防空武器系统、电磁对抗作战系统等仿真兵力，模拟这些仿真兵力的交战对抗过程和交战结果，嵌入 JRF05 演习的真实空中作战中。

在内利斯靶场部署了大量的地面目标供蓝方攻击，但是，由于蓝方作战力量中缺少实战飞行中能够感知并为飞行员提供作战地域地面战场信息的联合监视目标攻击雷达系统，为了达到近似实战的训练效果，内利斯空军基地通过靶场仪器仪表和跟踪测量设备，收集其试验训练靶场中地面目标的位置数据和特征数据，并将这些数据发送到 TENA 中间件，然后使用 HLA/TENA 网关转换为 HLA 格式。HLA 数据使用 JTEN 传送到位于科特兰空军基地的 DMON，如图 7.14 所示。

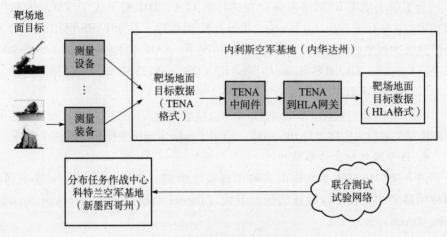

图 7.14　地面战场目标数据传输

由于 VF05-3 的地面 C^2 装备和空中指挥与控制装备之间的数据过滤要求，需要把采用了 HLA 格式的内利斯靶场传来的地面目标数据转换为 DIS 格式，同时，DMOC 的联合对抗战术仿真系统可以构造出更多的虚拟地面目标（包括杂波）。将这两类地面目标数据进行融合后，利用 DMON 将其传送到罗宾斯空军基地，如图 7.15 所示。

如图 7.16 所示，罗宾斯空军基地内正在运行的 VSTARS 接收融合数据，此时 JSTARS 操作员能够操作 JSTARS 北约 EX 格式的固定目标指示器（Fixed Target Indicator，FTI）、移动目标指示器和 TADIL-J 信息数据，包括 J2.2 和 3.5 信息，合成内利斯靶场的地面战场态势图，模拟 JSTARS 的探测结果。同时，使用 TSR 封装数据，然后通过 DMON 发送回 DMOC，将数据通过 JTEN 发送到内利斯靶场，另一个 TSR 删除了包头数据，并将 TADIL-J 和北约 EX 数据发送到内利斯公共空中作战中心（Common Air Operations Center，CAOC）。通过上述过程，演习模拟实现了 JSTARS 参与的作战过程。对执行对地作战任务的蓝方飞机而言，如同有一架真实的联合监视目标攻击雷达系统伴随飞行一样，实时提供地面战场目标信息。上述过程的整个数据传输链路图如图 7.17 所示。

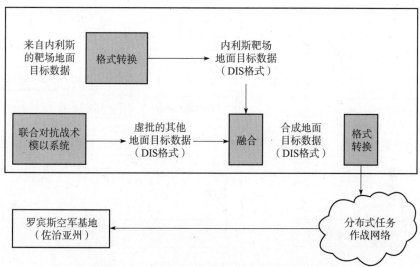

图 7.15　真实虚拟合成地面目标数据传输

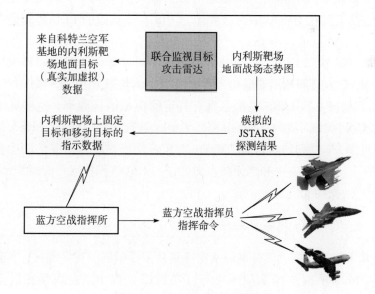

图 7.16　JSTARS 作战过程模拟

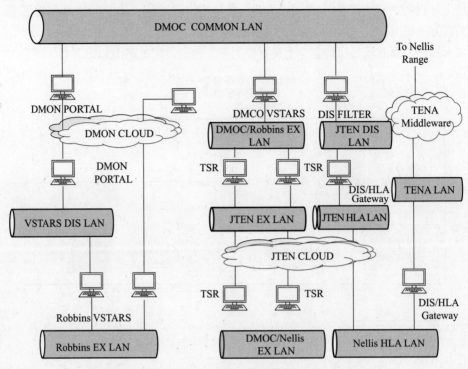

图 7.17　JRF05 LVC 仿真体系结构数据传输链路

从内利斯靶场到罗宾斯空军基地的数据流大约有 800 条地面线路。使用 DIS 数据监控工具在 DMOC 中对这些作为 DIS 实体状态的 PDU 进行监控，使用 RedSim 记录数据流，RedSim 能够显示来自内利斯的所有实体状态的 PDU 和 VSTARS 实体状态 PDU。这部分数据实际使用带宽介于 1Mbps 和 3Mbps 之间。对于 JLVC 装备间的语音通信，数据流与实体状态 PDU 流相同，使用 DIS 和 HLA 语言协议。VSTARS 模拟器具有特定的模拟语音频率，这些频率通过 DMON 发送到 DMOC，在 DMOC 中转换为 DIS 语音，然后转换为 HLA 语音协议，并通过 JTEN 发送到内利斯靶场的 CAOC，从而在联合军演活动中首次实现了从 LVC 设备获取空中和地面战术图像，为 CAOC 操作人员提供训练机会，验证了 LVC 数据的无缝集成。

7.5.4　LVC 飞行训练及其优势

经过几十年的发展，飞行训练从实飞到基于模拟器的程序练习，再到基于模拟器 VC 域的单机或编队战术飞行，在训练过程中，发现存在以下诸多问题：

1. 时间/地域限制

现代战争是多维化、体系化的。有价值的飞行训练参与单位众多，需要协调预警机、战斗机、地面导弹部队等，所以导致真实飞行训练在同一时间和地点集合众多部队单位已越来越困难，且不考虑过高的成本。

2. 实训脱节

真实飞行训练以及单纯依靠 VC 域的模拟飞行训练与实战环境脱节严重。这主要体现在以下三个方面：

（1）飞行员当前所面临的挑战，已经从飞行技能以及低层次认知技能的获取转变为信息管理技能和其他高层次认知技能的获取。

（2）武器系统、战术以及战区的变化速度也逐步提升，对飞行员灵活度的需求大大提高，传统的训练方法及训练范围已不足以训练飞行员的相关技能。

（3）传统基于模拟的飞行训练只能训练飞行员如何操作模拟器，不能提升飞行员作战能力，而且由于模拟器的逼真度限制，与实物训练相比，添加了更多的人工要素，处理不恰当，还会导致训练的负迁移。

3. 军民冲突

航空兵部队的日常训练经常与民航飞行线路存在冲突，空域的划分也需要双方经常性的协调。

基于以上问题，美军在验证 LVC 数据能够无缝集成之后，重点研究如何将 JLVC 技术融入其训练体系中。引入 LVC 训练方法的好处包括将 L 域与 VC 域融合，置身于与实战相统一的战术环境中，能有效缓解实训脱节问题；在多机战术飞行训练中，敌军使用 V 或者 C 域对象，能够大大降低空域需求；异地部队联网训练能够缓解时间/地域限制。而且，除了能缓解传统飞行训练方法存在问题，LVC 飞行训练方法还带来一些其他收获。

1）训练理论的革新

通过 LVC 训练方法，施训单位可以根据不同受训人员需求定制训练内容及训练方式，训练从原来基于计划的训练、转变为基于需求的训练。

2）训练层次的扩展

传统训练方法局限于单机或编队训练，很难出现大规模机群作战，从而限制 C^4ISR 系统操作人员及决策人员的训练。引入 VC 域对象，可以在有限的地域内，开展大规模的指挥引导作战训练。

3）训练方式的多样化

虽然 VC 域对象存在诸多人工要素，但是经过人因工程专家及仿真领域专家协调，在不影响训练结果前提下，可以提供更加丰富的训练方式，该方面的优势结合国外 LVC 飞行训练实例进行分析。

经过"红旗"军演、"虚拟旗"军演以及"联合红旗"军演等重要活动，美军在总结 LVC 训练经验教训基础上，逐步形成了成熟的 LVC 飞行训练方法，典型应用方式如下：

（1）教员带飞训练中，教员在地面操纵模拟器，引导僚机完成各种危险动作，避免空中碰撞（LV 域结合）。

（2）引入先进虚拟及构造的红方作战单位，增强实战效果（LVC 域结合）。

（3）模拟精确雷达跟踪画面，使学员准确掌握敌方机动性能及战术选择，提高全局意识（LC 域结合）。

（4）模拟敌方导弹轨迹，提高学员注意力分配能力（LC 域结合）。

（5）模拟传感器及防御系统，如雷达告警接收器、箔条或前视红外雷达，促进中级教练机学员掌握设备使用（LC 域结合）。

所以，引入 LVC 训练方法使训练方式多样化，从而在没有空中碰撞风险的前提下最大限度地提高训练难度，减少实飞架次，降低成本。而且，随着人工智能的发展，使用智能 VC 对手，能更有效地训练飞行员的实战能力。此外，从上述演习可以看出，美军按照"像作战一样训练，像训练一样作战"思想，基于逻辑靶场和一体化联合训练信息体系开展训练。在这些训练和演习中，构建了逼真的战场环境，并且严格执行标准的训练程序，训练难度甚至超过真实作战。在多次局部战争中，美军充分利用其完善的靶场训练基地、模拟仿真系统等资源，积极开展战前的联合演习训练，充分赢得了真实战场上的主动权。

附　录

　　体系结构是对一个系统（或系统的系统）的分割，它确定了系统的主要部分，明确了目的、功能、接口、相互关系以及发展指导方针。开发人员必须在体系结构框架内进行开发活动。这个框架使更高级别目标的实现成为可能。这些更高层次的目标称为系统的驱动需求。任何系统都可能有成百上千个单独的需求；然而，驱动需求是系统所依赖的总体需求。任何设计师在面对这些需求时，如不能确定关键需求，并对其进行分类，那么在设计系统时就会存在严重问题。为此，体系结构应运而生，它可以作为设计的起点，划分功能以满足不同的需求。

　　因此，体系结构是从需求到设计的桥梁，其中最重要的、关键的或抽象的需求，会被用来确定系统的划分。体系结构既有成本约束又有收益约束（驱动需求的实现和系统设计的便捷性）。一个好的体系结构能够使用最小数量的约束来实现驱动需求。所有系统（或体系）都有体系结构，根据划分的重点，产生不同类型的体系结构视图。下面将详细介绍这些视图。

A. 1　C⁴ISR 体系结构框架

　　1990 年，美国国防科学委员会建议美国国防部指导所有的国防部军事系统建立体系结构。作为回应，美国国防部助理部长办公室（C³I）、体系结构和互操作性理事会组成了 C⁴ISR 集成任务力量，其下属集成体系结构小组开发了一个框架，并于 1996 年 6 月开发出 C⁴ISR 体系结构框架 1.0 版。随后成立了 C⁴ISR 体系结构工作组，来继续体系结构构建工作，并根据用户反馈，于 1997年 12 月发布了 C⁴ISR 体系结构框架 2.0 版。这个框架为所有 C⁴ISR 系统提供了描述系统体系结构的能力。

　　1998 年 2 月 23 日的一份备忘录中，美国国防部副部长（采购与技术部门）、代理助理部长（C^{3}I）和 C^4 系统联合参谋部主任（J6）授权使用 C^{4}ISR 体系结构框架 2.0 版本，用于所有 C^{4}ISR 或相关体系结构的构建。此外，他们指示，该框架是国防部所有功能领域的单体系结构框架的基础。

C^{4}ISR 体系结构框架在国防部的许多领域，都得到了成功的运用。它本身不是一个体系结构，而是一套创建体系结构的指南。C^{4}ISR 体系结构框架描述了三种不同的"体系结构视图"：操作视图、技术视图和系统视图，如图 A.1 所示。

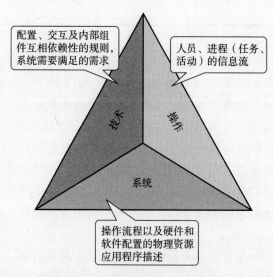

图 A.1 C^{4}ISR 体系结构框架

图 A.1 中包含三类视图，每一个都从不同侧面反映了系统的体系结构。

（1）操作视图。

操作视图是对任务和活动、操作元素以及完成或支持军事行动所需的信息流的描述。

（2）技术视图。

技术视图是控制部署、交互以及系统部件或元素之间的相互依赖关系的规则描述，其目的是确保系统满足指定的需求。

（3）系统视图。

系统视图是对提供或支持作战功能的系统及其之间交互关系的描述。

通过系统体系结构视图，最终将面向用户的操作视图和面向技术的技术视图有机地融合起来。

C^{4}ISR 体系结构框架是国防部系统工程领域的一个重大进步，因为它为体系结构开发人员提供了非常有用的指导，指导他们如何构建体系结构，使其能够被领域中的其他人理解。但是，在将其用于描述 TENA 时，发现了一些局限性。因为 C⁴ISR 体系结构框架是针对 C⁴ISR 系统，所以通过它确定的产品线产品只能在该领域中起作用。而 TENA 是一种更抽象的体系结构，它并没有确切地指定什么软件要在什么硬件上运行（如在系统视图中），却指定了 C⁴ISR 技术和操作视图中没有涵盖一些其他重要方面。C⁴ISR 体系结构框架的重点是面向系统的，这使得在其指导方针下所构建的体系结构，无法完全解决两个非常重要的问题：

（1）规模。系统视图所关注的是系统——为特定功能构建的硬件、软件和网络的组合。但是，其他的规模层次也非常重要，从如何构建组件到应用程序到系统再到体系。

（2）抽象。抽象用于指导某一领域软件开发工作的架构，被称为特定领域的软件架构（Domain-Specific Software Architecture，DSSA）。这个概念是至关重要的，尤其是对互操作组件、应用程序或系统的产品线的创建。这些组件、应用程序或系统可以根据使用需求，重新安排和组合，以满足不断发展的需求。

因为这些限制，对 C⁴ISR 架构框架进行了扩展，保留了技术、操作和系统视图，同时基于 DSSA 内容，增加了补充视图。

A.2　扩展的 C⁴ISR 体系结构框架

1997 年中期，C⁴ISR 架构框架被敲定，美国国防高级研究计划局信息系统办公室（Information Systems Office，ISO）开始着手创建该架构，DARPA-Defense 信息系统机构联合项目办公室，开始对先进军事系统研究领域中，所使用的各种应用程序、系统及软件服务，进行研究，以增强他们的互操作性和可集成性。在此背景下，成立了一个架构工作组（与上面描述的小组不同），并在 1999 年 5 月发布了一个总体架构，即信息优势高级技术架构（Advanced Technology Architecture for Information Superiority，ATAIS）。在创建 ATAIS 时，DARPA 的架构师团队遇到了上面关于 C⁴ISR 架构框架描述的问题，并创建了扩展的 C⁴ISR 架构框架（ECAF）来解决这些问题。ECAF 的介绍见 4.2 节。

参 考 文 献

［1］陈西选，徐珞，曲凯，等．仿真体系结构发展现状与趋势研究［J］．计算机工程与应用，2014，50
　　（9）：32-36，40．

［2］何晓骁．美军模拟器发展规划 2035 浅析［EB/OL］．［2020-10-13］．http://www.cannews.com.cn/
　　2020/10/13/99313096.html.

［3］金振威．移动学习环境下增强现实技术的应用［D］．长春：东北师范大学，2014．

［4］新浪 VR．系数美军 VR/AR 案例：美国海军使用 MR 将作战人员隐藏在战场上［EB/OL］．［2019-
　　08-27］．http://vr.sina.com.cn/news/cp/2019-08-27/doc-ihytcern3841102.shtml.

［5］朱江．增强现实与增强虚境中若干关键技术的研究［D］．上海：上海交通大学，2009．

［6］郝爱民，何兵，赵沁平．虚拟现实中的增强虚境技术［J］．北京航空航天大学学报，2003，
　　29（10）：909-913．

［7］荒原．欧文堡：美国陆军"国家训练中心"［J］．现代军事，2002（5）：17-19．

［8］廖健林，迟延年．美陆军主要训练中心与基地［J］．科技与国力，2001（12）：82-83．

［9］站小洋海红抹．岸上的"宙斯盾"（3）——Wallop 岛海军作战系统中心 SCSC［EB/OL］．［2012-
　　08-12］．http://blog.sina.com.cn/s/blog_546a129b01016edo.html.

［10］王睿．美海军建空海战虚拟训练中心演练航母南海作战［EB/OL］．［2015-08-26］．https://
　　mil.huanqiu.com/article/9CaKrnJOREK.

［11］21 世纪军工评论．F-35 分布式任务训练系统：飞行员革命性的网络训练平台［EB/OL］．（2020-
　　07-02）［2021-10-15］．https://www.163.com/dy/article/FGIH2E9D0515CFPP.html.

［12］吴越．F-35 的"虚拟旗"军演［EB/OL］．［2020-03-02］．https://www.toutiao.com/i6799586
　　445435601415/? wid=1626398474490

［13］张高峰，吉玉洁，蔡继红．联合试验训练仿真支撑平台及应用［J］．指挥控制与仿真，2020，
　　42（1）：112-117．

［14］毕会娟，王行仁，彭晓源．高层体系结构（HLA）的通讯机制［J］．系统仿真学报，1998（5）：
　　20-25．

［15］张学平，邵军力．军用分布交互仿真（DIS）的现状与未来［J］．通信工程学院学报，1996，
　　10（4）：39-45．

［16］赵沁平，沈旭昆，夏春和，等．DVENET：一个分布式虚拟环境［J］．计算机研究与发展，1998
　　（12）：1064-1068．

［17］綦辉，宋裕农．DIS——计算机作战模拟的新领域［J］．火力与指挥控制，1998，23（2）：1-5．

［18］李伯虎，柴旭东．先进分布仿真技术［J］．中国计算机用户，2000（17）：29-30．

［19］童军，宋星，李伯虎．分布交互仿真体系结构的现状与发展［J］．系统仿真学报，1997（2）：59-64．

［20］邱晓刚，黄柯棣．HLA/RTI 功能评述［J］．系统仿真学报，1998，10（6）：1-6．

［21］王军．遵循 IEEE1516 标准的对象模型开发工具研究与实现［D］．长沙：国防科学技术大
　　学，2004．

［22］ 姚益平．高性能分布式交互仿真运行支撑平台关键技术研究［D］．长沙：国防科学技术大学，2003．

［23］ 李伯虎，王行仁，黄柯棣，等．综合仿真系统研究［J］．系统仿真学报，2000，12（5）：429-434．

［24］ 杨敬．分布式三维场景中仿真实体同步策略研究与实现［D］．西安：西安电子科技大学，2012．

［25］ 董欣，刘藻珍．分布式交互仿真技术概述［C］//2001年中国系统仿真学会学术年会论文集．大连：中国系统仿真学会，2001：286-291．

［26］ 惠天舒，李伯虎．分布交互仿真技术的发展［J］．系统仿真学报，1997，9（4）：1-7．

［27］ 陈西选，徐珞，曲凯，等．仿真体系结构发展现状与趋势研究［J］．计算机工程与应用，2014，50（9）：32-36，40．

［28］ 慕晓强，姚益平，卢锡城．基于CORBA的HLA/RTI时间管理的实现［J］．计算机工程，2002，28（12）：282-284．

［29］ 王学慧，梁加红，黄柯棣．DIS与HLA的数据分发机制研讨［J］．计算机仿真，2002（6）：75-77．

［30］ 石全．维修性设计技术案例汇编［M］．北京：国防工业出版社，2001．

［31］ 韩来彬．雷达训练模拟系统训练管理方工程化设计［D］．长沙：国防科学技术大学，2002．

［32］ 刘友朋，李建文，徐忠富，等．基于HLA的防空作战指挥仿真系统设计［J］．火力与指挥控制，2014（1）：210-212，215．

［33］ 郝建国．高层体系结构（HLA）中的多联邦互连技术研究与实现［D］．长沙：国防科学技术大学，2003．

［34］ 何江华，郭果敢．计算机仿真与军事应用［M］．北京：国防工业出版社，2006．

［35］ 朱诗源．基于HLA的工程级仿真系统框架关键技术研究［D］．长沙：国防科学技术大学，2010．

［36］ 高志会．HLA/RTI仿真平台的设计与实现［D］．北京：北京邮电大学，2006．

［37］ 黄靓．HLA-TENA仿真训练系统的研究［D］．西安：西安电子科技大学，2013．

［38］ 迟刚，王树宗．HLA仿真技术综述［J］．计算机仿真，2004，21（7）：1-3，184-185．

［39］ 卢晓云．基于HLA的新一代航空电子仿真系统的设计与实现［D］．成都：电子科技大学，2007．

［40］ 张亚崇，孙国基，严海蓉，等．基于HLA/RTI的分布式交互仿真中的死锁问题研究［J］．系统仿真学报，2004（10）：2285-2288．

［41］ 张辉．应用于无人机任务控制试验的数据链仿真［D］．长沙：国防科学技术大学，2005．

［42］ 童军，李伯虎，惠天舒，等．高级体系结构（HLA）和新一代的分布交互仿真［J］．系统仿真学报，1998，10（2）：1-6．

［43］ 王浩，孙世霞，邱晓刚，等．HLA仿真系统联邦管理工具（FMT）的设计［J］．计算机仿真，2003，20（6）：17-19，23．

［44］ 张昱，张明智，胡晓峰．面向LVC训练的多系统互联技术综述［J］．系统仿真学报，2013，25（11）：2515-2521．

［45］ 葛新辉，史湘宁．分布式计算机仿真框架及其关键技术研究［J］．计算技术与自动化，2000，19（3）：68-72．

［46］ 张达．HLA仿真系统的实时性研究［D］．哈尔滨：哈尔滨工业大学，2007．

［47］ 杜鹃．RTI运行支撑环境规范化测试与分析［D］．西安：西安电子科技大学，2012．

［48］ 黄明，梁旭，赵波，等．CD-R一级真题例解与仿真训练［M］．大连：大连理工大学出版社，2003．

［49］ 曲庆军，尹娟．HLA/RTI中的DDM概念与相关服务的关系［J］．情报指挥控制系统与仿真技术，

2002，4（10）：47-51.

[50] 曲庆军．高层体系结构（HLA）中兴趣管理的研究和实现［D］．长沙：国防科学技术大学，2003.

[51] 李校强，赵厚奎，尹迪．基于 HLA 潜艇作战系统训练模拟器的时间管理研究［J］．舰船电子对抗，2008，31（6）：114-117.

[52] 时光．SAR 电子对抗实时视景仿真技术研究与应用［D］．成都：电子科技大学，2010.

[53] 黄树彩，李为民，刘兴堂．高层体系结构的时间管理技术［J］．空军工程大学学报（自然科学版），2000，1（2）：64-68.

[54] 丁丁．战术数据链系统的仿真应用［D］．北京：北京邮电大学，2011.

[55] 倪明．基于 HLA 的弹头姿态仿真软件研究［D］．北京：北京邮电大学，2010.

[56] 冯润明．基于高层体系结构（HLA）的系统建模与仿真研究［D］．长沙：国防科学技术大学，2002.

[57] 徐忠富，王国玉，张玉竹，等．TENA 的现状和展望［J］．系统仿真学报，2008，20（23）：6325-6329，6337.

[58] 冯润明，王国玉，黄柯棣．试验与训练使能体系结构（TENA）研究［J］．系统仿真学报，2004，16（10）：2280-2284.

[59] 冯润明，王国玉，黄柯棣．TENA 中间件的设计与实现［J］．系统仿真学报，2004，16（11）：2373-2377.

[60] 李进，吉宁，刘小荷，等．美军新一代支持联合训练的 JLVC2020 框架研究［J］．计算机仿真，2015，32（1）：463-467.

[61] 张昱，张明智．支持综合训练的 JLVC 联邦构建技术研究［J］．计算机仿真，2012，29（5）：6-9，36.

[62] 徐忠富，杨文，熊杰．美军联合红旗军演研究［J］．指挥控制与仿真，2014，36（3）：137-142.

[63] IEEE Recommended Practice for Distributed Simulation Engineering and Execution Process Multi-Architecture Overlay（DMAO）：IEEE Std 1730.1：2013［S］.2013. DOI：10.1109/IEEESTD.2013.6654219.

[64] IEEE Recommended Practice for Distributed Simulation Engineering and Execution Process：IEEE Std 1730：2010［S］.2011. DOI：10.1109/IEEESTD.2011.5706287.

[65] IEEE Recommended Practice for Distributed Interactive Simulation-Exercise Management and Feedback：IEEE Std 1278.3：1996［S］.1997. DOI：10.1109/IEEESTD.1997.82357.

[66] IEEE Standard for Modeling and Simulation High Level Architecture（HLA）——Federate Interface Specification：IEEE Std 1516.1：2000［S］.2000. DOI：10.1109/IEEESTD.2001.92421.

[67] IEEE Recommended Practice for High Level Architecture（HLA）Federation Development and Execution Process（FEDEP）：IEEE Std 1516.3：2003［S］.2003. DOI：10.1109/IEEESTD.2003.94251.

[68] IEEE Standard for Modeling and Simulation（M&S）High Level Architecture（HLA）——Framework and Rules：IEEE Std 1516：2010［S］.，2010. DOI：10.1109/IEEESTD.2010.5953411.

[69] IEEE Standard for Modeling and Simulation（M&S）High Level Architecture（HLA）——Object Model Template（OMT）Specification：IEEE Std 1516.2：2010［S］.2010. DOI：10.1109/IEEESTD.2010.5953408.

[70] TOPU O，HALITOǧuztüzün. Multi-Layered Simulation Architecture：A Practical Approach［M］．London：Springer，2011.

[71] SHERWOOD S，NEVILLE K，MOONEY J B B，et al. A Multi-Year Assessment of the Safety of Introdu-

cing Computer-Generated Aircraft into Live Air Combat Training [C]//Proceedings of the Human Factors and Ergonomics Society Annual Meeting. Los Angeles: SAGE Publications, 2016: 1399-1403.

[72] SHERWOOD S, NEVILLE K, ASHLOCK D B, et al. Envisioned World Research: Guiding the Design of Live-Virtual-Constructive Training Technology and its Integration into Navy Air Combat Training [C]// Proceedings of the Human Factors and Ergonomics Society Annual Meeting. Los Angeles: SAGE Publications. 2014: 1052-1056.

[73] NOSEWORTHY J R. Supporting the Decentralized Development of Large-Scale Distributed Real-Time LVC Simulation Systems with TENA [C]//IEEE/ACM International Symposium on Distributed Simulation & Real Time Applications. Fairfax: IEEE Computer Society. 2010: 22-29.

[74] MANSIKKA H, VIRTANEN K, HARRIS D, et al. Live-Virtual-Constructive Simulation for Testing and Evaluation of Air Combat tactics, Techniques, and Procedures, Part 1: Assessment Framework [J]. The Journal of Defense Modeling and Simulation, 2019, 18 (4): 285-293.

[75] MANSIKKA H, VIRTANEN K, HARRIS D, et al. Live-Virtual-Constructive Simulation for Testing and Evaluation of Air Combat tactics, Techniques, and Procedures, Part 2: Demonstration of the Framework [J]. The Journal of Defense Modeling and Simulation, 2019, 18 (4): 295-308.

[76] SHERWOOD S, NEVILLE K, SONNENFELD N, et al. Fidelity Requirements for Effective Live-Virtual-Constructive Training of Navy F/A-18 Pilots: An Exploratory Survey Study [C]//Proceedings of the Human Factors and Ergonomics Society Annual Meeting. Los Angeles: SAGE Publications, 2015, 59 (1): 931-935.

[77] NEVILLE K J, SHERWOOD S, MOONEY J B B, et al. An Assessment of a Complex Training System's Resilience to Change Associated with the Introduction of the Live-Virtual-Constructive Training Paradigm [C]//Proceedings of the Human Factors and Ergonomics Society Annual Meeting. Los Angeles: SAGE Publications, 2016: 1617-1621.

[78] CRUIT J, BLICKENSDERFER B, MCLEAN A L M T, et al. Analyzing Past Mishaps to Explore Safety Considerations within a Live-Virtual-Constructive Environment [C]//Proceedings of the Human Factors and Ergonomics Society Annual Meeting. Los Angeles: SAGE Publications. 2016: 1726-1730.

[79] BOLTON A, TUCKER K P, PRIEST H, et al. Live, Virtual and Constructive Training Fidelity (LVC TF) SpecialSession [C]//Proceedings of the Human Factors and Ergonomics Society Annual Meeting. Los Angeles: SAGE Publications, 2016: 2001-2004.

[80] NEVILLE K J, MCLEAN A, SHERWOOD S, et al. Live-Virtual-Constructive (LVC) Training in Air Combat: Emergent Training Opportunities and Fidelity Ripple Effects [C]//International Conference on Augmented Cognition. Los Angeles: Springer International Publishing, 2015: 82-90.

[81] MILLS B. Live, Virtual, and Constructive-Training Environment: A Vision and Strategy for the Marine Corps [R]. Naval Postgraduate School Monterey CA, 2014: 24-29.

[82] COOLAHAN J E, ALLEN G W. LVC Architecture Roadmap Implementation —— Results of the First Two Years [R]. Army Peo (Simulation Training and Instrumentation) Orlando FL Joint Training Integration and EVALUATION CENTER, 2012.

[83] HENNINGER A E, CUTTS D, LOPER M, et al. Live Virtual Constructive Architecture Roadmap (LVCAR) Final Report [J]. Institute for Defense Analysis, 2008 (1): 3-20.

[84] LOPER M L, CUTTS D. Live Virtual Constructive Architecture Roadmap (LVCAR) Comparative Analysis

of Standards Management [J]. Office of Security Review (OSR), 2008 (1): 12-23.

[85] GOAD K. DoD LVC Architecture Roadmap (LVCAR) Study Status [R]. United States Joint Forces Command, Norfolk, VA, 2008.

[86] POWELL E T, NOSEWORTHY J R, TOLK A. The Test and Training Enabling Architecture (TENA) [J]. Engineering Principles of Combat Modeling and Distributed Simulation, 2012 (1): 449-477.

[87] HUDGINS G, POCH K, SECONDINE J. TENA and JMETC, Enabling Integrated Testing in Distributed LVC Environments [C]//2011-MILCOM 2011 Military Communications Conference. Baltimore: IEEE, 2011: 2182-2187.

[88] NOSEWORTHY J R. Supporting the Decentralized Development of Large-Scale Distributed Real-Time LVC Simulation Systems with TENA (The Test and Training Enabling Architecture) [C]//IEEE/ACM International Symposium on Distributed Simulation & Real Time Applications. Fairfax: IEEE Computer Society. 2010: 22-29.

[89] HUDGINS G, POCH K, SECONDINE J. TENA and JMETC Enabling Technology in Distributed LVC Environments [C]// Us Air Force T&e Days. Nashville: AIAA, 2010: 1745-1747.